親水工学試論

親水工学試論

日本建築学会 編

信山社
サイテック

はじめに

　かつて河川の水質が悪化していた時代、都市のアメニティの回復、水辺の復権などの言葉が盛んに使われた。親水公園や親水河川は水辺環境の再生を図る目的から最初に河川を対象とした施設がつくられ、その後、海浜、池・湖沼などのすべての水辺を対象に親水施設が各地につくられてきた。親水施設はウォーターフロント事業の展開とオーバーラップしながら70年代にスタートした。主に、河川や公園行政の側からつくられたこれらの親水化事業は30年が過ぎようとしている。全国各地に博物館や美術館ができたように親水公園もまた、まちづくり再生の一翼を担った。しかし、この間、画一的な親水施設をつくり過ぎるきらいがあるという批判もあった。そのような施設はものづくりに特化し、水景やいきものへの配慮に乏しかった。今日、様々な経験を通して施設重視から人間と自然とのかかわりが求められ、生態系が深くかかわる河川像に注目が集まっている。今、都市にも農山村地域にも本来の川のもつ環境や水辺が求められる時代を迎えている。

　「親水」という概念が提案された1970年の当初は「親水」は曖昧な概念であったが、今日、市民権を得た言葉として定着してきた。例えば、広辞苑にも掲載されるようになり、観光ガイドにも親水マップが掲載されるなど、その広がりは日常的用語として使われるまでになった。かつて、「親水」は河川行政関係者や識者からみた河川用語の一部でしかなく、「浸水」と区別するために「親水(おやみず)」と読んだ。その後、親水事業が進められるにしたがい専門用語から社会用語になり、一人歩きをするようになった。さらに、河川の機能として「治水」、「利水」、「河川環境」が法的(平成9年、河川法改正)にも位置づけられ、「親水」は「河川環境」の重要な部分を事実上占めている。

　しかしながら、親水が提起されてから約30年を経ても工学書としてのまとまった本が少ないことに気づいた。この機会に、親水にかかわる工学的かつ社会的な側面から「親水」を体系的にまとめることが必要であると考えるようになった。その理由は、水を対象とした学問領域は大変幅広いものがあるが、土木、建築、造園および都市計画などの都市施設やインフラ整備を対象とした文明工学の領域において、「親水」は共通な言葉となってからも認識や取り扱いに温度差があることがわかってきた。また、当初提起された「親水」に対する理念とこの間の親水化事業に乖離が生じていることに気づいたからである。

はじめに

しかし、理念はともかく、研究や工夫が重ねられ、様々な障害を乗り越えて実現した親水施設（空間）も多い。その一つに隅田川スーパー堤防建設事業がある。これは、建築・都市計画の手法と河川行政がコラボレートした典型的な事例であろう。縦割り行政の中で一つの目標に向けてセクションの壁を越えて実施することは厳しい時代であっただけに特筆されるべき事業と考える。

いずれにしても、河川機能のうちで治水、利水に関する専門書は多いが、今日、重要な部分を占める環境機能や親水機能に関する専門書が少ないことも、親水の理念や認識に乖離が生じている要因があると思われる。

以上のような理由から、建築、土木、都市計画系の分野の研究者、技術者が過去にかかわった親水に関係する事例的研究をもち寄り、共通の技術手法がそこに存在することを明らかにしたいと考えた。さらに、将来の期待ではあるが、親水工学と呼ぶべき学問の体系化を図る一助とするためにも、試論という立場から本書を出版することにした。したがって、建築、土木、都市計画の分野から親水の体系化を試みたものであるが、学術書というより民間・行政の実務技術者を対象としている。また、大学院生や研究者で水を対象とする当該分野の方々が実践的に学ぶことができるものと考えている。

本書は、日本建築学会環境工学委員会水環境小委員会のもと、親水工学ワーキンググループ（前身は水景小委員会）が主体となって約10年間、調査・研究活動をつづけてきた成果が母体となっている。本書の刊行にあたり、関係機関の多くの方々のご尽力、ご協力を受けたことに改めて感謝する次第であり、記述については関係諸氏のご批判・ご叱正いただければ幸いである。最後に、出版にあたっては編集全般にわたり支援をいただいた(株)信山社の四戸孝治氏に心からお礼を申しあげる。

2002年初夏

親水工学ワーキンググループ
主査　土屋十圀

【本書作成関係委員】

日本建築学会
環境工学本委員会
委員長　吉野　博
企画刊行小委員会
主査　渡邊　俊行

親水工学ワーキンググループ

主査	土屋	十圀	前橋工科大学建設工学科
幹事	畔柳	昭雄	日本大学理工学部海洋建築工学科
〃	渡会	由美	(株)建設環境研究所技術五部
	石川	嘉崇	電源開発(株)茅ヶ崎研究センター
	岡田	昌彰	東京大学アジア生物資源環境研究センター
	上山	肇	江戸川区都市開発部
	五島	寧	横浜市都市計画局
	谷口	宗彦	工学院大学建築都市デザイン学科
	長屋	静子	(株)アルゴ都市設計水環境計画室
	波多江健郎		波多江研究室代表取締役／工学院大学名誉教授
	久	隆浩	近畿大学理工学部社会環境工学科
	正木	覚	エービーデザイン(株)
	村川	三郎	広島大学大学院工学研究科社会環境システム専攻
	渡辺	秀俊	三洋テクノマリン(株)環境調査部

執筆者一覧

(執筆順)

土屋　十圀	前橋工科大学工学部建設工学科
長屋　静子	(株)アルゴ都市設計
村川　三郎	広島大学大学院工学研究科社会環境システム専攻
西名　大作	広島大学大学院工学研究科社会環境システム専攻
岡田　昌彰	東京大学アジア生物資源環境研究センター
畔柳　昭雄	日本大学理工学部海洋建築工学科
久　隆浩	近畿大学理工学部社会環境工学科
五島　寧	横浜市都市計画局
上山　肇	江戸川区都市開発部
渡辺　秀俊	三洋テクノマリン(株)環境調査部
渡会　由美	(株)建設環境研究所技術五部
波多江健郎	(有)波多江研究室(工学院大学名誉教授)

目　　次

第1章　親水性の概念と歴史的変遷 ……………………………… 1
1.1　親水とは …………………………………………（土屋十圀）1
1.2　親水工学を構成する分野とその要素 ……………（土屋十圀）5
1.3　歴史にみる親水 …………………………………（長屋静子）7
　(1)　宇治川の親水 ……………………………………………… 7
　(2)　鴨川の親水 ……………………………………………… 10
　(3)　隅田川の親水 …………………………………………… 12

第2章　河川における親水施設・構造物 ………………………… 17
2.1　河川環境整備のあり方とその評価 ………………（村川　三郎）17
　(1)　河川環境の機能と整備計画課題 ……………………… 17
　(2)　総合的整備計画の視点 ………………………………… 19
　(3)　現況の整備と修景整備案の評価 ……………………… 25
2.2　河川景観の構造と評価 ……………（村川　三郎／西名　大作）34
　(1)　河川景観の構造 ………………………………………… 34
　(2)　河川景観に対する心理的評価の予測モデル ………… 36
　(3)　河川景観の地域性、評価者の個人特性が評価に及ぼす影響 …… 41
　(4)　調和性からみた河川景観の評価 ……………………… 46
2.3　治水構造物と親水性 ………………………………（岡田　昌彰）50
　(1)　治水構造物の親水性・景観設計における現行の原則 … 50
　(2)　パブリックアクセスの概念 …………………………… 52
　(3)　解釈的アクセス媒体としての治水構造物 …………… 53
　(4)　戦前の水門・樋門にみる親水性 ……………………… 54
　(5)　戦前のダムにみる親水性 ……………………………… 60

第3章　海浜における親水施設 …………………………………… 63
3.1　海岸利用と親水性 …………………………………（畔柳　昭雄）63
　(1)　海岸に求められる機能 ………………………………… 63
　(2)　海岸に対する配慮 ……………………………………… 65
　(3)　人間活動と海岸利用 …………………………………… 66
3.2　海浜公園とその利用 ………………………………（久　隆浩）77
　(1)　海浜利用の歴史 ………………………………………… 77

目　次

　　（2）都市や地域における海浜公園の位置づけ ………………………… 78
　　（3）公園施設の種類 ……………………………………………………… 78
　　（4）水辺景観の配慮 ……………………………………………………… 80
　　（5）生態系への配慮 ……………………………………………………… 81
　　（6）水辺の特性に配慮した施設配置 …………………………………… 82
　　（7）多様性・複雑性の確保 ……………………………………………… 83
　　（8）海浜公園の具体的事例 ……………………………………………… 84
　3.3　港湾計画と親水設計 ……………………………（五島　寧）88
　　（1）臨港地区の概要 ……………………………………………………… 88
　　（2）みなとみらい21計画の概要と臨港地区問題 ……………………… 89
　　（3）港湾計画とみなとみらい21の港湾緑地 …………………………… 93

第4章　都市計画と親水 …………………………………………………… 99
　4.1　都市構造と水際の役割 …………………………（久　隆浩）99
　　（1）埋め立て都市としての日本の都市 ………………………………… 99
　　（2）時代のフロンティアとしての埋め立て地利用 ……………………101
　　（3）埋め立て都市としての東京・大阪 …………………………………102
　　（4）水際の役割 ……………………………………………………………105
　　（5）自由空間としての水際 ………………………………………………106
　　（6）疎遠になった水際と都市 ……………………………………………107
　　（7）うるおいのあるまちづくりと水際の復権 …………………………108
　　（8）都市計画としての水際開発の位置づけ ……………………………108
　　（9）都市計画の一環としての水際整備 …………………………………109
　4.2　まちづくりにおける親水空間の役割 …………（上山　肇）111
　　（1）都市計画・まちづくりにおける親水 ………………………………111
　　（2）土地利用と建物計画に及ぼした影響 ………………………………113
　　（3）親水公園の利用実態 …………………………………………………116
　　（4）親水公園を中心としたコミュニティ形成 …………………………118
　　（5）自然育成型親水公園と環境教育 ……………………………………119
　　（6）親水公園の防災上の役割 ……………………………………………121
　　（7）親水空間の新たな利用例 ……………………………………………122
　　（8）まちづくり計画への展開—親水まちづくりの実現へ ……………123
　　（9）親水施設（空間）を中心とする都市計画・まちづくりの方向性 …124
　4.3　再開発と親水設計 ……………………………（土屋　十圀）126
　　（1）水辺の両義性としての親水設計 ……………………………………126

(2) スーパー堤防が生まれた背景と経緯 …………………………… 127
　　(3) 河川および都市計画のコラボレーション ……………………… 130
　　(4) 今後の課題 …………………………………………………… 133

第5章　親水施設と人間 ……………………………………………… 135
　5.1　親水行動と人間活動 ………………………………（渡辺　秀俊） 135
　　(1) 親水行動の背景にあるもの …………………………………… 136
　　(2) 「人間と水辺とのかかわり」の4位相 ………………………… 136
　　(3) 都市化と親水行動 …………………………………………… 137
　　(4) 都市住民の余暇行動にみられる水辺の位置づけ ……………… 139
　5.2　親水の心理的・生理的効果 ……………（村川　三郎／西名　大作）148
　　(1) 水際建築物が居住者に及ぼす心理的・生理的効果 …………… 148
　　(2) 河川景観に対する被験者の注視特性 ………………………… 157
　　(3) 河川空間における快適感の評価 ……………………………… 162

第6章　親水と安全性 ………………………………………………… 169
　6.1　親水行為と安全 ……………………………………（畔柳　昭雄）169
　　(1) 求められる親水 ……………………………………………… 169
　　(2) 親水行動と安全性 …………………………………………… 170
　　(3) 安全管理 ……………………………………………………… 172
　6.2　河川構造と安全管理 ………………………………（土屋　十圀）174
　　(1) 親水行為と事故の要因 ……………………………………… 174
　　(2) バックウォッシュ対策 ……………………………………… 174
　　(3) 都市域の親水河川管理とその限界 …………………………… 176
　　(4) 川の安全は経験と情報量から ………………………………… 179
　6.3　親水利用の実態と安全対策の検討 …………………（渡会　由美）181
　　(1) 水の事故の現状 ……………………………………………… 182
　　(2) データに見る河川空間の利用意向と利用実態 ……………… 185
　　(3) 法律・判例等からみるリスク管理責任 ……………………… 187
　　(4) 安全対策の視点と課題 ……………………………………… 190

第7章　親水における生きものと生態系 …………………………… 195
　7.1　生きものの親水設計 ………………………………（土屋　十圀）195
　　(1) 親水性にかかわる河川工学と生態学 ………………………… 196
　　(2) 流水形態の親水性と水理現象 ………………………………… 198

目　次

　　　(3) 生きものの生息環境と流水形態 …………………………………… 200
　　　(4) 河川維持流量と生物相の関係 ……………………………………… 204
　7.2 都市の中の自然育成型親水設計 ……………………（上山　肇）207
　　　(1) 自然育成型親水施設への転換 ……………………………………… 207
　　　(2) 一之江境川親水公園の概要 ………………………………………… 208
　　　(3) 生物の生息状況 ……………………………………………………… 210
　　　(4) 啓発事業の展開 ……………………………………………………… 215
　　　(5) 一之江境川親水公園の成果・効果および問題点 ………………… 216
　　　(6) 今後の課題 …………………………………………………………… 217
　7.3 海辺の生きものと親水性 ……………………………（渡辺　秀俊）219
　　　(1) 海の生態系 …………………………………………………………… 219
　　　(2) 生きものと親水性 …………………………………………………… 220
　　　(3) 干潟の多様な機能 …………………………………………………… 222
　　　(4) 生態系と親水性に配慮した海浜整備の事例 ……………………… 224
　　　(5) 親水活動と生態系・環境保全の課題 ……………………………… 227

第8章　これからの親水施設の展望 ……………………………………… 231
　8.1 都市における親水水路 ………………………………（波多江健郎）231
　　　(1) 理念 …………………………………………………………………… 233
　　　(2) 構想の背景 …………………………………………………………… 233
　　　(3) 基本構想 ……………………………………………………………… 234
　　　(4) これからの親水施設 ………………………………………………… 244
　8.2 欧米にみられる河川レクリエーション ……………（長屋　静子）246
　　　(1) 欧米での親水空間整備 ……………………………………………… 246
　　　(2) 親水空間利用の実際 ………………………………………………… 249
　　　(3) 親水利用の比較 ……………………………………………………… 252
　　　(4) リスク管理形態 ……………………………………………………… 253
　　　(5) これからの親水施設とレクリエーション ………………………… 255
　8.3 川づくりにおけるパートナーシップと市民参加 …（長屋　静子）258
　　　(1) NPO法人多摩川センターの実状 …………………………………… 259
　　　(2) トラストによる河川・運河の再生 ………………………………… 261
　　　(3) 川崎・水と緑のネットワークによる
　　　　　二ヶ領せせらぎ館の市民運営 …………………………………… 266
　　　(4) これからの親水へ、なぜパートナーシップが重要なのか ……… 269
　索　引 …………………………………………………………………………… 283

第1章

親水性の概念と歴史的変遷

■■■ 1.1 親水とは

　親水という言葉はもともと造語であり、1960年代の後半、都市河川が水害や水質汚濁に悩まされていた時代、東京都の河川計画の技術者の自主的な研究活動が支えとなり山本らが使った用語である。河川のもつ治水、利水の各機能と同様に重視されるべき機能として「親水」機能という言葉で表現し、1969～70年土木学会年次学術講演会で発表された（山本・石井、1971）。このとき提案された親水機能の位置づけを図1.1-1に示す。

　従来の治水、利水の機能は物理的な機能に重点を置いたものとして「流水機能」と位置づけられている。これに対して、景観、エコロジー、レクリエーション、気候調節、心理的存在などを包含する新しい理念として「親水機能」を対置した。また、川が人間とのかかわり合いのもとに自然的、社会的に存在するだけでなく、人間の心理的、精神的な関係までに象徴化し、捉えることの重要性が強調された。

　ここにおいては、流水機能における「計画高水流量」に対して、平常時の流水に必要な水量として「計画親水流量」を対置した。この考え方は、今日の環境維持流量に近い意味を持っている。さらに、水質については公害対策基本法ができる以前から「計画親水水質」ということばで提起したのであった。これはその後の水質汚濁防止法、今日の環境基本法の環境基準に相当することになろう。

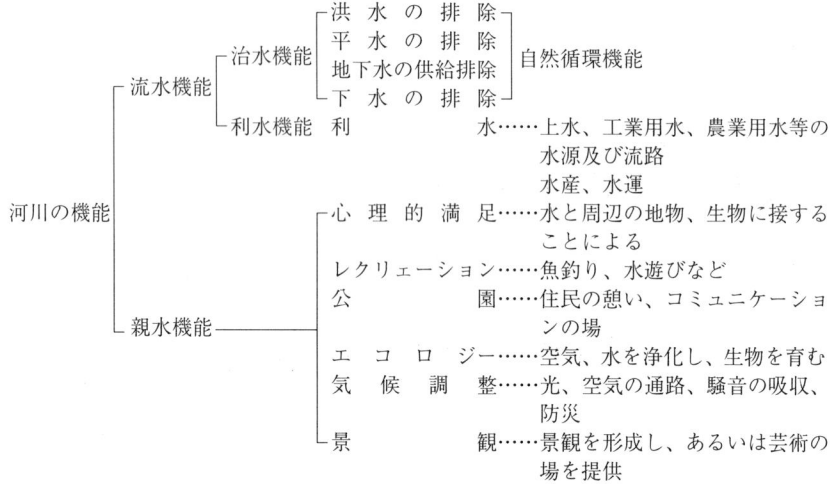

図1.1-1　河川の機能（山本・石井、1971）

　もともと親水という言葉は化学用語の「親水コロイド」にヒントを得たものであり、治水機能、利水機能につぐ機能であるとして、東京都では「第三機能」とも呼ばれていた。この考え方は河川計画のマニュアルに掲載され、普遍化されていった。

　このような経過から生まれた「親水機能」は当初、理念的なものとして曖昧さを拭い切れなかった。まだ河川への実践例がなく、どのような形のものにすることができるのかイメージがつくられていなかった。しかし、1972～73年に東京都江戸川区に全国で第一号となった古川親水公園が完成し、ドブ川が再生され、新しい河川整備の第一歩が始まった。その当時の古川整備直後と整備前を写真1.1-1に示す。完成を待たずに子どもたちが水路に飛び込み楽しそうな様子が伺われる。当初は、新中川から導水した水は必ずしもきれいではなかったが、改善されてコイ、ボラ、ウナギなどの魚影が見られるようになった。

　整備前はゴミと悪臭の漂う下町の河川そのものであった古川は、河川再生の第一歩となり、日本が公害を克服した事例とまでいわれてOECD（経済開発機構）にも紹介された。その後、全国各地に親水公園が次々につくられるようになった。新しい河川整備の手法として親水公園、親水河川は定着したものとなり、その言葉も市民権を得るまでになった。

1.1 親水とは

写真1.1-1　古川整備後(上)と整備前(下)

　なお、この古川での整備は親水公園化を図るために八つの機能区分と目的が設定された。表1.1-1に各機能の考え方を示す。ここでは、公園機能、レクリェーション機能、景観形成機能、浄化保健機能、生物育成機能および防災機能などが具体的な施設（要素）として設定された。このような意味づけで東京都の理念を河川環境整備として具体的に実施したのは、江戸川区の理解ある行政担当者らであったことをつけ加えておく。

　このような由来から親水機能が生まれたのであるが、改めて親水性の概念を定義づけるとするならば、「親水性は、水辺環境において文字どおり水と楽しむことをいい、水がもつ物理的、化学的な諸作用を通じて、人間の知覚作用によって与えられた意識およびその事象をいい、アメニティの一部を構成する概念」ということができる。

　しかし、その後の親水施設は各地に美術館や博物館ができたのと同様に地方の活性化、都市化の象徴のように画一的な手法でつくられていった。地域ごと

3

表1.1-1　親水機能と施設(要素)(河川、1973年11月号、日本河川協会)

機能種別	目的	施設(要素)
リクリェーション機能	魚釣り、水遊び、ボートなどが楽しめる	魚釣り場・渡渉川・ボート乗りブランコ・滑り台等の遊戯施設
公園的機能	憩いとコミュニケーションの場となる	散策道・休息所・ベンチオープンスペースその他
景観形成機能	景観を形成する	滝・堰・池・流水・あやめ園
心理的満足機能	水と周辺の地物・生物に接することによって情緒的満足を与える	清浄水・樹木・その他
浄化保健機能	空気・水を浄化する	浄化用水・樹木その他
生物育成機能	鳥類・魚類・虫類・水生植物を生育する	水中及び水辺動植物の生育場
空間機能	空地帯等となる	水流・樹木・遊歩道・オープンスペース
防災機能	消防水利	貯留池

違いがあるにもかかわらず親水公園はパターン化し、箱庭的な公園施設が多くみられた。庭園風であったり、場所と無関係に巨石が使われた水路になったり、演出された水の流れ、ベンチ、パーゴラ、モニュメントなどのディテールで人工的に装飾されたものが目立っていた。これは、河川の三つの機能うちの親水機能が一面的に受け止められたために陥った「親水至上主義」の結果ではないだろうか。技術的にいえば、造園設計的な手法が自然要素の強い河川に持ち込まれてきたように思う。親水機能は前述したように景観形成、エコロジー、レクリエーション、公園機能、心理的充足、防災機能、微気象などをなすものとして理念が提起された（山本・石井、1971）。親水施設（親水公園）は公害克服やアメニティの回復のシンボルになったが、これらの役割の一部のみを取り上げた断片的な技術であったといえる。したがって、今日、社会的ニーズの動向を考え、親水公園の歴史的変遷から整理するなら、「公害克服・開発型の親水河川・公園」から人間・自然がエコロジカルに共生する「環境保全型の親水河川・公園」に技術的にも転換することが求められているといえよう。

引用・参考文献

山本弥四郎・石井弓夫（1971）：都市河川の機能について．土木学会年次講演会概要集、pp.441-444

1.2　親水工学を構成する分野とその要素

　本書が親水工学として呼ばれるためには体系化が必要である。体系化のためには親水工学の定義と概念、これを構成する要素、各構成要素間の関係を明らかにすることが条件となる。そして、親水工学の展望が示されなければならないだろう。本書の執筆者は、建築、土木、都市計画の各分野の研究者、実務者が中心であり、親水に関係するすべての分野をサポートしていないため不十分さは拭いきれない。したがって、執筆メンバーの研究活動分野だけから親水工学を総合的に記述することは限界があり、今後の発展性を期待する立場から親水工学の試案としている。

　さて、親水という概念を水辺空間に具現化するためには陸域と水域の空間をどのようにデザインするかということになる。親水機能を備えた都市の水辺関連諸施設とその設計手法を体系化することができるとすれば、これらが扱う範囲を設定する必要がある。本書では第一に、施設・構造物などの物理的要素（ハードデザイン）、第二に、水質・水量および生きものと生態系に関わる要素（媒体デザイン）、第三に、人間と社会システムに関する要素（ソフトデザイン）という三つの要素からなるインベントリーで整理することとした。ここでは、下記の（図1.2-1）ように親水工学を構成する要素とその対象範囲（フレーム）を

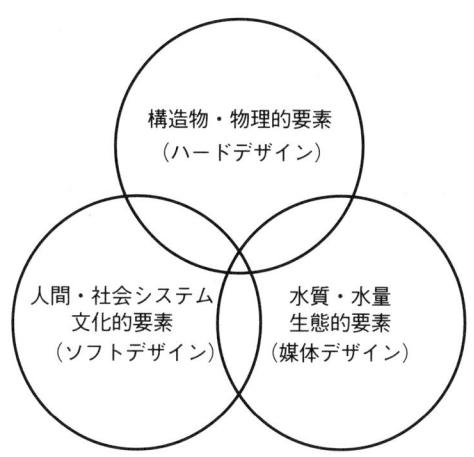

図1.2-1　親水工学を構成する要素とその対象範囲（フレーム）

位置づける。

　第一に、施設・構造物などの構造物・物理的要素（ハードデザイン）
　第二に、水質・水量・生きものと生態系に関わる要素（媒体デザイン）
　第三に、人間と社会システムに関する要素（ソフトデザイン）
　また、親水工学が取り扱うフレームを示すためには対象とする「空間・場」があり、これがすべての要素にかかわってくる。したがって、本書では下記のように「河川・水路」「海浜・海岸」「池・湖沼」の三つを空間・場としてフレームを設定した（表1.2-1）。河川・水路の「空間・場」の記述が多く、池・湖沼に関する親水的手法はほとんど掲げられなかった。親水の由来で述べたように、その経緯が河川を対象としていたため、公園的要素の強い「池・湖沼」は本来の公園として取り扱われる場合が多いと考えられる。

表1.2-1　親水工学が取り扱う範囲（フレーム）

空間・場	施設・構造物 物理的要素 （ハードデザイン）	水質・水量・いきもの 生態学的要素 （媒体デザイン）	人間・社会システム 文化的要素 （ソフトデザイン）
河川 水路	・河川環境整備のあり方 ・河川景観評価 ・治水構造物と親水性 ・都市における親水水路 ・諸外国における親水利用	・いきものの親水設計 ・江戸川区親水公園にみる生態系	・親水行為と安全 ・河川構造と管理 ・欧米の河川レクリエーション利用 ・都市構造と水際の役割 ・まちづくりと親水空間 ・再開発と親水設計 ・親水行動と人間活動 ・親水の生理的・心理的効果 ・パートナーシップと市民参加
海浜 海岸	・海浜利用と親水性 ・海浜公園の利用 ・港湾計画と親水設計	・海辺のいきものと親水性	
池 湖沼			

1.3 歴史にみる親水

　山紫水明の国である日本は、いにしえの時代から水に関わる文化を育んできた。この水の文化は、国外と比較すると四季の変化を映し出し、日本固有の繊細な川文化と伝統をもち、地域に根ざし個性的である。本節では、親水という概念がなかった時代にも遡り、歴史的な文学、宗教、建築物などが川や水とのかかわりについて、今日からみれば「親水」や「親水行為」と呼ぶことのできると考えられる河川とその利用行為を取りあげることとする。

　これらを代表する河川として、関西では平安期の別荘地帯である宇治川とその端緒として継承されている宇治平等院、歴史や伝統を上手に継承する現在の京都市内の鴨川を取りあげる。関東では日本における親水利用の黄金期といえる江戸期の隅田川について、伝統的な親水利用や施設の系譜と現況を示す。

(1) 宇治川の親水

1) 宇治川と宇治平等院
① 歴史的・景観的位置づけ

　宇治川における歴史的親水施設といえば、10円硬貨の図案として親しまれている宇治平等院鳳凰堂であろう。現在、国宝となっている建築は藤原道長の子、藤原頼通により1053年に西方極楽浄土の地上現世を意図して、当時の建築技術や芸術の粋を集めて建立された。当時は阿弥陀堂と呼ばれ、堂のある中島を中心として周囲に阿字池がめぐらされた浄土式庭園である。11世紀半ばに宇治平等院がこの地にできるのには、歴史的、宗教的、気候的な要因、貴族の社会的生活習慣や宇治独自の景観特性等があった。

② 宇治川の位置

　宇治は奈良から直線で22km、京都(現京都御所)から16kmの距離にある。6世紀に都が飛鳥より藤原、平城京、長岡京を経て平安京に移されたのだが、南都仏教の本拠地でかつての都であった奈良と京都間の往来は貴族により頻繁に行われた。当時、京都の南(いわゆる京都盆地)には巨大な巨椋池があり、周辺は低湿地で舟運に適し、池の東に位置する宇治は古くから津(港)として重要な場所であった。

　また、ここらの川では鵜飼、網代で氷魚や鮎を捕る観光漁業が盛んであった。

図1.3-1 「舟遊びのイメージ」源氏物語絵巻を基に作成

江戸中期の「都名所図会」には、平等院上流の櫃川の岸辺で、4月頃の若鮎を汲み上げ、その場で料理して食べさせる店の様子が描かれている。

　宇治は、四季折々の自然風景や温暖な気候に恵まれ、平安初期に京都の貴族や公家達の別荘（別業）の地として着目された。京都から舟で巨椋池に入り、宇治川をのぼるとすぐ到着できる利便性や風光明媚・山紫水明な場所として、また初瀬詣での中継点としての宗教的な地域特性から、宇治川沿いには別荘が多数建てられた。別荘へは舟から直接上がることができ、川で釣りを楽しめるピロティ形式の釣殿という施設が設けられ、夏の納涼や遊宴に利用された。本宅として京都鴨川沿いの池の周囲に屋敷を構え、別荘は本宅と対になった形式で、本宅を補う形で利用していた。

　③ 文学にみる親水

　文学作品には別荘の記述が多い。藤原道長の娘に仕えた紫式部の『源氏物語』には、「宇治に着いた匂宮らは、屋根に紅葉の彩りで錦のように飾りたてた屋形船で、宇治川を上下しながら管弦の遊びに興じた。川沿いの恋人の館にも舟遊びの響きが届く。夕方、夕霧の別邸（宇治平等院）に着き、宴を催した。」と、光源氏や夕霧の別荘としてこの宇治平等院が描かれている（図1.3-1）。

　当時の川での親水施設や行為は、『蜻蛉日記』に記された藤原兼家の別荘での様子、『源氏物語』の宇治の八の宮や三姉妹等として様々な文学に登場している。釣り、散策、お宮参り、舟上での花見や紅葉狩り、蛍狩り、月見、管弦

や和歌・俳句を楽しむ舟遊び、渓流や岩の景観を楽しむ舟下り、鵜飼、網代による氷魚捕りの観光漁の様子などが、数多く描かれている。

京都からの舟運等が栄えたこの地に、貴族たちにより浄土教芸術の華が開いたのであった。

④ 親水施設としての釣殿

宇治平等院の釣殿の親水施設は、現存する文学上での歴史的位置づけとしては最も古いものと考えられる。室町時代の配置について古図（作成は江戸期と考察）から明らかなように、本殿である鳳凰堂（阿弥陀堂）は池の回りに両腕を開いた形で、宇治川を臨むように建てられている。

なお、平等院の中で最初に供養された本堂は藤原末期の建築と推定され、現在の観音堂（俗名釣殿）の位置にあったらしく、寝殿に替えて本堂にしたとみられている。

これらのことから、最初は別荘として、宇治川の流れの中に床を架けるピロティ形式の釣殿が建設されていたと考えられる。

⑤ 景観と宗教

当時の社会は貴族・武士・庶民の身分制度が支配し、栄華を極めた藤原一門の氏寺である平等院や阿弥陀堂は、庶民が立入り詣でることはできなかった。

この宇治平等院は、日本に繁栄しつつあった仏教の思想、つまり人間存在の普遍的平等性の教えと結びつく思想により、宇治川の景観が理想郷やユートピアの象徴として選ばれ、河川と一体化した配置計画のもとに浄土式庭園として、浄土の世界を現世に再現しようとしたものである。すなわち、鳳凰堂や五大堂などの伽藍が建ち並び、それを鏡のように写し出す阿字池や島も含めた宇治川左岸を彼岸（極楽浄土の世界）とし、橘島前面の宇治川の流れを挟んだ対岸の右岸をまさに此岸と見立て、宇治川の河川空間を利用した広大な構成となっていた。

2）現在の宇治川

昭和40年代には、観光船が上流の天ケ瀬ダムと琵琶湖の南岸の外畑間を運行し、また網代による観光漁や多種の舟遊びが盛んであったが、現在では面影もない。また、琵琶湖方面や京都方面からの舟運もすたれてしまった。

現在はというと、散歩や花見、蛍狩り、鵜飼、釣り、ジョギングやボートによる舟遊び等で、年間約75万人もの人々が川を利用している。川沿いには鮎等の川魚を料理する店や観光船の船宿があり、中でも夏場には塔の島周辺で鵜飼見物の観覧船で賑わっている。

しかし、平等院は宇治川との間に道路が施設され桜並木の堤防ができ、河川との一体感が失われてしまった。特に、鳳凰堂から宇治川の流れが見ずらくなり、かつてのような宇治川の河川景観と一体的に浄土の世界を構築するような緊密性や神秘性、親水性は失われている。

(2) 鴨川の親水

1) 鴨川の歴史的位置づけ

平安京の主要河川であった鴨川は、その水が産湯の儀に用いられ、一条末以北が禊ぎの場とされる反面、五、六条末辺りから南は死体遺棄の場とされるなど、川の利用のされ方が対照的であった。また、河原は不課税の地であり、ここに住みつく者も多く、河原者と呼ばれた。

中世に入ってから三条、四条、五条などに架橋され、その架橋費を捻出するために鴨河原で芸能を勧進興行が行われた。洛中洛外図や四条河原図屏風には、四条河原の見せ物や芝居小屋が多数設けられている様子が描かれている。

四条河原での夕涼みは、旧暦の6月7日より9月18日まで行われ、涼を求める人々の飲食の場として水茶屋の床几が並べられ、芝居や猿の狂言、犬の相撲、綱渡りなどの見せ物小屋が乱立した。また、鴨川や貴船川では納涼の川床（図1.3-2）が行われていた。

河川の水面を利用することは古くから行われ、祇園社犀鉾神人が享徳四年（1455年）6月、四条猪熊と堀川との間にあった家の前を流れる川の上に茶屋を設けたことが始まりとされている。水面は「くうかいの階道」、つまり公界の街道であると考えられ、水面上には住居や茶屋など種々の施設が四季折々に構築され、生活や商業に利用されていた。

さらに、江戸期には鴨川の両岸で桟敷が楽しめたが、寛文9年（1669年）護岸工事「寛文新堤」が始まり、鴨川の利用が規制されるようになった。その後も護岸工事が続けられ、東側の桟敷や川床の架設は禁止されて現在に至っている。

2) 歴史を継承する現在の鴨川

鴨川右岸高水敷上には、せせらぎの原形ともいえる「みそそぎ川」（W=6.0ｍ、L=2.3ｋｍ）が流下している。そこでは、夏場の川床を中心に多くの人が利用しているが、高水敷のせせらぎは日本文化に基づく本来的なものであり、親しみやすい河川として様々な利用がなされている。

鴨川の川床の伝統は現在も継承され、毎年6月15日から9月15日の3ヵ月間、

1.3 歴史にみる親水

二条橋から五条大橋の間のみそそぎ川に架けられ、涼を求める人々の飲食の場として人気が絶えない（図1.3-3）。また、ゆるやかな傾斜の自然石護岸は、散歩やくつろぐ人達で賑わい、特に若者たちの人気が高い。

現在、川床の架設に関しては「鴨川納涼床許可標準」によって、床の高さや床の出張り、広告やイルミネーション等詳細が規定され、図面を添えた許可申請が必要となっている。これらの規定により、鴨川の四条周辺の施設は美しい

図1.3-2 「江戸期の鴨川の賑わいのイメージ」広重画・京都鴨川を基に作成

図1.3-3 現代の鴨川の川床

景観が保たれ、歴史を現代に伝える観光地として賑わっている。

ところで、今でも芝居街の名残として南座が四条大橋の東たもとにはあるが、かつての四条河原全体を利用しての納涼等の催しや、伏見稲荷詣でのような運河を利用した舟遊びは存在しない。

(3) 隅田川の親水

1) 隅田川の歴史的位置づけ

① 隅田川の名称

隅田川は、江戸の街を府内と府外とのエッジ(縁)をなす河川で、江戸期には流れる区域により、千住付近から上流を荒川、浅草寺付近を宮古川や浅草川、最下流を大川という名称で呼んでいた。また、隅(すみ)の字を澄、住、角、墨などと粋に使って呼んだりもした。

② 隅田川のレクリエーション利用

江戸中期には江戸は世界一の大都市で、人口が100万人ほどといわれ、江戸中期から後期における隅田川のレクリエーション利用について、「江戸名所図会」「東都歳時記」や各種浮世絵より考察すると、極めて高度で多様な利用のあったことがわかる。

斉藤月岑は、天保五年(1834年)発刊の「江戸名所図会」において、浅草川(隅田川の浅草周辺の別称)の両国橋あたりの状況を、「この地の納涼は、5月28日に始まり8月28日に終わる。常ににぎわしと言えども、なかんずく夏月の間は、もっとも盛んなり。陸(高水敷)には観場、所せきばかりにして、その招賞(看板)のぼりは、風にひるがえりて扁翻たり、両岸(堤内地)の飛楼高閣は大江(隅田川)に臨み、茶亭の床几は水辺(水際)に立て連ね、ともし火の光は玲瓏として流れに映ず。楼船扁舟所せくもや、いつれ一時に水面を覆いかくして、あたかも陸地に異ならず。弦歌鼓吹は耳に満ちてかまびすしく、じつに大江戸の盛事なり。」と述べ、隅田川が江戸文化の一大中心地であり、納涼時期の3ヵ月間は、水際から堤外地にいたる河川空間全てが、江戸市民のレクリエーションの場として大勢の人々で賑わい、商業施設の密度が極めて高かったことがわかる。また、水辺環境では水に映る光りの美しさや、水際の茶店の連続した施設立地が賑わいを演出していた。

こうした隅田川のレクリエーション利用について、江戸学者の西山松之助は、江戸期の隅田川における毎晩の花火の競演、町人たちの夕涼み舟が川を一面に

覆う様、長唄や新内、義太夫や踊り、茶立や水練が同時に行われる様を述べ、「隅田川は江戸の文化センター」と言及している。

このように、江戸市民による夏期3カ月間のレクリエーションのにぎわいや、四季折々のリゾート空間としての利用は、江戸期の隅田川の一般的なあり方といえる。

2) 隅田川周辺のレクリエーション
① 地域的な特徴

江戸期の歴史的親水事例を研究する場合、詳細な地図や写真、設計図等が無いため、親水行為そのものの形態や親水行為と河川環境の関係等を把握することが困難である。しかし、浮世絵を考察することにより当時の様々な風俗や習慣を見出すことができる。特に、浮世絵の題材となったものには、隅田川に関連するものが極めて多く、隅田川は西山松之助の言及するように、江戸文化の中心的場であった。

その理由として、隅田川が幕府公認の江戸市民のための納涼の地であり、納涼期間も3カ月と定められていた。そして、納涼避暑の地は所々にあるのだが、この両国川（両国辺りの隅田川）を東都第一とした。それは、東に筑波が青くそびえ、西には富士が白くそそり立ち、下流には浜町河岸、浜離宮、品川の海浜に続き、上流には待乳山、隅田堤も遥かに望めるという、優れた景観が好まれたためでもあろう。

また、隅田川は江戸の水路網の基幹であり、舟で全ての河川や運河に通行することができる、交通の要所でもあったためである。

② レクリエーションの形態

浮世絵で見る隅田川のレクリエーションは大きく分けて、リバーウォーク、お花見、舟遊び、花火見物、水遊び、飲食・酒宴、その他に分けられる。

次に、これらレクリエーションの状況等について述べる。

a) リバーウォーク

リバーウォークは、花見や夕涼みや花火見物など、四季折々の風物を楽しみながら川沿いを散歩することである。芝居見物や吉原詣での行き帰りなどの多彩な行為と一体となって、当時の人々の最もポピュラーなレクリエーションであったことが浮世絵からわかる（図1.3-4）。

b) お花見

お花見は、最も庶民的な楽しみの一つといえよう。リバーウォークをしなが

第1章 親水性の概念と歴史的変遷

図1.3-4 「隅田川のレクリエーションのイメージ」北斎画・隅田川両岸を基に作成

ら花の下で酒を酌み交わし、踊ったり仮装を楽しんだり、桟敷で、あるいは船上で飲食・酒宴をするなど、当時のお花見の楽しみ方の多彩さがわかる。

c) 舟遊び

舟遊びは、江戸期で最も豪華でダイナミックな親水行為であった。花見、夕涼み、花火、月見そして雪見というように、江戸名所の隅田川で各自の芸能を披露しながら飲食・酒宴をするものや、魚釣りを楽しんだり、吉原通いの猪牙舟など多彩であった。

また、浮世絵からは当時の舟遊びで、両国橋から中洲まで川がびっしりと舟で埋まるほどの壮観な賑わいを読みとることができる。屋形舟の間をぬって料理舟が料理を売り漕ぎ、ウロウロ舟は西瓜や桃、酒を売り、新内流しなど水上での商業もレクリエーションにつきものであった。

d) 花火見物

花火見物は、江戸時代には川開き期間の3カ月間を楽しむことができた。浮世絵には、夕涼みを兼ね川沿いにリバーウォークしながら、また舟や料亭、桟橋から花火を楽しんだ様子が描かれている（図1.3-5）。

e) 水遊び

かつては、水際にどこからでも下りることができ、清流であったため様々な水遊びが行われていたが、現在は護岸整備や川の汚濁によって全く途絶えた。

江戸期の水遊びは、汽水域を利用した魚捕りやシジミ捕り、潮干狩り等の生

1.3 歴史にみる親水

図1.3-5 「花火見物のイメージ」広重画・両国橋花火の図を基に作成

活に密着した行為とともに、大山参りのみそぎが両国橋東詰めで行われ、神輿の水中渡御、水練など、浅草寺の聖域や宗教と関連するものも多く、水に浸かってのレクリエーションが盛んに行われていた。

　f) 飲食・酒宴

　飲食や酒宴は四季折々のリゾートと関連して常に行われていた。水際の茶店や船宿、高水敷の露店や小屋、堤内地の料亭や茶店などでは、年間を通して飲食・酒宴が盛んであった。

3) 現在の隅田川

　現在の隅田川は、下流部の東京湾に臨海副都心「お台場」がつくられ、新たな活性化や親水利用が盛んになっている。緩傾斜護岸などの水辺のテラス工事が進み、伝統的な雛流しや都鳥の燈籠流しなどが復活し、早慶レガッタ、隅田川や東京湾の花火大会など、各種のイベントにも利用されている。

　また、佃島の低層住宅地や倉庫、工場跡地の再開発による超高層ビルが川沿いに林立するようになり、スーパー堤防による親水が図られている(4.3節参照)。遊覧船や水上バスが大勢の観光客の足となり、浅草、日の出桟橋、お台場、葛西臨海公園への移動を可能にしている。

　このように、現在の隅田川は東京ベイエリアと一体化した、新しい親水利用の場として定着してきている。

引用・参考文献

長屋静子(1989)：都市河川空間の研究－江戸期の隅田川の河川環境とレクリエーション－土木学会土木計画学講演集、No.12

島谷幸宏・長屋静子(1991)：高水敷のせせらぎに関する研究、土木学会46回年次学術講演会資料

長屋静子(1993)：親水施設の配置計画に関する調査、建設省土木研究所

長屋静子(1995)：生態系保全を目指した水辺と河川の開発と設計-レクリエーションからの川づくり、工業技術会

第 2 章

河川における親水施設・構造物

■■■ 2.1 河川環境整備のあり方とその評価

（1）河川環境の機能と整備計画課題

1）河川環境の機能

河川の有する機能としては、大別して次の四つで考えることができる。① 治水機能（洪水排除、河川・水路の維持、地下水涵養など）、② 利水機能（生活・工業・農業での水利用、水運など）、③ 環境保全機能（生態系の維持・保全、気候調節、地域景観の保全など）、④ 親水機能（レクリエーション、精神的生活空間としての利用など）

しかし、そのおかれている社会によって、これらの機能に対する要望の重みは変化する。特に近年では、従来からの治水・利水機能の要求に加えて、都市の居住環境の質の向上、稠密な都市空間を緩和するためのオープンスペース、レクリエーション空間・精神的生活空間としての要求が高まり、国・市町村の各レベルで様々な河川整備が行われている。また、生物の多様な生息・生育環境を考慮した生態学的視点からの多自然型川づくりもとられるようになってきている。

第2章 河川における親水施設・構造物

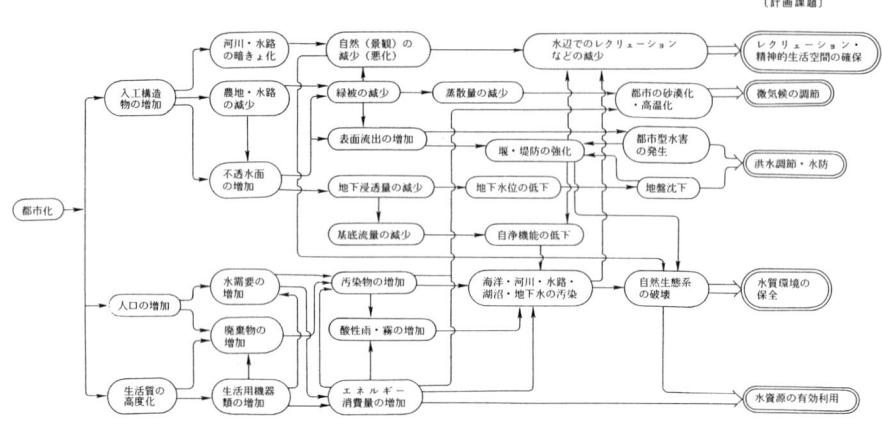

図2.1-1　都市化による水環境の変化と計画課題（村川、1991）

2）整備計画の課題

　都市・地域に存在する様々な形態の水空間とそれにかかわる人間、生物の活動によって形成される環境の総体を水環境と定義するなら、流れ形態が主である河川も水環境を構成する一つの要素と考えることができる。

　この水環境の都市化による変化を、人工構造物の増加、人口の増加、生活質の高度化によって起こる種々の現象として、相互の関連を含めてまとめるなら、図2.1-1に示すようになる。都市化に伴う環境悪化を防止し、さらに改善するための計画課題としては、大別して図2.1-1の右端に二重枠で示した五つの項目が考えられる。これらの各課題は現在の都市内河川と周辺環境が抱えている内容といえる。

　また、1996年6月に河川審議会が答申した「21世紀の社会を展望した今後の河川整備の基本的方向について」によれば、河川整備の現状と課題として、①水管理における総合性の欠如、②水害・土砂災害の被害ポテンシャルの増大、③頻発する渇水、④悪化する河川環境、⑤地域と河川との関係の希薄化をあげている（建設省、1996）。

　これらの各課題も図2.1-1で示した都市化による水環境の変化の中で把握することができる。

(2) 総合的整備計画の視点

1) 河川環境整備のあり方

これからの河川整備のあり方については、前述した河川審議会の答申に方向性が明確に示されているので、その内容を紹介しておく。答申によれば、質の高い生活社会の実現に向けて、河川のあり方については、希薄となった人と水との関わりを流域の視点から再認識するものとし、災害、水資源、自然環境、地域の個性という四つの視点に立つものとしている。そこから求められる社会像としては、それぞれ「危機管理対応型社会」「リサイクル型社会」「自然共存型社会」「地域個性発揮型社会」をあげている。そして、これら四つの視点を総合して「健康で豊かな生活環境と美しい自然環境の調和した安全で個性を育む活力ある社会」を目指すとしている。

このような社会の実現を目標として、次のような河川整備の基本施策をあげている。

① 信頼感ある安全で安心できる国土の形成（治水施設の質の向上と適切な情報提供）

　　a）新たな治水の展開、b）震災対策・火山噴火対策の推進、c）総合的な水資源対策の推進と渇水頻発地域の解消、d）情報の総合化と公開・提供および情報基盤の整備

② 自然と調和した健康な暮らしと健全な環境の創出（都市部を中心に水と緑の復活）

　　a）健全な水循環系の確保とそのための管理体制の確立、b）生物の多様な生息・生育環境の確保、c）良好な河川景観と水辺空間の形成、d）都市部における水と緑のネットワーク化、e）地球環境問題への対応

③ 個性あふれる活力のある地域社会の形成（人と自然の共存する魅力ある地域の形成）

　　a）水と緑を核とした圏域の形成、b）活力ある地域づくりへの支援、c）地域づくりやまちづくりへの河川からの要請、d）河川舟運の再構築、e）地域の魅力を引き出す河川管理、f）地域との連携・協調のための仕組みづくり、g）国と地方の役割分担、h）国際的な交流・連携と技術協力

以上に示したように、最近では治水・利水機能を高めた整備だけではなく、河川内の生態系の保全や親水などといったアメニティのある空間の整備が求め

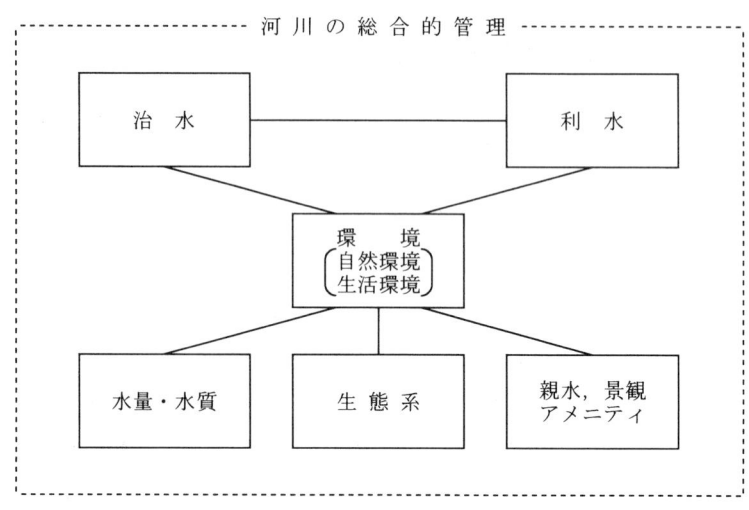

図2.1-2　河川環境の整備と保全（建設省、1997）

られている。

　このような時代的背景もあり、1997年に改正された河川法では、第一条の「目的」に、これまでの治水・利水のための捉え方に、さらに「河川環境の整備と保全」を位置づけた河川の総合的管理をあげている（図2.1-2）。また、河川整備計画の策定手続きには、必要に応じて地域住民などの意見聴取が求められるようになっている。すなわち、住民参加型の川づくりが重要な視点として位置づけられている。これによって、これからの河川行政は総合的な流域管理のもとに、住民参加型の環境を重視した整備方針へ転換することになり、その効果が期待される。

2）計画の手順

　河川を含め、水環境を総合的に計画していくための基本手順としては、初めに、水環境のビジョンに基づいて問題点を提起し、計画に対する目的・目標を設定することになる。

　計画の策定は、発想の段階である構想計画、具体的に内容の詰めが行われる基本計画、事業化へ進む実施計画の順に進められるが、計画の提案からその意志決定に至る効果の予測・評価のフローは図2.1-3に示すようになる。ここで、提案する計画に対しては各種の予測分析が必要となる。すなわち、計画の目的・目標を設定するための需要の予測、目的・目標を達成するための手段の予

2.1 河川環境整備のあり方とその評価

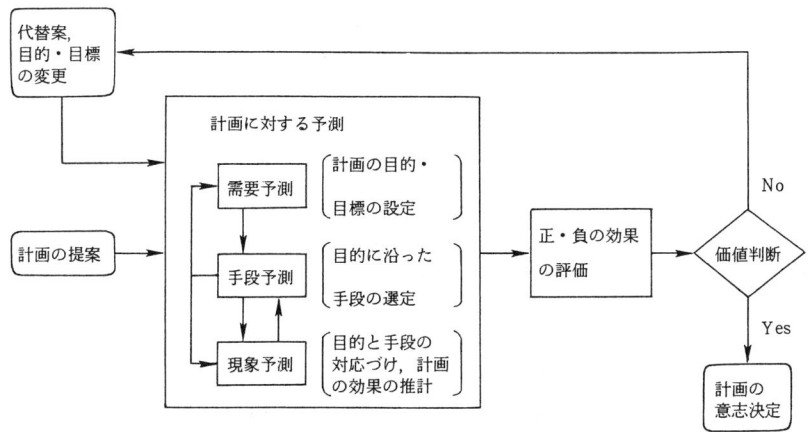

図2.1-3 効果の予測・評価のフロー

測、選定された手段によって目的・目標が達成可能であるかどうかを把握し、計画を実施したときの効果を推定する現象の予測の3系列が考えられる（天野ら、1979）。

また、各予測については、初めに計画に際しての各種情報収集・調査があり、次にその調査結果を集計・整理する現状分析、さらに現象の構成要素を明らかにし、要素間の関連から将来の推移を予測するためのモデルを作成する現象分析がある。そして、作成されたモデルを操作して推定することになる。

したがって、計画の意志決定は、この予測結果をある一定の評価基準（例えば、自然・生活環境影響、エネルギー・水収支、経済効果などの基準）のもとに総合的な価値判断によって下される。なお、判断の結果、不都合が生じるなら、当初の目的・目標のレベルを変更するか、代替案を作成することになる。

3) 計画の総合化

前項の(1)で都市化に伴う水環境の整備計画の五つの課題をあげたが、これらの各個別計画は、これまで単独に進められることが多く、その結果、一つの問題は改善されても、他方の環境が悪化するなどの現象もみられてきた。例えば、洪水対策として、河川の河道・堤防等の画一的なコンクリート化は、自然の水浄化機能を損ない、かつレクリエーション空間などとして利用される親水性機能を喪失させていることが多い。その反省から、最近では河川・水路整備を中心とした洪水対策だけに依存しない、流域全体からみた総合治水対策が考

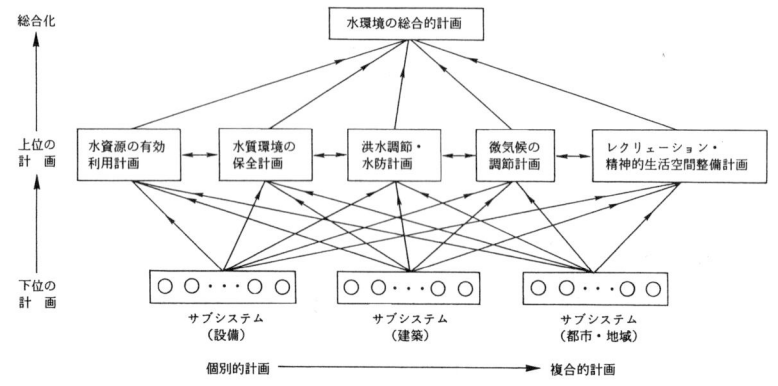

図2.1-4　水環境計画の総合化の概念（村川、1991）

えられている。すなわち、各個別計画は相互に関連し、影響を及ぼし合っているのである。都市の水環境を総合的に計画するということは、ここにあげた五つの個別計画について相互の関連の整合性をとり、有機的に結びつけて総合化することにある。

図2.1-4に五つの計画に基づく総合化の概念を示すが、それぞれの個別計画は、設備、建築、都市・地域というスケールの異なるサブシステムから成り立っている。例えば、設備のスケールでは、建築物の中での給水・給湯設備計画、廃水処理設備などが該当する。これらのスケールのサブシステムは各計画対象単位によって構成され、複合的にさらにスケールの大きいサブシステムにインパクトを与えるとともに、そこから逆に影響を受ける。例えば、建築レベルで洪水抑制のために雨水の敷地内貯留や地下浸透を図ることは、都市レベルでの治水のための河川整備計画のあり方と深い関連をもつ。

4）総合的評価の方法

計画の実施に対する意志決定は総合的な価値判断によって行われることになるが、適切な判断を下すためには、計量された予測結果を評価するシステムを確立しておく必要がある。その評価手法の一つとして環境アセスメント手法が考えられるが、その場合、どのような評価指標を用いるかが問題となる。前述した水環境の総合的計画を評価する場合は、個別計画のそれぞれの項目を評価するだけでなく全体を集約した評価が必要であり、それに対応する総合指標を作成しなければならない。現在のところ、水環境評価に関する総合指標は、一

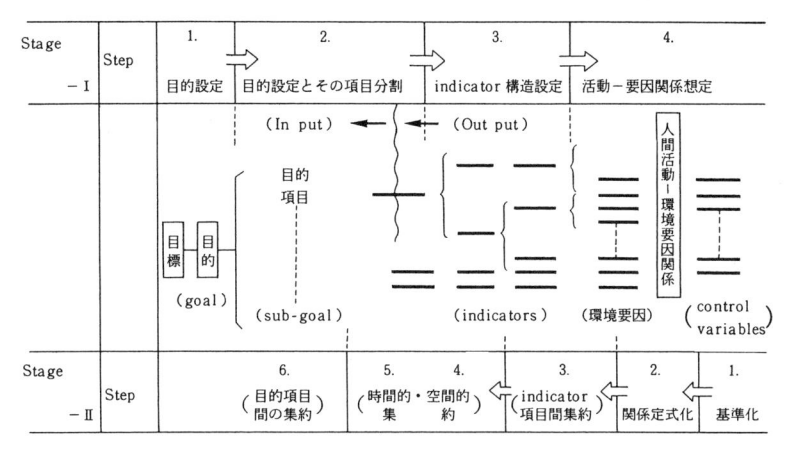

図2.1-5 総合指標化の過程（合田、1979）

部の地方自治体などで検討されてはいるものの確立するまでには至っていない。

個別指標から総合指標へまとめていく手順は、図2.1-5に示すような2段階のステージが考えられている（合田、1979）。ステージ−Ⅰは指標体系の階層構造を設定する段階であり、目的・目標を明確にし、それに対する人間活動と要因の関係を定性的に決定する。ステージ−Ⅱは設定された階層構造の関係を定量化する段階であり、各個別項目ごとに関係を定式化し、次に項目間の部分集約から、さらに時間的・空間的集約を行い、最後に全体的集約から目的・目標との対応付けをして総合指標を作成する。

ここで、水環境の総合指標を作成する一つの考え方を示す。都市・地域の水環境について、機能面からの総合評価を考えるなら、① 治水的評価、② 利水的評価、③ 環境保全的評価、④ 親水的評価の各項目の集約化を図ることになる。各機能について、第一に求められるべき目的・目標を設定するなら、①は洪水からの安全性、②は水利用における利便・衛生性、③は自然との共生を図った調和性、④は水空間に接したときの快適性がそれぞれあげられる。そこで、水辺の親水的評価を例に取りあげると次のようになる。

水辺に人々が出かけたときの快適性の満足度は利用状況から評価できる。利用形態について評価すべき項目を細分化し、その個別利用形態と利用に関与すると考えられる要因との関連を一例として示すと表2.1-1のようになる。これより、それぞれの個別利用形態ごとに関係する要因を変数として評価関数を求め

表2.1-1　利用形態と測定変数の対応（長谷川、1988）

一次指標	測定変数	水と触れあう			景観を楽しむ		スポーツをする		自然を観察する	特殊な利用		
		水泳	水遊び	釣り	散歩	探勝・ハイキング・ピクニック	ランニング・ジョギング	その他のスポーツ		ボート・遊覧船	特殊な眺望・史跡・名勝	祭り・行事
水質	BOD	○	○	○	○	○						
	透視度	○	○	○	○	○						
	大腸菌群数	○	○									
	生物学的水質		(○)	(○)	(○)	(○)			○			
流況	水深	○										
	川底の状況	○	○									
	湧水の有無								○			
水辺の構造	護岸の材質・構造		○		○							
	側道の有無				○		○					
	柵の状況				○							
	水辺へのアクセス	○	○	○								
	河川敷の有無							○				
	緑被率				○	○						
	植生								○			
観光・レクリエーション資源	ボート・遊覧船施設									○		
	史跡・名勝										○	
	祭り・行事											○

注　1）「水遊び」、「釣り」、「散歩」、「探勝・ハイキング・ピクニック」については、水質の測定変数として生物学的水質のみを採用した場合についても算出する．
　　2）○印は個別利用形態と一次指標の各項目間で、それぞれ関係のあることを示す．

2.1 河川環境整備のあり方とその評価

るならば、個別利用形態別の評価得点を算定することができる。このようにして得た小項目の評価得点を集約化して中項目、さらには全体としてまとめることができる。なお、各項目の集約化の段階で利用形態に要求度の順位があるならば、項目にウェイトをつけて集約するなどの操作が必要となる。

　同様な作業を安全性、利便・衛生性、調和性についても行い、各機能評価のウェイトづけ集約化により水環境を評価する総合指標を作成することができる。しかし現状では、このような総合指標化には、人間活動による評価と要因の関連など明らかにすべき課題をまだ多く残している。

(3) 現況の整備と修景整備案の評価

　住民参加型川づくりを進めるために、治水・利水・環境といった流域の総合管理組織が多摩川、荒川、鶴見川、相模川流域に生まれ、全国に急速に広がっている(8.3節参照)。ここで、河川環境整備と住民とのかかわりとして、既に実施された整備に対して住民がどのように評価しているか、また、さらに修景計画を立てるならどのような整備案を望んでいるかについて、筆者らの調査結果(村川ら、1998)を示し、住民の要望をこれからの河川環境整備計画に反映していく一助としたい。

1) 流域の整備状況と修景整備案

　ここでは、広島市の東部を流下する二級河川の瀬野川について示す。瀬野川は図2.1-6に示すように、東広島市志和町に源を発し、広島湾に注ぐ流路22.5km、流域面積122.2km^{2}を有している。

　調査地域は、図中に示すような上・中・下流の左・右岸であり、それぞれの住民に対して、現況の河川整備および修景整備案の写真を掲載した写真票を意識調査票に添付して視覚的な呈示のもとに評価を求めている。呈示した現況の河川整備(A～F地点)を写真2.1-1に、また、その内容を表2.1-2に示す。写真A・B・E・Fは親水面を重視して1989年から段階的に新しく整備された地点であり、写真C・Dはそれ以前の整備地点である。人工的整備がされていない写真Cの地点を除き、そのほかの地点は、親水性の高い階段や自然石による水際部、芝生やサイクリングロードのある高水敷などで整備されている。

　呈示した修景整備案(G～K′)を写真2.1-2に示す。これらは、堤内地側を写真Fの内容で統一し、護岸、高水敷、水際護岸の3種の構成要素について修景している。ただし、高水敷はいずれも芝生による整備としているので、実質は

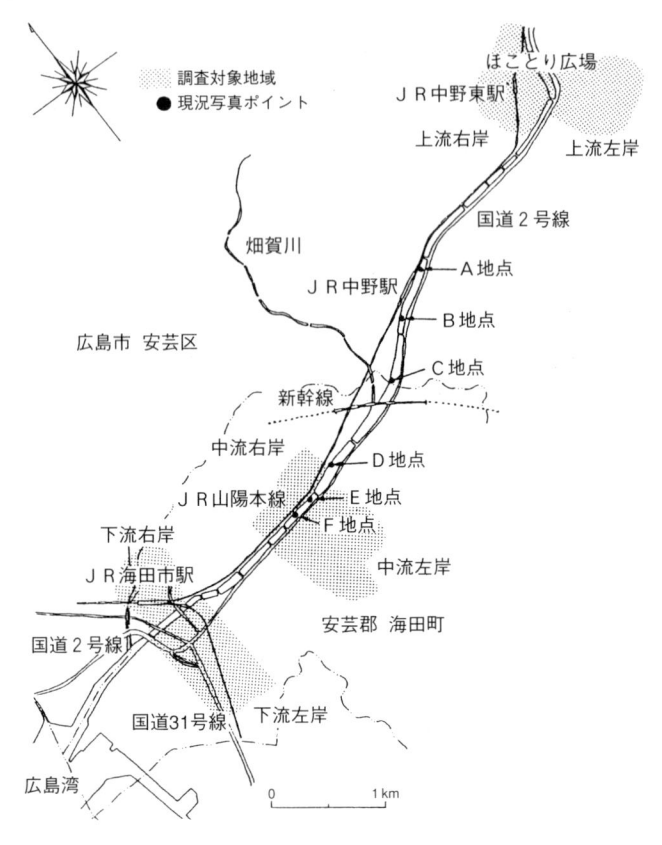

第2章　河川における親水施設・構造物

図2.1-6　対象河川および呈示現況整備地点

写真2.1-1　現況の河川整備

2.1 河川環境整備のあり方とその評価

表2.1-2 現況整備の内容

	護　　　岸	高　水　敷	水　際　護　岸
写真A	切石積みと植栽・草地	芝地	コンクリート階段に水上テラス
写真B	コンクリートと植栽・草地	芝地（護岸側に舗装路）	自然石積みによる垂直護岸
写真C	自然的植生	自然的植生	自然的植生
写真D	草地	草地	コンクリート階段と草地
写真E	階段と切石積み護岸	芝地（水際側に舗装路）	曲線状のコンクリート階段
写真F	切石積みの垂直護岸	芝地（水際側に舗装路）	丸石積み護岸

注) 護岸・水際護岸は特に記していない場合は緩傾斜護岸である．

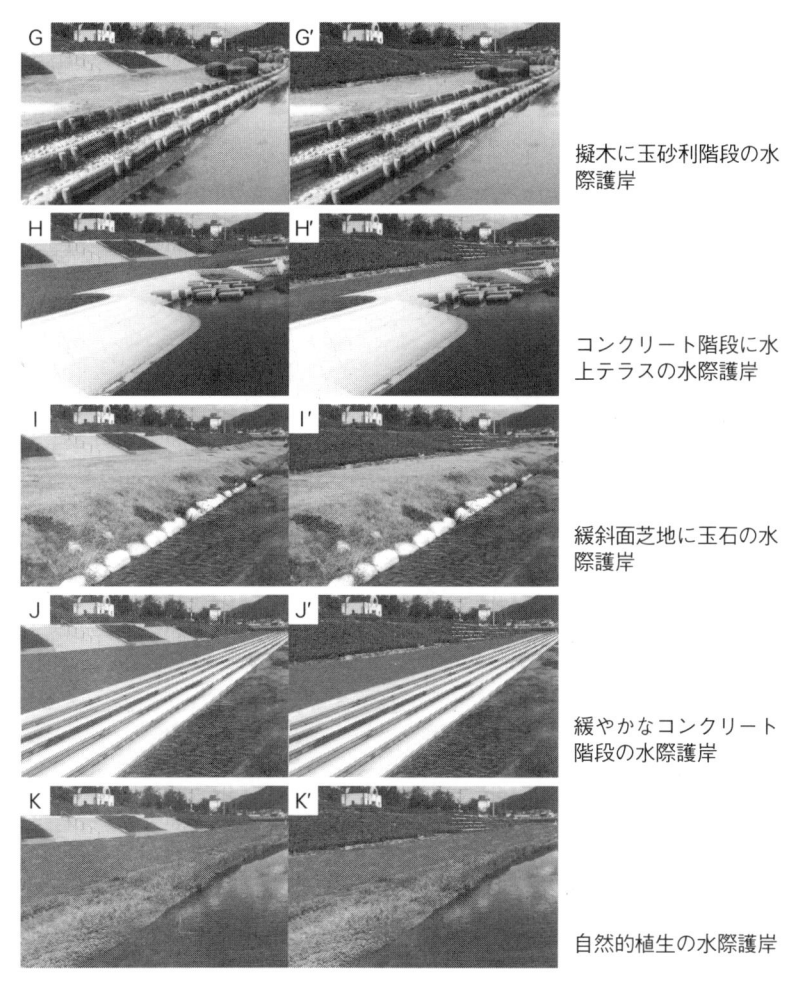

擬木に玉砂利階段の水際護岸

コンクリート階段に水上テラスの水際護岸

緩斜面芝地に玉石の水際護岸

緩やかなコンクリート階段の水際護岸

自然的植生の水際護岸

注) 5種類の水際護岸の整備状況に関する記述は写真票に掲載し住民に呈示している．
写真2.1-2 画像処理による整備案

第2章 河川における親水施設・構造物

護岸と水際護岸の2種を操作した構成要素となっている。ここで、護岸は「階段＋植栽」と「植栽」の2種類、水際護岸は写真2.1-2の説明で記述している5種類である。したがって、両者の組み合わせによる10種類の整備案を作成し、呈示している。

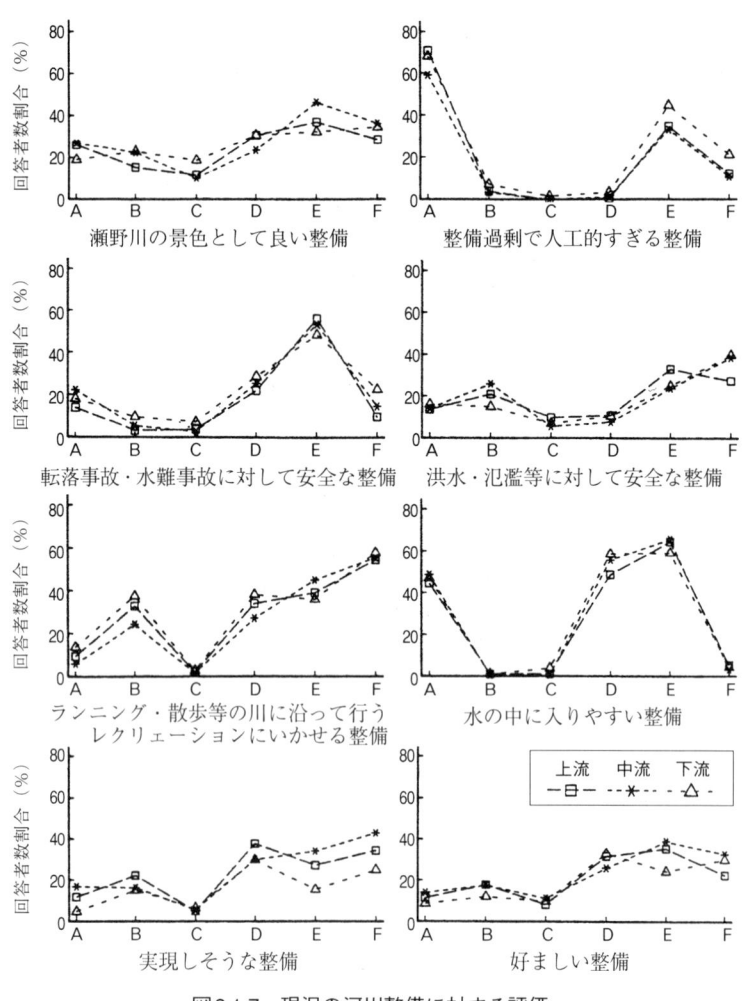

図2.1-7 現況の河川整備に対する評価

回答構成割合（％）

図2.1-8　最も好ましい現況整備

注）（　）内は回答者数を示す．以下同様

2）現況の河川整備の評価

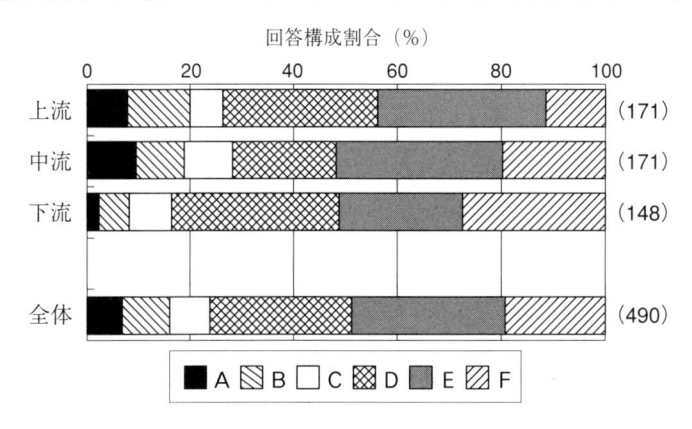

　6種類の現況整備について、自宅近くの瀬野川を整備することを想定して評価を求めた。評価項目のうち代表的な8項目について、それぞれの整備を選択した回答者数（複数回答）を全回答者数に対する割合で示すなら、図2.1-7のようになる。

　ここで、自然的状況を残す写真Cについては、いずれの項目についても選択者数の少ないことがわかる。また、洪水などの安全性に対する住民意識は上～下流によって異なり、洪水・氾濫の危険性の少ない上流では通水能力の高い直線状の水際護岸（写真F）より曲線状で親水性の高い水際護岸（写真E）が選択される傾向にある。

　最も好ましい現況整備の回答構成を図2.1-8に示す。全体的にみるなら、写真D・E・Fが好まれている。水際が極めて直線的で過度な人工的整備や、高水敷全体が自然植生に覆われた整備は避けられ、ある程度の人工的整備が好まれていることがわかる。また、写真Fは地域の差異が顕著であるが、これは上述したような事故や災害に対する安全性評価が影響していると考えられる。

3）修景整備案の評価

　呈示した10種類の整備案について現況整備の評価と同様に、自宅近くの瀬野川を整備することを想定して、各評価項目ごとに該当するものを複数回答により選択させた。図2.1-7と同様に、主な8項目の選択結果を図2.1-9に示す。

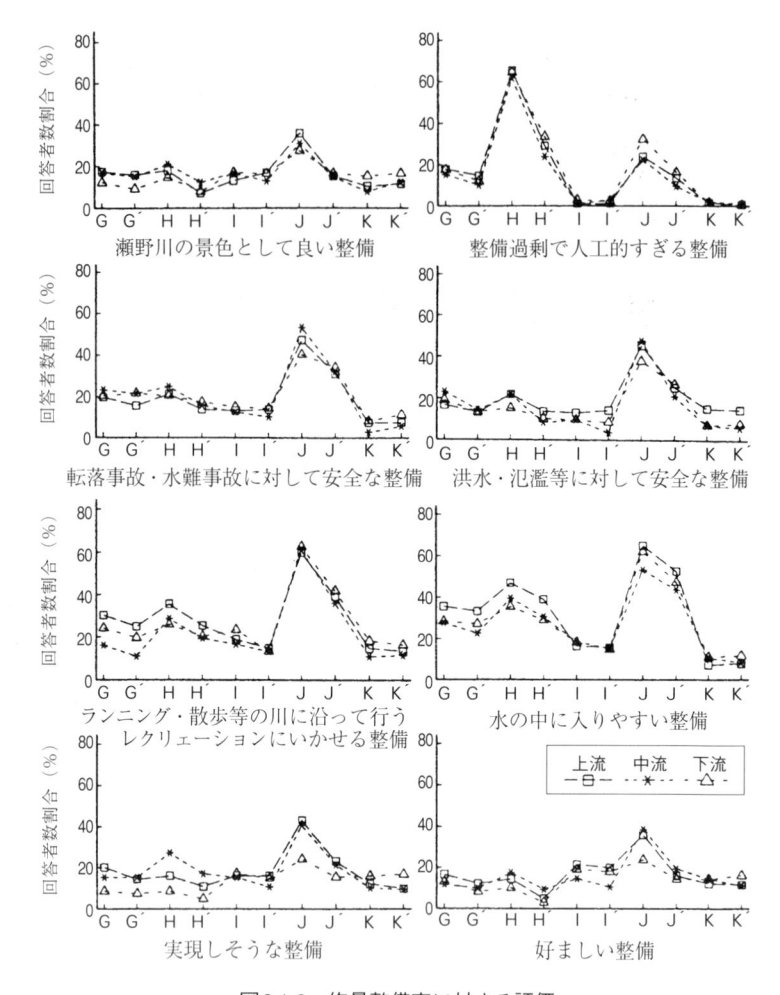

第2章 河川における親水施設・構造物

図2.1-9 修景整備案に対する評価

　これから、人工的整備の評価を除き、いずれも写真Jが多く選択されている。しかし、「実現しそうな整備」「好ましい整備」では、写真Jの下流地域における選択は少なくなる。
　整備案で操作した護岸2種類、水際護岸5種類およびそれらを組み合わせた整備案10種類について、最も好ましいものとして回答させた結果を図2.1-10、図2.1-11、図2.1-12にそれぞれ示す。

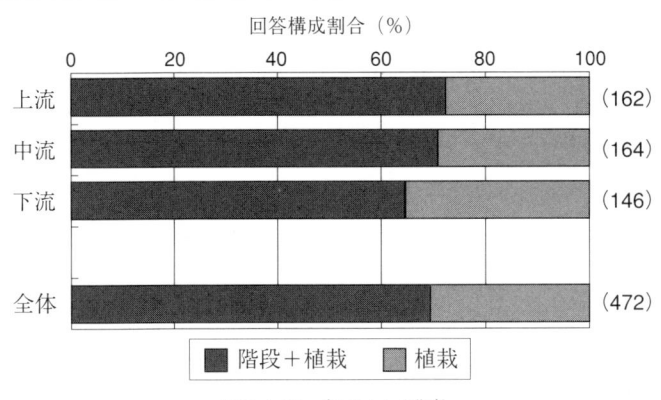

2.1 河川環境整備のあり方とその評価

図2.1-10 好ましい護岸
(凡例: ■階段＋植栽 ■植栽)

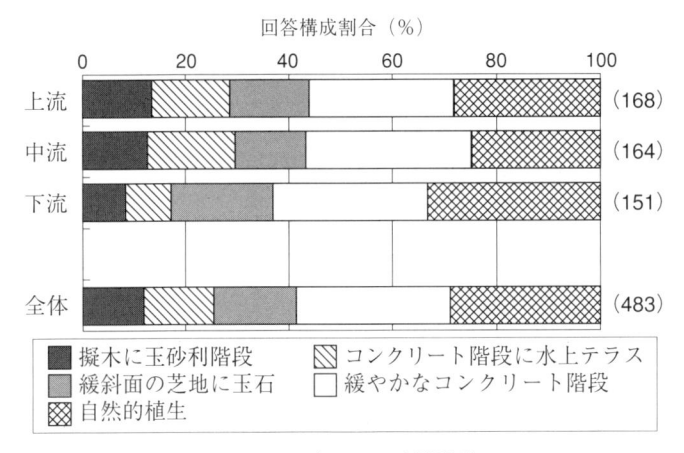

図2.1-11 好ましい水際護岸
(凡例: ■擬木に玉砂利階段　☒コンクリート階段に水上テラス　■緩斜面の芝地に玉石　□緩やかなコンクリート階段　☒自然的植生)

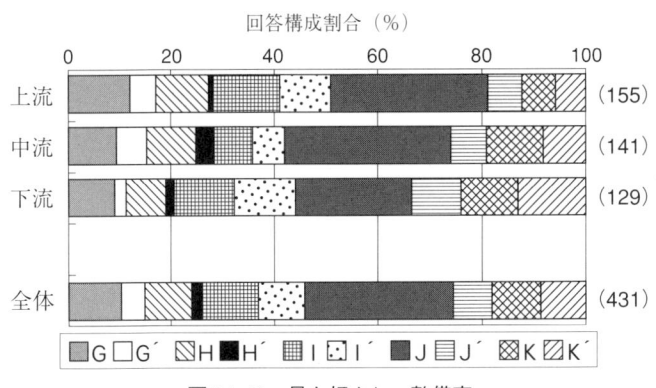

図2.1-12 最も好ましい整備案
(凡例: ■G □G´ ☒H ■H´ ▤I ⋮I´ ■J ▨J´ ☒K ▨K´)

これより、護岸としては「階段＋植栽」が多く選択されるが、下流地域では若干少なくなる。水際護岸では「緩やかなコンクリート階段」「自然的植生」がいずれの地域でも多く選択されている。また、最も好ましい整備案としては、いずれの地域でも写真Jの割合が高く、ある程度に人工的で河川までのアクセスの容易な整備が好まれることがわかる。

好ましい水際護岸では「自然的植生」の選択割合が高いのに対し、最も好ましい整備案では「自然的植生」を組み入れた写真K・K'の選択割合が必ずしも高くないのは、組み合わせによる全体的な調和性が低く評価されたものと考えられる。なお、写真K・K'の割合が下流になるほど高く、下流は緑量の豊富な自然的整備を好む傾向にある。親水的整備が施工される以前の調査では、上流は自然的な整備案、下流は人工的な整備案がある程度好まれる傾向を示したが、施工後の下流では、これまでの治水重視の実態から、最近の動向である生態系重視の整備のあり方を重ねて、自然的要素を取り込んだ質の高い整備を望むようになっていることがうかがえる。

4）現況と修景整備案に対する選好の関連

最も好ましい現況整備として、それぞれの写真を選んだ人は、いずれの修景整備案を選好するのであろうか。分析結果によれば、実際に認知されている現況整備と整備案の選好には、それぞれの整備の形態や人工的性状に類似する傾向がみられる。例えば、写真Aのように整備性の高いものを選好した人は、写真H・Jを選んでいる。また、現況整備に対して満足していない住民は整備性の低い写真Cを選好する傾向にあるが、このような住民の多くは修景整備案では写真K・K'を選好している。これに対して、現況整備に対して肯定的で写真A・E・Fを選好する住民の多くは、写真Jの修景整備案を選択している。

このように、現状の河川環境に対して満足している住民は護岸や水際護岸がコンクリート等であっても緑量は確保されているある程度の人工的整備を、満足していない住民は現在の整備にさらに自然的植生などを取り込むことを求めていることがわかる。

引用・参考文献

(財)河川環境管理財団(1980)：多摩川河川環境管理計画報告書
村川三郎(1991)：建築と都市の水環境計画、彰国社

建設省(1996)：河川審議会答申、21世紀の社会を展望した今後の河川整備の基本的方向について
建設省河川局水政課(1997)：河川法の一部を改正する法律の解説、河川、No.611
天野光三・岩松孝雄・関　正和(1979)：土木計画における予測と数量化、技報堂出版
合田　健(1979)：水環境指標、思考社
長谷川猛(1988)：日本建築学会第8回水環境シンポジウム
村川三郎・西名大作・上村嘉孝(1998)：河川環境の現況整備と修景整備案に対する住民の評価構造の分析．日本建築学会計画系論文集、No.513．pp.53-60

■■■ 2.2 河川景観の構造と評価

(1) 河川景観の構造

　前節でも述べたように、河川空間は人工化が進む都市域に残された数少ない自然空間の一つであり、広がりをもった開放感を生み出す場として、あるいは、水と緑の安らぎをもたらす場として着目され、そのような機能的要求に対応する整備が次第になされつつある。その中には、親水護岸などのように人々の河川空間での様々な活動を期待する大がかりな整備がある。また、一方では、蔓性植物をめぐらしたコンクリート護岸の緑化など、視覚的印象を多分に意識した細やかな対応もある。

　このことは、河川空間がレクリエーション活動などの行われる直接的な「場」であるのと同時に、その空間的な広がりゆえ、より多くの不特定多数の人々から日常的に眺められる「対象」でもあることを示している。したがって、河川空間の視覚的印象をよりよいものにすること、すなわち、河川景観の質的な向上も、「場」としての整備とともに、今後ますます図られなければならない。

　一頃、護岸のごく一部に紋様を描いたり、カラフルな塗装を施したりといった整備がよく見受けられた。これらは、視覚的印象の向上を意図したものの、場当たり的に整備したために、かえって本来の自然性を損なってしまった例である。近年、景観に配慮した河川整備の具体的な方法論や事例集が出版されるようになり、このような極端な整備はさすがに減少しつつある。しかし、真に良好な河川景観を創成するためには、行政管轄によって河川を堤内側の市街地などと区別し、河川空間のみの整備を考えるのではなく、両者を一体のものとしてとらえる必要がある。

　本節では、河川景観を不特定多数の人々の生活環境向上につながる価値ある資源としてとらえ、特に人々によってどのように河川景観が認識され、評価されるのか、好ましい評価が期待される河川景観とはいかなる特徴を有するのかといった観点から考察する。

　なお、ここでの景観とは、ある環境や空間に身をおいた人々が普通に目にする全ての視覚的情報を意味する。ただし、ランドスケープ(landscape)という言葉が、風土や地勢、社会・文化に至るまでを包括する概念であるように、単

純な光学的刺激ではなく、人々が環境をどのように意味解釈するのかという、人間と環境との相互関係によって規定されるものとする。

1）河川景観における視点場と視対象

　景観についての議論を進める上で、最初に考えなければならない重要な概念として、視点、視点場、視対象、視対象場がある。視点は景観を眺める人の位置を、視点場は視点となる人が存在する場所を指す。また、視対象は、例えば富士山や東京タワーなどのように景観を楽しむ際の主体となる事物であり、視対象場はその視対象が存在する場所を指す。これらの位置関係によって、景観はその枠組みがほぼ規定される。したがって、河川景観についての議論も、それを眺める人がどこにいるのか、また、主に何が眺められているのかなどを、はじめに整理しておこう。

　高水敷上や船上など、河川空間の内部を視点場とする場合、視線方向は見下ろしより見上げになる。視対象も河川空間の中に含まれる近接した事物となり、視点場の延長が視対象場となることも多い。一方、河岸上や橋梁上を視点場とする場合は、視点場は視対象場から一歩退いた位置になり、河川空間全体を視対象とする俯瞰景となることが多い。

　一般に、河川空間の内部が視点場になるのは、河川空間を釣りやスポーツなどのレクリエーション活動に利用しようとする人々が視点になる場合が多く、河川利用者というごく限られた人々に眺められる景観となる。これに対して、河岸上や橋梁上は河川利用者のみならず、通勤や通学、買い物などで日常的に通過する人々にとっても視点場となることから、より多くの人々に眺められる景観になる。したがって、河川景観に公共的な価値があり、その質的な向上やよりよい方向への誘導を考える場合には、まず、河岸上や橋梁上を視点場として検討することになろう。

　なお、河川景観の視点場として、この他に河川に隣接する建物などがある。低層からの眺望は河岸からの景観に類するが、中高層では河川が単一の視対象でなくなり、建物や山々などと一体となって認識されるものと予想され、視点場の垂直方向の変化によって、また異なる考え方が必要となる。ただし、このような眺望は、その恩恵に被るのが居住者に特定され、一般性に欠けるためここでは省略し、河川に隣接する住宅の居住環境に河川が及ぼす効果の一つとして、第5章で取り扱う。

2）流軸景と対岸景の特性

河川景観の代表的な視点場として橋梁上と河岸上を指摘したが、それぞれから眺める河川景観はどのような構成になるであろうか。ここでは、橋梁上から流れと平行な方向を眺めた場合を流軸景、河岸上から流れと直交する方向を眺めた場合を対岸景として、それぞれの特徴を整理する。

橋梁上を視点場とする場合、空間的な開放性に優れ、奥行きが感じられる川の軸線（流軸）の方向を眺めることが普通である。流軸景は構図的には一点透視となり、建物や水面、護岸など様々な要素が近景から遠景まで連続的に分布することから、河川空間の様相を一望のもとに見渡すことができる。特に水面については、橋梁のすぐ下に視線を下ろせば小波など流れのディテールまでごく近くで観察できる。ただし、視野の中央が消失点になることから、特定の事物が視対象となることは少ない。

河岸上を視点場とする場合は、近景が水面、中景が対岸の建物や並木など、遠景が遥かな山並みや空などとなり、階層的ではあるものの、あまり奥行きの感じられない平板な構図となることが多い。対岸の建物などが視対象になることが多いが、幅員の広い場合は諸々の事物は群となり、個々の見分けがつかなくなって茫漠とした景観になる。高水敷の有る場合は、視点場側（手前側）の高水敷が専ら視対象になり、水面が遠く離れるため、いわゆる河川景観らしさは失われる。

以降では、橋梁上からの流軸景、河岸上からの対岸景のこのような特徴をふまえた上で、河川景観に対して人々がどのように認識し評価するのか、河川景観と心理的評価との関連について検討を進める。

(2) 河川景観に対する心理的評価の予測モデル

景観とは、人々がおかれた環境から受け取る視覚的情報の全てである。そのため、人々がある景観を眺めたときに、その景観を好ましいと思うか、それとも、好ましくないと思うかといった、心理的な評価に影響を及ぼす要因は無数に存在し、また、その影響のしかたも多様である。したがって、ある景観が人々にどう評価されるかを予測することは、それら様々な要因の全てを考慮しなければならず、極めて困難である。

しかし、その一方で、景観の物理的特性と心理的評価との関連性が明らかになれば、どのように景観を変化させれば、どれだけ評価が向上するのかといっ

2.2 河川景観の構造と評価

表2.2-1 景観構成要素と呈示した河川景観の内容

		a	b	c	d	e	f	g	h	i	j	k
植栽高	(m)	0	0	0	0	5	5	5	10	10	10	10
建物高	(m)	8	30	15	15	15	30	15	8	30	15	15
河岸〜水面高低差	(m)	4	4	4	7	4	4	4	4	4	4	7
高水敷幅	(%)	0	0	40	0	0	0	40	0	0	40	0
河川幅員 (m) 20		1A	1B	1C	1D	1E	1F	1G	1H	1I	1J	1K
50		2A	2B	2C	2D	2E	2F	2G	2H	2I	2J	2K
100		3A	3B	3C	3D	3E	3F	3G	3H	3I	3J	3K
200		4A	4B	4C	4D	4E	4F	4G	4H	4I	4J	4K

注1) 表中、上段は河川幅員を除く4要素による景観のパターンを、下段は河川幅員の変化を含む評価対象44景観の略号を示す.
2) 植栽、建物は河岸際からそれぞれ5m、10mの位置に流路に平行に配置したが、建物のデザイン、植栽の樹種などは特に考慮せず一般的なものとした. なお、河岸際から植栽までの5mは芝に被われた緑地、建物までの5mは道路とした.
3) 高水敷幅は河川幅員に対する割合で示す. また、高水敷には芝等が張られていることを想定して緑で被った.
4) 河川幅員は低水路、高水敷を併せた河川空間全体の幅員を示す.

た予測が可能となり、地域の景観資源の調査や価値評価、既存景観の政策的な誘導や今後の整備計画の策定などにおいて有用であることもまた疑いない。
　ここでは、河川景観に対する人々の心理的な評価を予測する一つの試みとして、建物や緑、空や水面などの景観を構成する諸々の要素を操作した架空の景観を画像処理で作成して被験者に評価を求める実験を行い、要素の物理的特性と評価との関連について検討した結果を紹介する（西名・村川、1997）。

1) 実験の概要

　操作の対象とした河川景観の構成要素と、それらの組み合わせによる河川景観のパターンを表2.2-1に示す。特に、心理的評価に対して大きな影響を及ぼすであろう基本的な要素に限定し、植栽高、建物高、河岸〜水面の高低差（護岸の高さ）、高水敷（芝が張られていることを想定）幅を2〜3段階に変化させた11種類のパターンa〜kについて、河川幅員を4段階に変化させた。また、河川景観の視点場として橋梁上と河岸上が代表的であることから、橋梁上からの流軸景、河岸上からの対岸景について、これら44種類の河川景観をそれぞれ用意した。
　心理的評価としては、河川景観全体から受ける総合的な印象によって判断される総体的評価として、「満足意識」「景色」の2項目、一部の景観構成要素に着目した、より客観的、具体的な個別的評価として、「緑量」「建て込み」「流

第2章　河川における親水施設・構造物

れの快適さ」「水量」の4項目を用いた。

2）河川景観の心理的評価結果

このうち、「満足意識」「緑量」の2項目についての結果を図2.2-1に示す。5段階尺度で求めた回答の、よい側から5～1の得点を付与して景観ごとに平均評価得点（平均値）を求め、流軸景の評価を横軸、対岸景の評価を縦軸として各

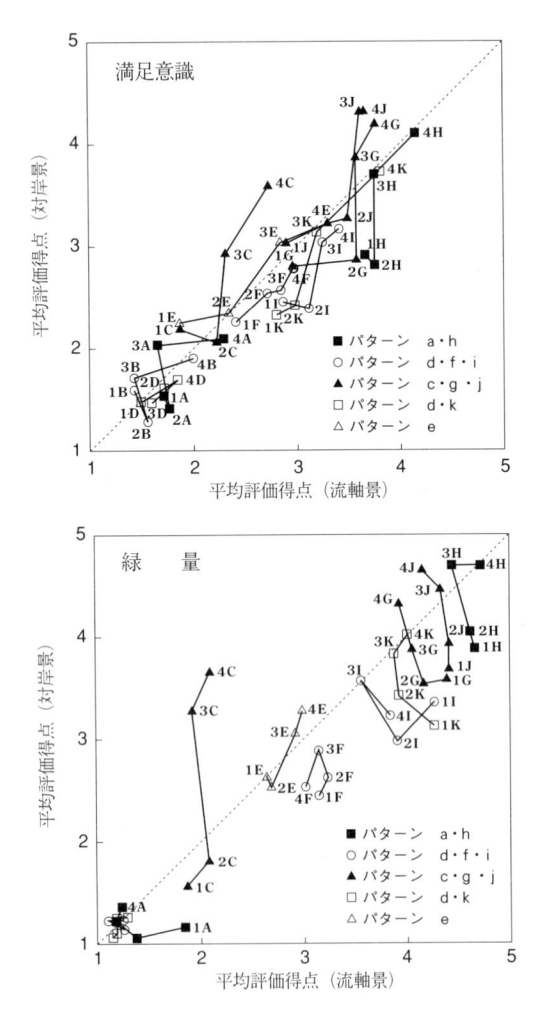

注）a～kのパターンごとに20～200mの河川幅員の順に実線で結んでいる．
図2.2-1　流軸景・対岸景の総体的・個別的評価結果

景観を布置した。

　これより、「満足意識」では、芝の張られた高水敷があり、河岸に植栽のある景観や、建物高より植栽高が高く、建物が樹木によって隠される景観で評価が高く、高水敷も植栽もない景観が低く評価され、全般に緑量の多寡による影響が認められる。他の要素では、幅員は広いほど、建物高は低いほど高く評価されている。

　「緑量」では、高水敷や植栽のない景観の評価が著しく劣り、他の要素に比べ植栽高、高水敷幅の影響が著しく大きいことがわかる。幅員による影響は流軸景では曖昧であるが、これは、広幅員になるほど、河岸の植栽や高水敷などの視対象と視点場との距離が広がり、それらの要素の見えが小さくなるためと考えられる。一方、対岸景では、高水敷のある場合に、幅員と評価に正の関連がみられる。これは、広幅員になるほど視点場側の高水敷が景観中に占める部分が増えるためと考えられる。

　流軸景、対岸景ともに、景観構成要素が心理的評価に大きな影響を及ぼしており、例えば総体的評価では、植栽高や河川幅員の増加によって評価が向上する類似した傾向がみてとれる。また、流軸景と対岸景の違いとして、後者で視点場側高水敷の影響の大きいことが挙げられるが、これは高水敷の増加が景観の中で目に見える変化となって現れるかどうかの違いであると考えられる。特に「緑量」や「水量」の項目では、意味内容的に対応する要素である緑や水面が、景観中にどの程度の視野（面積）を占めるかが評価と直接的に関連することが示唆される。

　このことは言い換えれば、同一の空間であっても、視点場と視対象との位置関係によって、そこで眺められる景観の構成はいかようにでも変化し、それに伴って心理的評価も変化することを意味している。すなわち、景観と心理的評価との対応を問題とする場合、例えば植栽高や建物高といった実際の空間を規定する物理的特性値を用いるより、ある視点場と視対象によって決定される景観の、全体的な構成を直接的に示す指標を用いた方が、より明確な関連が得られることになる。

3）景観構成要素の面積比を用いた評価予測モデルの提案

　以上のような観点から、ここでは、前述した実験結果に基づき、構成要素が景観中に占める面積比を景観の物理的特性値として扱い、それらを説明変数とした心理的評価の予測モデルを提案する。植栽高や建物高などの実空間で測定

される物理的特性値と心理的評価との対応が求められれば、結果を直接利用できる点で設計・計画を行う上では有利である。しかし、景観から直接導かれる特性値でも、最近のCADやCG等の技術的進展をみるなら、その算出は決して困難であるとは言えない。むしろ、ある空間の中から最も良好な視点場を探索することも可能になるなど、今後は景観計画を考える上で有用な情報となることも期待される。

面積比を求める要素としては、限られた要素のみが操作された架空の景観であることから、A）建物、B）護岸、C）緑、D）水面、E）天空、F）人工、G）自然の7要素とした。ただし、F）人工はA）建物とB）護岸の和、G）自然はC）緑とD）水面の和である。

心理的評価の予測モデルとして、変数増減法による重回帰分析を適用し、7種の要素の面積比を説明変数、平均評価得点の値を従属変数とする回帰式を流軸景、対岸景それぞれについて求めた。流軸景の結果を表2.2-2に示す。いずれの回帰式も重相関係数0.75以上となり、要素の面積比で心理的評価がほぼ説明されている。

これより、「満足意識」「景色」「緑量」の3項目では、いずれもF）人工とC）緑が説明変数として選択され、前者が減り、後者が増えることによって高評価になることがわかる。特に「満足意識」と「景色」では、偏回帰係数や重相関係数もほぼ同程度の値を示し、かなり類似した回帰式となっている。「緑量」では、F）人工よりC）緑の説明力が高く、項目の意味内容と要素との対応関係

表2.2-2　構成要素の面積比による評価予測モデル（流軸景）

	重相関係数	回帰式のF値	定数項	説明変数	偏回帰係数	標準偏回帰係数	変数のF値
満足意識	.765	28.8	3.3977	F）人工 C）緑	−2.925 1.343	−.644 .278	38.2 7.1
景色	.783	28.9	3.5444	F）人工 C）緑	−3.066 1.430	−.657 .288	42.6 8.2
緑量	.818	41.4	3.1083	C）緑 F）人工	4.767 −2.846	.622 −.395	44.6 18.0
建て込み	.828	44.6	3.2069	A）建物 E）天空	−3.621 0.930	−.731 .152	46.6 2.0
流れの快適さ	.829	45.1	3.4467	F）人工 D）水面	−2.408 1.315	−.650 .269	38.6 6.6
水量	.972	707.9	1.1246	D）水面	8.295	.972	707.9

が確認できる。「建て込み」では、E)天空の増加、A)建物の減少によって高評価となり、建物の少ない広々とした空間が高く評価されることがわかる。また、「流れの快適さ」は「満足意識」と類似した傾向を示し、「水量」ではD)水面の説明力が著しい。

　この結果は、限られた要素のみを操作した架空の景観に対する評価に基づくため、多様な要素を包含する実際の景観に対する適用にあたっては慎重でなければならない。しかしながら、例えば総体的評価において、A)建物やB)護岸単独ではなく、それらを併せたF)人工が選択されていることから、被験者が景観中の不快な人工的要素として建物も護岸も同等にとらえ、はっきりした区別をしていないこと、C)緑が選択されD)水面が選択されないことから、水体の存在は重要であるものの、その広がりの程度は評価に大きく影響しないことなど、示唆に富む事柄も得られており、このような基礎的知見を今後も蓄積していくことが望まれる。

(3) 河川景観の地域性、評価者の個人特性が評価に及ぼす影響

　前項では、限られた構成要素を操作した架空の景観を用いた実験結果から、河川景観と心理的評価との対応関係を考える上での基礎となる予測式について示した。このような考え方の背景には、それぞれの景観の特徴にしたがって、人々が概ね共通した反応をするという、いわゆる標準的な人間の仮定がある。

　しかしながら、狭い日本国内においても北海道から沖縄まで、人間の生活環境は極めて多岐にわたっており、気候、風土などの地理的条件は全く異なっている。また、生活環境に対応するように、それぞれの地域ごとに言語や宗教、慣習、生活様式といった社会的、文化的な固有性が存在する。したがって、地域が異なれば河川景観の様相も大きく異なり、また、河川景観に対する人々の認識や評価の基準も大きく相違する可能性が存在する。このことは、前項で示した予測式の適用が、異なる地域や集団に対しては困難な場合のあることを意味する。

　本項では、前項の実験であえて除外した、河川景観自体の地域的な固有性や、それらを評価する人々の個人特性について、国内外で収集した実際の河川景観をスライド映像で呈示し、社会・文化的背景の異なる日本人、中国人、英国人被験者に評価させた結果に基づいて考察する(金ら、2001)。

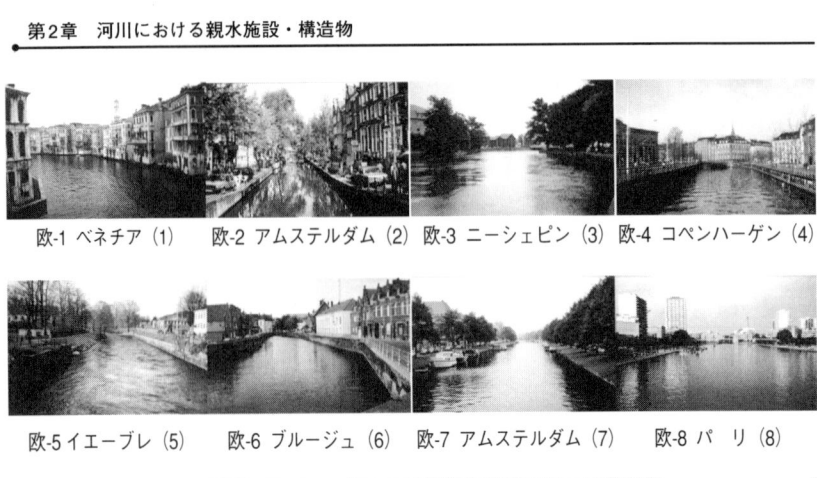

第2章　河川における親水施設・構造物

欧-1 ベネチア（1）　欧-2 アムステルダム（2）　欧-3 ニーシェピン（3）　欧-4 コペンハーゲン（4）

欧-5 イエーブレ（5）　欧-6 ブルージュ（6）　欧-7 アムステルダム（7）　欧-8 パ　リ（8）

欧-9 ウィーン（9）　英-1 イギリス（10）　英-2 ロンドン（11）　英-3 イギリス（12）

英-4 イギリス（13）　英-5 ロンドン（14）　日-1 北海道 小樽（15）　日-2 兵庫 大谿川（16）

日-3 広島 瀬野川（17）　日-4 広島 京橋川（18）　日-5 東京 皇居の堀（19）　日-6 兵庫 作用川（20）

日-7 東京 横十間川（21）　中-1 蘇　州（22）　中-2 蘇　州（23）　中-3 逢莱閣（24）

写真2.2-1　国内外河川景観

2.2 河川景観の構造と評価

1) 実験概要

心理的評価は、前項で述べた実験と共通する総体的・個別的評価に、呈示された景観が自国のものか他国のものかを判定させる「国内外の別」を加えた。また、景観の選定にあたっては、被験者の国籍に配慮するとともに、地域的な固有性が著しいものも含めた。景観の内容を写真2.2-1に示す。いずれも流軸景であり、運河や水路、港湾など、帯状の人工的な水空間における景観も幾つか選択している。

2) 国内外河川景観の評価傾向

前項と同様に景観ごとに心理的評価各項目の平均評価得点を求めた。英国、日本、中国それぞれの被験者による評価結果を図2.2-2に示す。図中には、異なる2国間の相関係数も併せて示した。

「国内外の別」では、各国被験者に共通して、自国の景観を国内、それ以外の景観を国外と評価する傾向がみられ、判断の基準が極めて明確であることがわかる。また、自国の景観と共通する部分があるため、欧州の景観に対する英

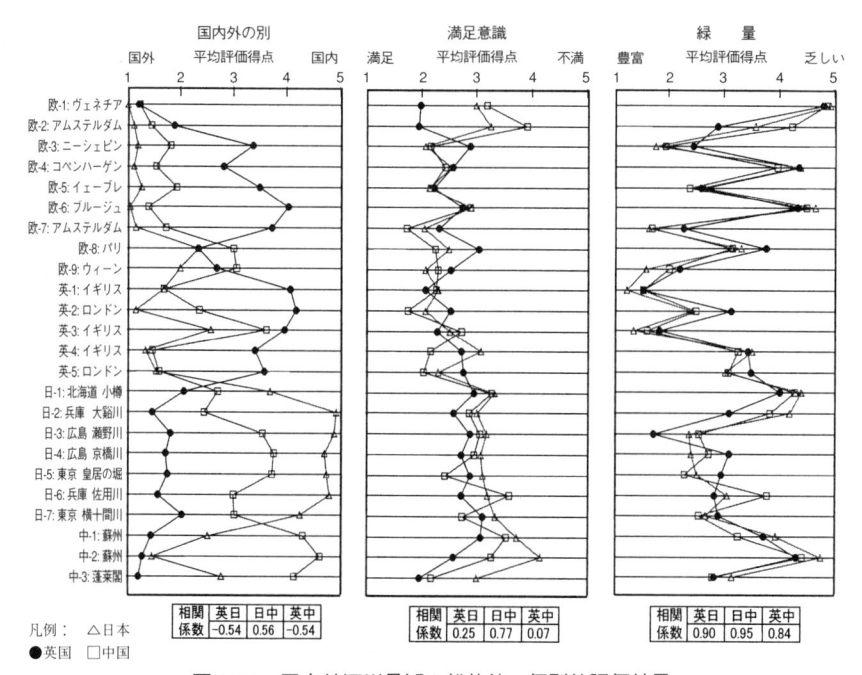

図2.2-2 国内外河川景観の総体的・個別的評価結果

国人被験者の評価と、日本の景観に対する中国人被験者の評価は概ね中庸となる。しかし、欧-1や欧-2のように、ある程度の知識があれば場所の特定が可能な特徴的な景観については、英国人被験者も国外と評価している。一方、欧-8や欧-9のように近代建築が主な視対象となる景観や、英-3のような植栽や樹木が多くを占める景観は、地域固有の特徴が曖昧なため中庸な評価になっている。

「満足意識」では、3国とも景観に占める建物の割合が大きいほど低評価となり、人工物の多少によって評価が左右される前項と共通した傾向が認められる。しかし、欧-1や欧-2は建物が多い景観であるにもかかわらず、英国人は満足側、日本人と中国人は中庸からやや不満側に評価している。英国人被験者は、この2景観がどこの地域かを明確に認識していることが予想され、その景観が存在する地域全体の印象や文化的価値などが、景観の物理的構成より強く意識されたものと考えられる。

「緑量」では、いずれの2国間の相関係数も0.8を超え、3国ともほぼ共通した評価傾向を示し、特に日本人と中国人で評価得点の差異が小さい。樹木や芝生などが景観中に占める量によって評価が左右される傾向を示し、構成要素に対する認識や、評価項目の意味内容のとらえ方に3国間で極端な差はないものと考えられる。

3）評価予測モデルの適用による検討

このように、被験者によって評価傾向の異なる項目、共通する項目のあることがわかるが、それぞれの被験者群の傾向についてさらに検討するため、既に示した心理的評価の予測モデルを適用することを試みた。「満足意識」と「緑量」について、横軸を予測値、縦軸を実測値とした各景観の布置を図2.2-3に、総体的・個別的評価6項目についての予測値と実測値との相関係数を表2.2-3に示す。

「満足意識」では、日本人被験者の場合、日本や中国の東アジアの景観と、英国や欧州の西洋の景観とが2群に分かれて布置され、全般に東アジアの景観に比べ西洋の景観が高く評価され、それぞれで実測値と予測値との間に直線的な関係がみられる。この結果は、景観の物理的構成が同一であっても、西洋の景観であるということだけで一律に評価が向上することを意味しており、景観の有する地域性が心理的評価に及ぼす顕著な影響を示している。英国人被験者も、欧-1（No.1）、欧-2（No.2）などの伝統的な景観で予測値より実測値が高く、

2.2 河川景観の構造と評価

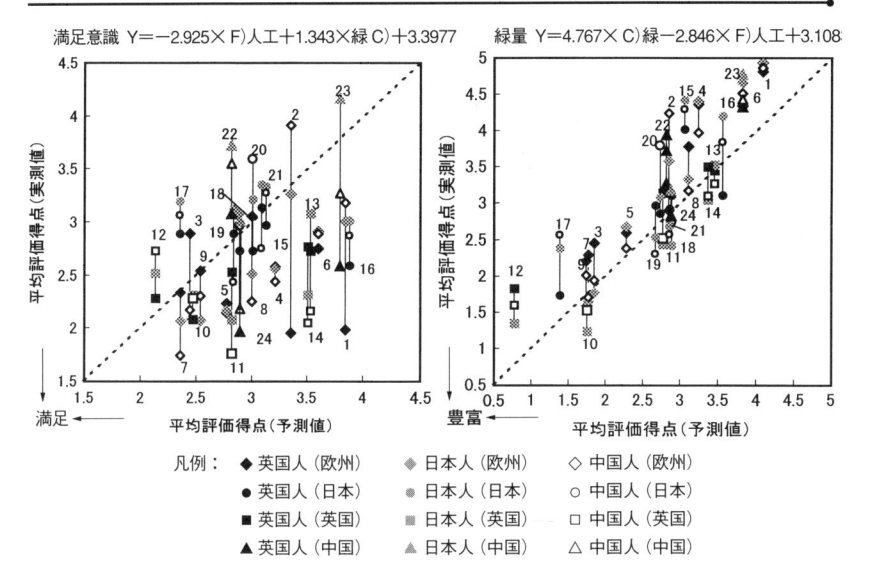

満足意識 Y＝−2.925×F)人工＋1.343×緑C)＋3.3977　　緑量 Y＝4.767×C)緑−2.846×F)人工＋3.108

注）図2.2-2との整合をとるため、本図では満足側、豊富側が低い得点になるよう予測値を修正している。

図2.2-3　予測値と実測値による国内外河川景観の布置

表2.2-3　総体的・個別的評価の予測値と実測値の相関係数

	満足意識	景色	緑量	建て込み	流れの快適さ	水量
英国	−0.004	−0.039	0.892	0.740	0.399	0.665
日本	0.472	0.344	0.874	0.610	0.592	0.731
中国	0.327	0.319	0.836	0.128	0.394	0.671

それぞれの地域性を重視する傾向がみられる。

　中国人被験者では、欧-2（No.2）、英-3（No.12）、日-6（No.20）、中-1（No.22）など、両岸に乱雑に建物や植生が並ぶ景観や、船、付設物などの目立つ景観で実測値が低く、その逆に、英-5（No.14）、日-2（No.16）など、両岸に建物や植生が整然と並んでいる景観で実測値が高くなっており、それら要素の統一性が「満足意識」に影響していることがわかる。

　一方、「緑量」では、低評価側から高評価側までの景観の順序は3国ともに共通しており、実測値と予測値との相関はいずれの被験者群でも0.8以上となって、評価が構成要素の面積比によってほぼ規定され、判断の基準が3国間で共有されていることがわかる。

以上の結果から、河川景観に対する心理的評価を考える上で、景観の有する地域性についても配慮する必要のあることがわかる。ただし、日本人被験者のように単純な地域差が反映される場合や、英国人被験者のように特に伝統的な価値観に従って判断される場合があるなど、地域性に対するとらえ方が被験者群によって異なることにも留意しなければならない。これは、中国人被験者の場合、英国人や日本人に比べて統一性を重視する傾向のあることとも共通し、社会・文化的背景が異なれば、景観に対する評価・判断を行う上での基準が異なる可能性が指摘できる。

(4) 調和性からみた河川景観の評価

本節の最後に、流軸景において、天端以下の河川部と堤内地側の周辺部とを区分して、それぞれ複数の状況を用意して組み合わせた河川景観を用いた被験者評価実験結果（西名ら、1992；村川・西名、1992, 1993）を示し、これまで述べてきた、河川景観を河川、堤内を併せて一体としてとらえる必要性、地域固有の特徴に配慮する重要性について改めて指摘しておく。

河川部の状況を5種類、周辺部の状況を6種類用意し、両者の組み合わせによる河川景観30種類を作成した。具体的な内容を表2.2-4に、河川景観の例を写真2.2-2に示す。いずれの内容も実際の河川景観をベースに修整を加えており、周辺部ではA～Dが国内、E・Fが国外の景観に、河川部ではa・b・eが国内、dが国外の景観にそれぞれ基づいている。

「満足意識」「河川と周辺との調和」「緑量」の各項目について、景観ごとに平均評価得点を求めた結果を図2.2-4に示す。これより、「満足意識」では、い

表2.2-4　河川部（堤外側）と周辺部（堤内側）の内容

記号		略　　号	内　　　　　　容	
周辺部	A	オフィスビル	8～10階建ての事務所ビル街	植栽豊富（東京　丸の内）
	B	一戸建て住宅	低層木造の戸建て住宅が連続する	植栽あり
	C	中層集合住宅	8～10階建ての中高層集合住宅	植栽あり
	D	郊外（日本）	農村風景　平野部に低層住戸が点在	背後に山（島根県三刀屋）
	E	商店街（外国）	住商混合地域　スカイラインの統一	植栽あり（ブリュッセル）
	F	郊　外（外国）	田園風景　林間に洋風住戸が点在	背後に山（ザルツブルグ）
河川部	a	芝　　生	高水敷が緩傾斜の芝生広場　玉石護岸	（太田川　基町）
	b	公　　園	ベンチや植栽等による公園的整備　石積み護岸	（京都　鴨川）
	c	階　　段	天端から高水敷、水際へ至る階段が各所に整備	
	d	デッキ	平坦部（デッキ）の階段状の設置　水際に柵	
	e	自　　然	水際近くは石の川原　天端までは自然な植生	

注）表中（　）内の地名は画像作成に利用した景観の撮影地点を示す。

2.2　河川景観の構造と評価

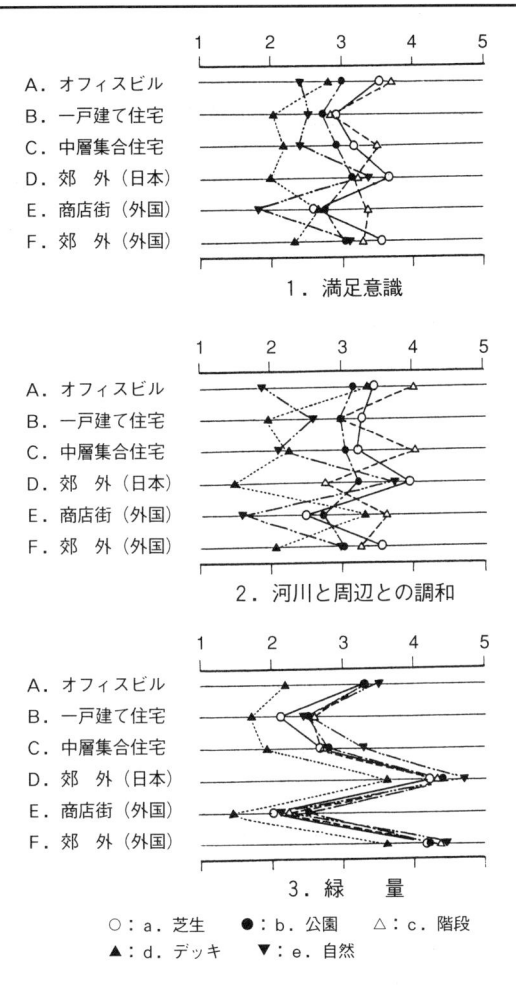

図2.2-4　組み合わせ景観の総体的・個別的評価結果

ずれの周辺部でも緑が豊富な河川部a・cの評価が高く、人工的なdの評価が低い傾向が概ねみられるものの、周辺部が異なれば河川部a〜eの評価の序列が大きく変化することがわかる。すなわち、A〜Cの日本の街並みでは、cやaの評価が高く、bが中庸、eやdで低い共通した傾向がみられるが、海外のEでは、aやeとの組み合わせでは著しく評価が低く、cやdとでは高くなっている。また、DやFではeとの組み合わせで高評価を呈する。

47

第2章　河川における親水施設・構造物

A．オフィスビル ＋ a．芝生

B．一戸建住宅 ＋ b．公園

C．中層集合住宅 ＋ c．階段

D．郊外（日本）＋ d．デッキ

E．商店街（外国）＋ e．自然

F．郊外（外国）＋ a．芝生

写真2.2-2　河川部と周辺部の組み合わせによる河川景観の例

2.2 河川景観の構造と評価

「河川と周辺との調和」では、この傾向がより顕著になり、自然が豊富なDやFは自然的なeやaとの組み合わせで、都市的なAやEでは人工的なdとの組み合わせでそれぞれ評価が高くなっている。また、河川部、周辺部が共に自然的なDとe、Fとeの組み合わせを比較すると、前者の方がより高く評価されている。これらの結果から、自然－人工の程度や国内外の別が、河川部と周辺部で共通する景観が調和していると判断されていることがわかる。

一方、「緑量」では、周辺部の変化にかかわらず、専らeの評価が高く、dの評価が低くなっており、河川部の評価はほぼ一定の傾向を示す。このような傾向は、河川景観全体に対する「緑量」の評価が河川部だけ、周辺部だけをそれぞれ独立に評価して、両者を足し合わせた結果とほぼ共通することを意味しており、構成要素の面積比によって評価が決定される傾向を示している。

以上の結果から、多様な要因が評価を左右すると考えられる総体的評価においては、景観の物理的特性である構成要素の面積比も寄与するものの、全体的な調和性も少なからず影響をおよぼすことがわかる。このことは、河川整備計画の策定にあたって、周辺の状況をよく観察し整備の内容と整合させること、周辺の状況と併せた河川空間の全体像に対して常に配慮することの重要性を示唆している。すなわち、自然が豊富な地域において三面をコンクリートで固めるような河川整備が好ましくないのと同様に、人工化の進んだ都市内において、自然的植生をなるべく生かした整備を行うことや、欧州などの先進的な河川整備事例をそのまま国内で具現化することなどは、少なくとも視覚的印象の面では実効の乏しいことが把握できる。

引用・参考文献

西名大作・村川三郎(1997)：河川景観評価予測モデルの作成と適用性の検討　その2、日本建築学会計画系論文集、No.494、pp.61-69

金　華・西名大作・村川三郎・飯尾昭彦(2001)：英国・日本・中国の被験者による河川景観評価構造の比較分析、日本建築学会計画系論文集、No.544、pp.63-70

西名大作・村川三郎・井上裕之(1992)：日本建築学会中国支部研究報告集、17、pp.233-236

村川三郎・西名大作(1992)：日本建築学会大会学術講演梗概集D(環境工学)、pp.1257-1258

村川三郎・西名大作(1993)：日本建築学会中国・九州支部研究報告、No.9・2(環境系)、pp.89-92

第2章 河川における親水施設・構造物

■■■ 2.3 治水構造物と親水性

　治水構造物とは、例えばダム、水制工、水門のように、文字通り水を治める構造物であるが、その親水性とはどのように創出されるものなのであろうか。それを探るために、ここでは主に戦前の治水・利水構造物の事例を細かく観察してみたい。これらの親水性創出手法の共通点は、治水・利水システムによって副次的に形成された景観を積極的にアレンジしている点にある。排反事象としての治水利水行為と親水性の概念規定は克服され、むしろその持ち味は引き立たされているのである。現在の河川空間整備に直接応用できるか否かは検討を要するものの、自然回帰策が一極支配的な現行の河川景観整備手法に一石を投じる考え方である。

　各分野で昭和初期のデザインには定評があるが、それは決してカタチ操作におけるセンスの卓越性に帰着されるべきものではない。そこには、生起したモノ・カタチ・空間をより楽しいものへと改造する心が潜んでいたように思えてならない。もちろん、「親水」もその「楽しいもの」の範疇に含まれていたことはいうまでもない。現代の私達に決定的に欠損している感覚とは、当時あったはずの「副次的産物を活用する遊び心」にほかならないのではないだろうか。

（1）治水構造物の親水性・景観設計における現行の原則

　現代においては、「親水性向上」の護岸整備等は一定の成果をあげているが、治水構造物に対してはあくまで"地のデザイン"が固定的にとられている。手法も存在感覚をかき消そうとするものがほとんどである。

　治水構造部のうち、特にスケールが大きく強い視覚的インパクトをもつダムについてみてみよう。親水性を含めたダムの景観設計に関しては、主に次の3項目が重視されている。

　①ダム本体及び管理塔・減勢工等の付帯施設の形態論
　②上流部に形成される湖水景観
　③ダム本体に発生する越流・放流水の景観的演出

　①は今までの文献において大変細かな指針が既に示されているので、それを詳細に本書で記述することはしない。主に強調すべきダム固有の形態要素として、シンメトリー性、天端照明や打継目を活用したリズム感、縦横ラインの強

調などがあげられている(廣瀬・竹林、1994)。また、著書によってはこれに「形態の単純化」「天端シルエットの整え」「諸設備デザインの工夫」「素材・配色の統一」を加えているものもある(建設省河川局開発課、1991)。さらに、これらの設計全体をとりまとめる考え方として、やや使い古された言葉ではあるが「自然と構造物の調和」という内容があげられる。主な手法としては、法面緑化や地形復元などによる既存景観の回復、エージングや植物被覆による「違和感の緩和」などの方法がとられている。

②の湖水景観を設計する際に着目すべき要素としては、主にダム固有の景観設計よりもダムを建設した結果生ずる上流部の人工湖を、いかに自然湖に近い状態で見せるかという考えに基づいている。

同様に、ダム建設によって派生的に生ずる景観の演出方法として興味深いのが③である。特に越流水を滝として扱う考え方が既にあり、そのポイントとして、a)高標高(落差)の確保、b)広幅の越流水脈の確保、c)両岸側袖部と自然地形との調和、d)低位標高部からの視点場確保、等があげられている(廣瀬・竹林、1994)。

落水による滝の表情に関する研究は皆無に近かったが、近年研究が進んでいる。

なお、この落水表情の演出については、戦前のダムにおいてもかなりの完成度でその景観的応用が試みられていた。特に、大分県の白水ダムなどは最たる例である。これらのもつ根幹的な親水向上思想がいかなる意味をもつのかについては次の項で説明したい。

その前に、水門・樋門などにおける現行の親水性・景観設計の原則についてふりかえっておきたい。これについても様々な文献で既に指針が示されているが、主なものを紐解いてその原則を総括すると、a)風景設計の原則、b)透視設計の原則、c)場所性の原則、d)一つの川としての基調性、の4点があげられる(リバーフロント整備センター、1996)。要点としては、a)は「周辺環境を考慮した設計(=構造物単体のデザイン論に終始するのはよくない)」、b)は「平面図、立面図だけではく、パースを用いた設計」、c)は「例えば、山間で上屋の屋根の色を緑にするのはよいが、それを都市で行うべきかどうかは議論を要する」、そしてd)は「同一の河川で形態を全て統一することはなくとも、例えば、門扉の色彩や形態の基調などを統一することが望ましい」とするものである。ただし、b)は必ずしも治水構造物固有の設計論に限ったことではなく、あらゆる土木構造物なり建築にも該当する基本的事項であることはいうまでも

ない。

　ここまでざっと現行の治水構造物における親水性・景観設計の原則を概観してみた。無論、このような原則に則った設計が現実に展開してきているし、それらには一定の成果があった。しかし、治水構造物のもつ面白さが、現行の措置のみで十分に引き出されるのかどうかについては確信をもてない。実際、そこを訪れ眺める一般の人々は景観設計によりつくり出されたダムのシンメトリー性に気づくだろうか。同一河川で同一の基調で橋がかかり、整合のとれた水門が建ち並ぶことについて、訪問者は果たしてそれを本当に楽しんでくれるのだろうか。そもそも、それを統一することにどのような美学的意義、そして最も重要視すべき「社会的意義」が見出されるといえるのか。景観研究の一端に携わる身として、これら基本的内容を十分に議論する機会が意外と少なかったことが残念に思えてならない。そこには、「統一することが美徳」「自然に調和さえすれば優」という、あまりにも強い固定観念が設計者なり研究者の中に組み入れられていたように思える。

　今後、これら現行の手法を突破すべき新たな親水パラダイムを構築していくことも大変意義深いが、その一方で、我々の先人たちが戦前期において実践していた親水性創出手法の中には、現在の設計者がくみとるべき大切な発想を感化させてくれるものも少なくない。本節では、三つの事例を読みとることにより、治水構造物における親水性創出・景観設計の"新たなパラダイム"を提示してみたいと思う。

(2) パブリックアクセスの概念

　まず、親水性という概念を少し拡張し、「水への公的なアクセス＝パブリックアクセス」という言葉に置き換えて話を進めてみたい。この「パブリックアクセス」には、いくつかの手法が既に提唱されている。一つは「水辺に近づくことができる」というアクセスである。これを「物理的アクセス：Physical Access」と呼ぶ。二つは、たとえ物理的アクセスが困難である場合であっても、「間接的に」アクセスすることも一種のパブリックアクセスとして位置づけようというものである。例えばその一つの例として、「水が見える」ことによる親水性向上があげられる。これを「視覚的アクセス：Visual Access」と呼ぶ。三つは、直接水自体に物理的・視覚的にアクセスせずとも、何か水に関係のあるもの(例えば、川の歴史に関するイベントやパンフレット、あるいは水辺に

2.3 治水構造物と親水性

密接に関係のある構造物など）を媒体として間接的（概念的）にアクセスする方法もある。これを「解釈的アクセス：Interpretive Acess」と呼ぶ。

これら三つの概念は、アメリカのWaterfront Centerにおいて1980年代に提唱されたものである。内容もいたって単純明快であるが、この視座を改めて確認した上で周りの構造物を見直してみると、親水性整備の新しい観点を発見できる可能性がみえてくる。

(3) 解釈的アクセス媒体としての治水構造物

コンクリート三面張り護岸や巨大ダム建設などで水辺が人々から遠くなってしまったことが問題視されはじめ、「親水性を奪回しよう」という風潮が強くなった。この「親水性」奪回策として、水辺でイベントを開催したり、あるいは水辺に触れられるような護岸を整備することが主に行われてきた。ここで主眼がおかれていたのは、水辺に私たちを近づかせてくれるための「場」の整備であったといってよい。直接的に水を眺め、触れ、水辺に近づけることが目指されてきたのである。

しかし、このような考え方のみでは、例えば水門、ダム、水制工などの治水構造物は単に人と水辺との間にある障壁としか捉えられかねない。もちろん、これらに人の歩ける通路などを設けて水際部まで人を呼び込む手法も可能である。しかし、治水構造物の親水整備における位置づけとはこの程度のものなのであろうか。単に人が水辺に近づくことを「邪魔せずに」おとなしく背景として存在していればそれでいいといわれて、無視してしまうにはあまりにも惜しい。

治水構造物には魅力がある。もちろん、「機能美がある」という観点もありうる。しかしそれ以上に、治水構造物とは水辺に「必然的に」存在するものであるということが重要である。治水構造物の存在とは、河川システムに対する人間の働きかけの痕跡であり、しいては河川システムの一部であるともいえる。したがって、河川空間整備に対する今までの自然至上主義の固定観念的な発想からは、この考え方は成立しにくいだろう。

私たちは構造物のポテンシャルをさらに認識してもよいと思う。治水構造物は、単に親水性を破壊するだけのものでは決してありえない。それどころか、治水構造物をうまく活かした親水性向上の手法が、先の「解釈的アクセス」の考え方の導入によって可能になるものと考える。

第2章 河川における親水施設・構造物

この意見は一見唐突にも思われるかも知れないが、次項で述べる戦前の治水構造物を注意深くみてみると、既に完全なまでに達成された考え方であることがわかる。紙面の都合上、筆者が現在までみつけた事例をいくつか紹介してまとめてみる。

(4) 戦前の水門・樋門にみる親水性

「解釈的アクセス」媒体として、治水構造物は親水性向上のポテンシャルをもっているといえる。治水構造物においては、地のデザインを基本方針としている現行の考え方に盲点があるとすれば、その点にある。治水・利水構造物とは文字通り、水を治める、水を利するための構造物であり、その形や位相には河川システムそのものが色濃く反映されている。このような構造物の形なり存在自体をうまくアレンジできれば、「解釈的アクセス」という観点からの親水性向上が期待できよう。

1) 六郷水門

写真2.3-1の「六郷水門」は、1929年に東京都大田区民の力で竣工した浸水防止水門である。手摺に施された「六郷」をモチーフとした模様や、全体に施された曲線、連続アーチ（実際は逆アーチ）などに、当時建築界で流行した「ド

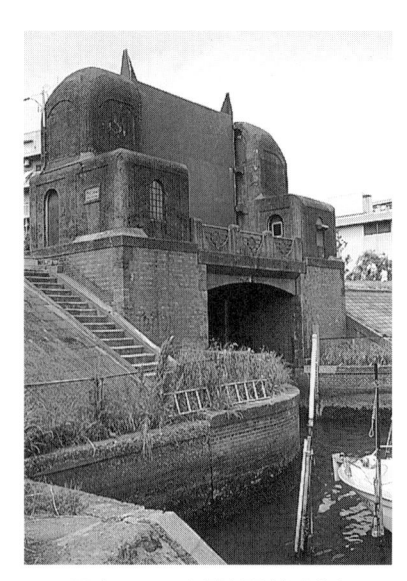

写真2.3-1　六郷水門（東京都）

2.3 治水構造物と親水性

イツ表現主義」のデザインが採用されている。つまり、この水門には「人に見られること」を意識した意匠が施されているのである。

当時慢性化していた浸水災害の防止は人々の悲願でもあったであろうし、設計に対するエンジニアの熱意もさぞ大きかったに違いない。「向上への熱意」とは土木構造物のみならず、戦前の建築を語る上でもよく議論される観念である。しかし、この構造物の存在価値はそれだけに止まることは決してあり得ない。「表現派の作品」として高い完成度を有していると同時に、地域のランドマークとしての河川構造物に昇華しているのである。つまり、この構造物は自我の存在を地に帰着させるどころか、むしろ積極的にアピールしているのである。この洗練された存在感覚によって、六郷水門を媒介とした「多摩川への解釈的アクセス」を促していることはいうまでもない。

2）安戸落堰枠と周辺の治水構造物

大都市にある六郷水門は比較的知名度も高く、土木史や産業遺産の文献には頻繁に登場する。ここではもう一つ、農村における治水構造物の例をあげる。

埼玉県北東部に位置する杉戸町の大島新田地区には、江戸時代以前には沼があった。豪雨時には氾濫し農地に甚大な被害を及ぼしたため、元禄年間の1696年に沼周りに水囲い土手（輪中堤）を設けることで、周辺からの排水流入防止と堤内の新田化が図られた（杉戸町教育委員会、1982）。この事業において、排水を目的とした2本の「悪水路」が沼周囲に南北に掘られ、それぞれ現在も北付廻堀、南付廻堀と呼ばれている（図2.3-1）。さらに、これらの排水を下流の古庄内川まで流す水路として、既に掘られていた安戸落悪水路が南北付廻堀に接続されている。加えて、北付廻堀と安戸落の分流点には「安戸落堰枠」が1730年

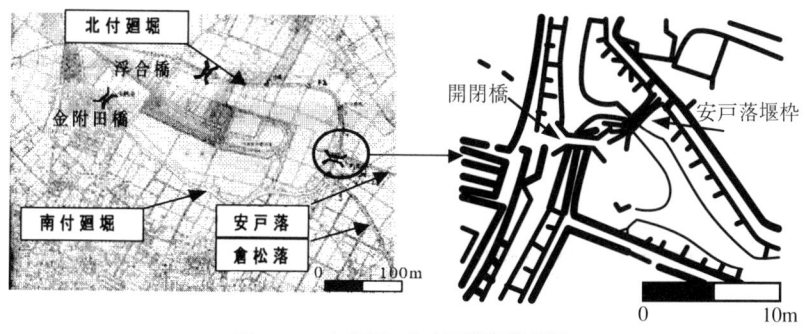

図2.3-1　大島新田と安戸落堰枠周辺

写真2.3-2　安戸落堰枠周辺の現況

に設けられ、洪水時に氾濫しやすい安戸落への流水を防ぎ、隣接する倉松落に排水するシステムが確立していた。

　この堰枠はその後、1897年（明治30年）に当時最新鋭の近代技術であった煉瓦造に改修されている。埼玉県立文書館の文書（明2447-3等）にも同様の記述があり、煉瓦の個数までが細かく記されている（是永、1997）。

　しかし、現況をみるとこれに若干変更箇所があるのがわかる。

　安戸落堰枠は写真2.3-2のように、橋梁下部工に見立てれば、2つの橋台（A1、A2）および3本の橋脚（P1・P2・P3）から成り立っているが、このうち現在煉瓦造となっているのはA1・P1・P2のみで、P3とA2はコンクリート製である（写真2.3-3）。つまり、後にコンクリートで改修されている。これについては現存する県文書にも記述が見られず、その詳細を実証することはできないが、この周辺の構造物の現況をみるに、「治水構造物の親水性」という観点から興味深い細工が仕掛けられていることが理解できる。

　そもそもコンクリート製のP3とA2はいつ竣工したのか？文献（杉戸町教育委員会、1982）によれば、付廻堀の改修が1933年に行われている。この改修工事はその前年に県議会で決定され、国庫補助を受けて大々的に行われたものである。この年には埼玉県下で国庫補助事業が一斉に行われており、当地もその一環として事業が実施されたようである。さらに興味深いことは、新規にコンクリートで作られた堰枠は既存の煉瓦堰枠に形がきれいに統一されている。そして、橋台A2はその周囲の擁壁（翼壁）と一体構造となっている（写真2.3-4）。

　さらにもう一つ、興味深い構造物が隣接している。図2.3-1にも示したように、この北付廻堀と安戸落によって、その分岐点に州のような島ができ、そこに

2.3 治水構造物と親水性

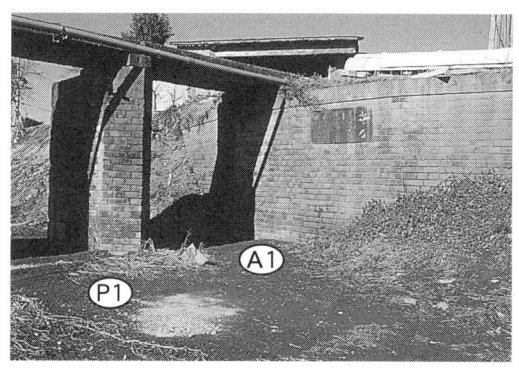

写真2.3-3　煉瓦製下部工　A1．P1の現況橋台
A1には明治30年5月と漢文で書かれた碑文プレートが埋められている

写真2.3-4　コンクリート製下部工　A2．P3の現況
本節における問題の箇所。ピアの形はP1．P2に揃えてある。またP3～A2のみ水深が大きくなっている

「開閉橋」という橋がかかっている(写真2.3-5)。これは戦前に多かった単純桁RC橋であり、しかも親柱に付与されたアールデコを思わせる矩形の幾何学模様や頂部の半球形を取り入れた意匠など、かなり"見られること"に対し繊細な配慮が成されていたようである。さらに、開閉橋の島側下部工が前述した安戸落堰枠A2から連続する擁壁と一体構造になっており(写真2.3-6)、これらは同一時期(1933年)に一斉に竣工したものである可能性が高い。

この橋梁の竣工年は凡そ戦前であろうと予想はつくものの、その年代を特定するだけの史料は未だ見つかっていない。しかし、さらにこの南北付廻堀には興味深い橋がかかっている。北付廻堀の浮合橋と、南付廻堀の金付田橋(写真

57

第2章　河川における親水施設・構造物

写真2.3-5　開閉橋

写真2.3-6　開閉橋の下部工部分

写真2.3-7　浮合橋（左）と金付田橋（右）
いずれも開閉橋と全く同一の意匠が施されている。構造形式も同じRC単純桁である

写真2.3-8　北付廻堀と安戸落の分岐点

2.3-7) である (位置は図2.3-1参照)。

　写真からも明らかなように、これらはいずれも開閉橋と全く同一の構造形式、そして同一の意匠が親柱に施されている。また、地元古老へのヒアリングによれば、浮合橋は1935年前後に竣工したものであるという。つまり、これらは1933年の安戸落堰枠改修時に一体的に竣工された可能性が高い。

　それではこの一体的施工の仮説が意味するものは何か。昭和初期の建築や土木構造物には、アールデコ風の幾何学的意匠や、新材料であるコンクリートの造形的自由度を活用した表現主義の影響を受けたものが少なくない。しかし、当地杉戸町の例はこれだけに止まらない。それは、写真2.3-8にも示したように、この安戸落が北付廻堀から分岐する地点の治水行為によって形成された風景である。付廻堀と安戸落の結合によって生成した中島、安戸落堰枠、そしてその島へ新田側から架けられた開閉橋について、これら一連の治水構造物・治水システムによって形成された景観を「風景」として意識した設計が施されていたと考えられないだろうか。治水システムを風景形成要素として積極的にアピールするとき、構造物を多自然型工法によって自然に埋没させる以上に、私たちはその形成する印象的な風景に接し、水辺そのものへの親近感も一層向上するのではないであろうか。戦前の土木構造物設計界においては、このような「土木システムの副次的な形成景観」を、人々を間接的に水辺に誘い込む装置として実に巧みに操ることに成功していたように思う。

第2章　河川における親水施設・構造物

写真2.3-9　間瀬ダム全景　　　　写真2.3-10　下流部側面からの堤体景観

(5) 戦前のダムにみる親水性

　同様の考え方は、同じく代表的な治水・利水構造物であるダムの事例にも読みとれる。埼玉県児玉町にある間瀬ダムは、1937年に流域の用水不足解消を目的に建設された（写真3.2-9）。これは全て人力によって施工された日本初の農業用コンクリートダムとして知られており、2000年には国の登録文化財に指定されている。

　このダムでは、天端高欄部に施された擬木や幾何学的な装飾、さらに神社参道の灯篭を思わせる親柱などが知られているが、下流側堤体の右岸側面に施された空間（写真2.3-9左下）にも注目したい。ここには、下流側にある堤体管理橋を渡ってたどり着くことができるが、堤体の落水表情が最も明確にみてとれるポイントでもある。左岸ウィング部の曲線や交互に入り組んだ天端部管理橋橋脚の意匠などは、この地点から眺めることで明確に観察できる（写真3.2-10）。

　間瀬ダムは、前述の白水ダムの前年1938年に竣工している。その表情には歴然とした差があるものの、治水システムによって副次的に形成される落水景観を活用して楽しもうという共通の姿勢がうかがえよう。

注）埼玉県の煉瓦治水構造物については是永定美(1997)：明治期埼玉県の煉瓦造・石造水門建設史.(土木史研究第17号論文集)などに詳しい。

引用・参考文献

廣瀬利雄・竹林征三編著(1994)：ダム・堰と湖水の景観．山海堂
建設省河川局開発課(1991)：ダムの景観設計．国土開発技術センター
リバーフロント整備センター(1996)：川の風景を考えるⅡ．山海堂
杉戸町教育委員会(1982)：大島新田の歴史と民俗・第1集.(郷土史料第11集)

第3章

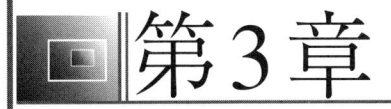

海浜における親水施設

■■■ 3.1 海岸利用と親水性

（1）海岸に求められる機能

　海岸域は、陸域と海域の二つの異なった環境から形成されており、それぞれの特性を備えている。特に、海側における浅瀬や干潟など潮汐作用のあるところは、微生物や植物、魚介類、動物及び人間などの生物的要因と大気、水、土、光などの非生物的要因によって構成されている。この二つの要因の間における物質循環、エネルギーの流れの過程を通じて系(生態系)が維持されている。そのため、人間と沿岸域に生息する生物を含めた自然が適切な関係におかれるように配慮することが重要である。

　そこで自然環境に配慮するには、まず陸域・海域の環境を形成している仕組みを理解することである。特に、干潟、藻場、砂浜など、海岸のそれぞれの形態区分における生物の役割と生物特性の環境的価値について理解することであり、生物の生息環境面からは水質や低質が悪化しないよう維持し、種の多様性を守ることが重要である。このことが、結果的には人々が望む親水性の向上や景観に対しても良い効果を生み出すことにつながってくる。

　近年の水辺環境整備においては、従来から重視されてきた海岸防災や河川の治水・利水に加え、環境保全機能や親水機能も重視されるようになってきてお

第3章　海浜における親水施設

写真3.1-1　生態系に配慮して環境創造された海浜公園

り、自然との調和を目指した幅広い視点に立った水辺環境を形成することが要求されるようになってきた。海岸法改正時には、沿岸域の良好な生活環境の確保と環境容量の拡大の観点から生態系の多様化、海岸景観の改善、親水性の拡大などについても議論されてきた経緯がある。

このように、海辺や水辺に対して親水機能が注目されるようになってきた背景には、開発によって失われた水辺空間が、地域住民や市民にとって快適性の高い空間であったことが再認識されてきたからであった。しかも、人々の快適な暮らしにとって「水のある空間」が、まちづくりにおける「緑のある空間」と同様に、有効な環境改善機能を果たすことが認知されてきたためと考えられる。

水辺に求められる機能としては、「親水機能」「生態機能」「景観機能」が広く認識されるようになってきた。「親水機能」は、安全性、快適性、レクリエーションの各機能を備え、人々が水辺や海辺で遊んだり、散策して楽しんだりすることに対する機能である。「生態機能」は、水辺のもつ生物の生息環境形成機能である。水辺が健全に機能することにより多様な生物が生息し、自然豊かな水辺が形成され、人々の水辺に対する関心をさらに高めることになる。「景観機能」は、水辺特有の見通しの良さ、水辺ならではの水面の眺めや表情といった視覚的な機能である。こうした機能を付加した海辺づくりが、各地で進められている（写真3.1-1）。

(2) 海岸に対する配慮

　海岸域における生態系は、前述のように生物的要因とその生活に影響を与える非生物的要因により構成されており、多くの要素が相互に関係し合って存在しているが、そのシステムは極めて脆弱な構造である。埋め立てや開発などによる自然改変の影響は連鎖的に被りやすく、沿岸域の利用にあたっては全体を包含する視点で自然環境の仕組みを理解し、そこに生息する全ての生物にとって最良の適応方法を工夫することが望まれる。いずれにしても、持続して生息できる生態系のバランスを維持することである。

　そのためには、生態系の再生能力を損なわないよう良好な水循環を維持し、海岸の環境資源を活用することにより、豊かで質の高い環境を創造するための誘導方策、例えば生存域としての水面や海辺、緑地を拡大することも合わせて検討すべきである。生き物にとって生息域が狭小で孤立した空間は、繁殖や子育ての活動が制約され、結果として種の存続が脅かされることになる。

　水辺に生息する生物相の豊かさは、自然の豊かさを表している。特に、干潟、藻場や浅瀬は、人工化された海岸と比べ多くの底生生物が生息し、アシやヨシなどの塩湿地帯植物群落を形成してシギ、チドリ、カモなどの渡り鳥の渡来地ともなっている。こうした場所では、釣り、潮干狩り、バードウォッチングなど、人々が自然と触れ合う空間として社会的、文化的な側面からの価値も高く、これからもその良さを認識し適切な利用を図ることが求められる。

　一方、埋立地は土地の安定期間中に表層部に埋立代償植生が形成され、新しい自然生態系を創出する可能性も高いため、これらの活用についても検討する必要がある。なかでも、生物相の豊かな水際線は極力保全し、動植物が持続して生息できるように直立護岸、防波堤の構造や形状を改善し、ビオトープを形成するなど生態系の再生を図ることも考えられる。また、水辺を利用した自然とのふれあいの場や環境教育の場としてのエコロジカルパークやバードサンクチャリを整備することで、まとまりのある生態系を創造することができる。

　このように、埋立地でも生態系が再生し維持されることは、人々の水辺に対する関心を高めることにつながり、水辺に近づき触れやすくするためのパブリックアクセスを整備することで、心理的にもやすらぎと潤いの溢れる空間がつくられる。

　また、海岸域に人々の関心が注がれることにより、都市周辺の水域では工場

写真3.1-2　多孔質な人工環境に生息した海草と魚

排水処理、下水道整備などが進み、水質の向上が見た目にも感じられるようになってきた。その結果、水辺の散策やボート遊び、釣りなど沿岸域でのレクリエーション活動が再び盛んになり、しかも経済活動も活発化するとともに、沿岸漁業も重要視されるようになってきた。そのため、景観、環境、アクセスへの配慮がますます希求されるようになり、海や海岸における構造物設置にも厳しい目が注がれてきている。海洋構造物や海岸施設は用途も機能も多種多様にあるが、このような背景もあり、従来問題視されなかったことについても配慮が求められるようになり、事前のアセスメトが必要とされている。

現在、海岸部は陸域も海域も含めて、人々の憩いの場として、またレクリエーションの場として高密な利用がされてきている。そのため、構造物についても美的側面が考慮されたり、積極的に生物蝟集効果を導入する考えも付加されてきている。海岸構造物の考え方も特定の機能の効用を追求する姿勢から、沿岸に対するさまざまなニーズに配慮した複合的機能を有する施設整備が求められてきている（写真3.1-2）。

(3) 人間活動と海岸利用

人間活動としての海岸利用の中で最もポピュラーなものは、レクリエーション空間としての利用である。明治初期に医学療法のひとつとして海水浴が導入されて以来、海浜でのレクリエーションは時代の要請を受けながら多様化し発展してきてた。静的・動的な活動、文化的・創造的な活動など様々な活動が展

3.1 海岸利用と親水性

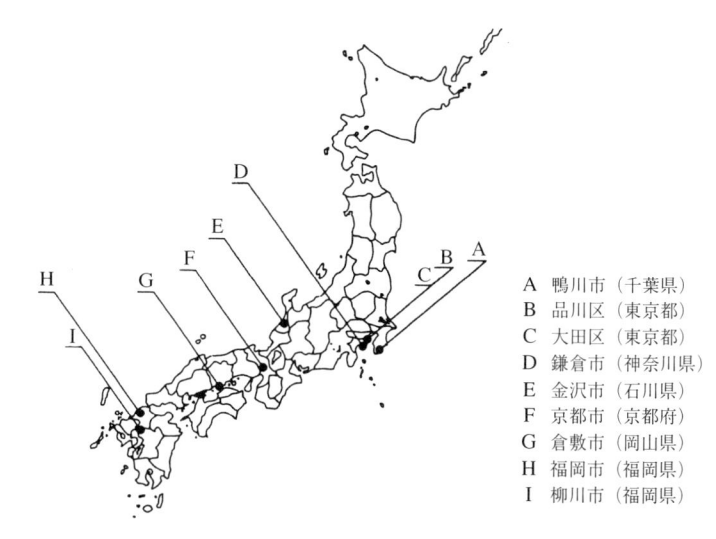

図3.1-1 水辺環境の調査対象地

A 鴨川市（千葉県）
B 品川区（東京都）
C 大田区（東京都）
D 鎌倉市（神奈川県）
E 金沢市（石川県）
F 京都市（京都府）
G 倉敷市（岡山県）
H 福岡市（福岡県）
I 柳川市（福岡県）

開されるようになり、身近なレクリエーションの場となっている。

　一方、近年、都市化の進展や生活空間の高密度化に伴い、自然と親しめる空間やオープンスペースが減少してきており、身近な緑や水のある場所を求める人々の希求行動が顕在化してきている。こうした中で、ウォーターフロントや水辺に対する認識の高まりにともない「海岸」の存在が見直され、レクリエーション空間としての海岸や海浜の価値が重視されてきている。

　こうした海岸や水辺を訪れる人々は、そこで水辺と接したり、解放感を得たり、さわやかさや潤いを感じるなどの心理的な効果を得ることができる。こうした効果は、親水機能の根幹ともいうべき部分であるが、このような効果を得られる背景には、水の清浄さ、水への触れやすさ、あるいは水辺の景色といった水辺空間の物理的な環境条件があり、そうした水辺環境に対する個別的な評価が集積されてきていると思われる。

　そこで、水辺環境に対する住民の意識および行動実態から、① 住民の日常生活における水辺環境の位置づけ、② 地域特性や水辺環境の形態による意識・行動の相違等を明らかにするため実施した全国9都市（図3.1-1）を対象として行った研究結果を踏まえ、以下人々の親水利用に伴う施設のあり方について概説する。

第3章　海浜における親水施設

表3.1-1　"身近な水辺の名称"の回答結果

調査都市（県）	水辺名称	回答数	回答率	無回答	全回答
鴨川市（千葉県）	前原海岸	21	38.9%	12	54
	鴨川海岸	10	18.5%		
品川区（東京都）	目黒川	17	33.3%	12	51
	戸越公園	7	13.7%		
大岡区（東京都）	多摩川	46	76.7%	7	60
鎌倉市（神奈川県）	由比ヶ浜・材木座	24	33.8%	4	71
	七里ヶ浜海岸	9	12.7%		
	湘南海岸	9	12.7%		
	稲村ヶ崎	8	11.3%		
金沢市（石川県）	浅野川	28	40.3%	8	58
	犀川	15	21.1%		
京都市（京都府）	鴨川	27	57.4%	13	47
	桂川	17	36.2%		
倉敷市（岡山県）	倉敷川	16	29.1%	11	55
	高梁川	15	27.3%		
福岡市（福岡県）	那珂川	29	46.0%	6	63
	大濠公園	7	11.1%		
柳川市（福岡県）	柳川堀割	23	43.4%	6	53
	筑後川	11	20.8%		
	有明海	6	11.3%		

1）水辺空間

① 水辺の認識

　居住地の周辺にある水辺について人々はどの程度認識して利用しているか、その実態を把握するため、利用する水辺の「名称」について回答を得た。その結果から、各都市で10％以上回答のあった水辺を表3.1-1に示す。

　回答の傾向を見ると、住民に共通して認識され親しまれている水辺は、各々の都市において存在していることがわかる。そして、各都市において回答の集中している水辺については河川の多いことがわかる。特に、大田区では多摩川が76.7％と回答が集中している。また、鴨川市と鎌倉市では砂浜海岸が上位を占めており、柳川市では掘割をあげている人が最も多くなっている。このことから、住民は地域の基盤的役割を果たしている水辺を身近な水辺環境として認識しているものと思われる。河川においては、親水護岸や遊歩道などが整備された水際に親しめる空間のある場所に人々の認識度が高まっている傾向がみられ、必ずしも地理的距離などではなく、親水性を伴う水辺空間の存在が認識度に影響しているものと思われる。

　一方、無回答者が各地で60人中4～13人（7～22％）おり、一部では「水辺」の

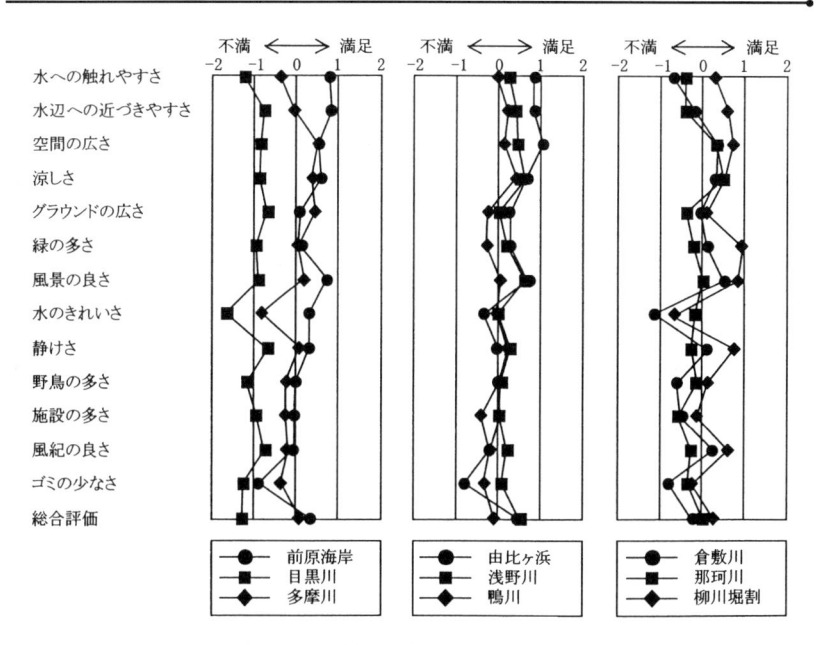

図3.1-2　水辺環境に対する満足度の平均値プロフィール

存在認識の希薄さもみられる。

② 水辺環境に対する評価

居住地近隣の水辺環境に対して満足度の尺度を用い、回答を得た評価結果を図3.1-2に示す。これによると、鴨川市の前原海岸、金沢市の浅野川、柳川市の堀割などで全体的に満足度の高い傾向がみられる。東京都の多摩川と目黒川では、全ての項目について目黒川の評価が低くなっているが、両河川とも「水のきれいさ」「水への触れやすさ」に対する評価では、他の項目と比較して低い傾向が見られ、大都市の河川では、水質や水際へのアプローチに問題のあることがうかがえる。他の地点では、項目により異なっているが「空間の広さ」「涼しさ」「風景の良さ」について概ね評価が良く、「水のきれいさ」「ゴミの少なさ」については評価が悪い傾向を示している。また、海辺である由比ヶ浜では、「水への触れやすさ」など地形的条件による項目の評価が高く、「ゴミの少なさ」など環境の状態をとらえている項目の評価が低い特徴を示している。

次に、水辺に対する総合評価の結果を図3.1-3に示す。これによると、鴨川市や鎌倉市の海岸および金沢市の河川などでは満足している人の割合が比較的多

第3章　海浜における親水施設

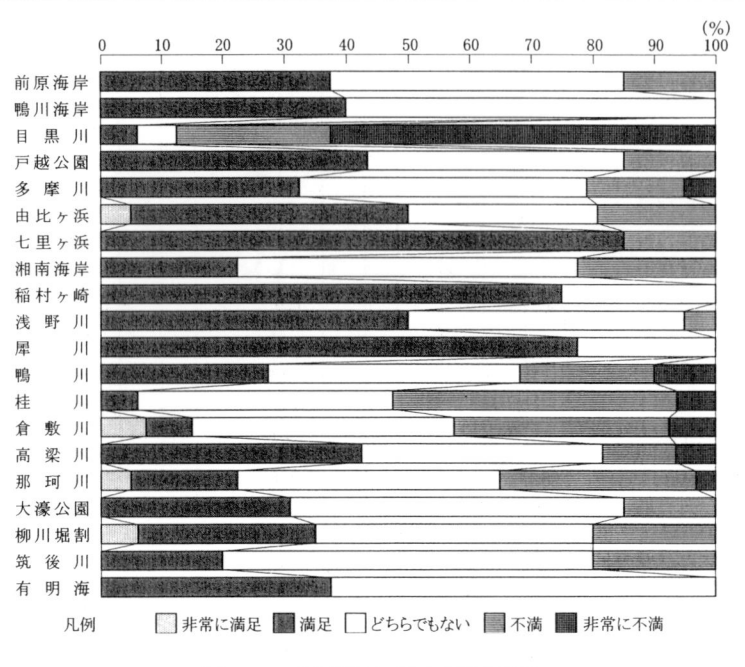

図3.1-3　水辺環境に対する総合評価

凡例　□非常に満足　■満足　□どちらでもない　■不満　■非常に不満

く、特に鴨川海岸、稲村ヶ崎、犀川、有明海では不満側に回答している人はみられない。これらの水辺は周辺の住民の生活と密着して昔から様々な歴史、文化を育み、産業の支えとなってきたことなどから住民の愛着度が高く環境悪化を防いでいるものと思われる。一方、目黒川、桂川、倉敷川では不満の割合が高く、とくに目黒川では90％の人が不満を示している。これは大都市の河川では、水質の悪さや、水との親しみやつながりを確保した護岸などの整備がなされていないことに起因していると考えられる。

③水辺のイメージ

水辺のイメージに関する調査結果を表3.1-2に示す。この表は回答の上位を占めた3項目をまとめたものである。これをみると「広々とした見晴らし」が最も多く、次いで「自然の豊かなところ」「やすらぎを与えてくれるところ」「散歩道」などが多くなっており、自然的でやすらぎ感を与えるイメージをもっている人が多いことがわかる。

地区別にみると、「広々とした見晴らし」は多摩川、那珂川などの大河川お

3.1 海岸利用と親水性

表3.1-2 近隣の水辺のイメージ（上位3項目）

水辺名	水辺のイメージ		
	1位	2位	3位
前原海岸	広々とした見晴らし (6)	自然の豊かさ (3)	やすらぎを与える所 (2) 散歩道 (2)
目黒川	ドブ川 (11)	水害 (3)	
多摩川	広々とした見晴らし (13)	やすらぎを与える所 (10)	散歩道 (8)
由比ヶ浜 ・材木座	広々とした見晴らし (9)	自然の豊かさ (3)	
浅野川	散歩道 (7)	歴史のある水路 (5)	自然の豊かさ (2) やすらぎを与える所 (2) 野鳥の生息地 (2)
鴨川	やすらぎを与える所 (5)	自然の豊かさ (4)	歴史のある水路 (3)
倉敷川	散歩道 (3)	自然の豊かさ (2)	歴史のある水路 (2)
那珂川	広々とした見晴らし (6)	自然の豊かさ (3)	やすらぎを与える所 (3)
柳川堀割	歴史のある水路 (7)	散歩道 (4)	

よび海岸でこのイメージが強く、また、「やすらぎを与えてくれるところ」は多摩川、鴨川で多く、「散歩道」は浅野川で他の地点と比べて多く、柳川堀割では「歴史のある水路」が、目黒川では「ドブ川」が多くなっている。

以上、近隣の水辺に対するイメージは、全体としては自然的やすらぎ感を与えるイメージが多いが、地域によってそれぞれ固有のイメージ特性があり、これは対象となる水辺の環境の現状に大きく左右されているものと考えられる。

2）親水活動

① 親水活動

居住地近隣の水辺を訪れた時の活動内容について調査した結果を図3.1-4に示す。これによると、「散歩、風景を見る」が著しく多くなっており、次いで「ぼんやりしている」「夕涼み」となり、近隣の水辺は、積極的な活動の場としてよりも、安らぎや情緒安定の場として利用されている場合が多いと考えられる。

さらに、主要な水辺における親水活動内容を表3.1-3に示す。多摩川では「散歩、風景を見る」が非常に多く、由比ヶ浜・材木座、浅野川、鴨川、柳川掘割などでも20％前後の回答率を示している。また、由比ヶ浜・材木座では「水泳」「水遊び」「花火見物」が多く、多摩川では「ジョギング・サイクリング」「花見」「花火見物」など、多様に利用されていることがわかる。これらの活動内容の相違は、各地の水辺環境が有する固有の特性を反映したものと解釈できる。

第3章　海浜における親水施設

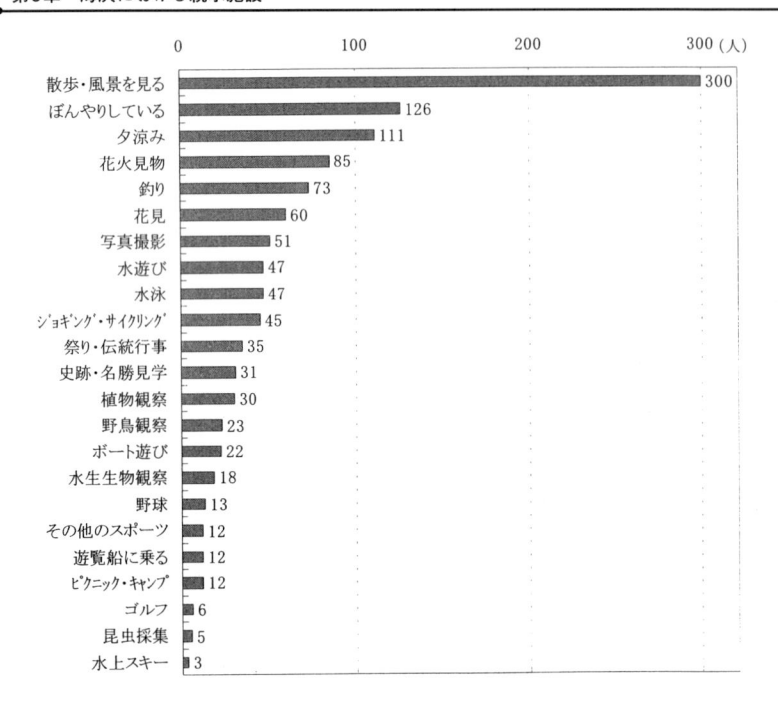

```
                    0       100      200      300(人)
        散歩・風景を見る ████████████████████████ 300
        ぼんやりしている ██████████ 126
              夕涼み ████████ 111
             花火見物 ██████ 85
                釣り █████ 73
                花見 ████ 60
              写真撮影 ████ 51
              水遊び ███ 47
                水泳 ███ 47
     ジョギング・サイクリング ███ 45
           祭り・伝統行事 ██ 35
            史跡・名勝見学 ██ 31
              植物観察 ██ 30
              野鳥観察 █ 23
             ボート遊び █ 22
            水生生物観察 █ 18
                野球 █ 13
          その他のスポーツ █ 12
            遊覧船に乗る █ 12
          ピクニック・キャンプ █ 12
                ゴルフ │ 6
              昆虫採集 │ 5
              水上スキー │ 3
```

図3.1-4　親水活動内容（全被験者）

表3.1-3　代表的な水辺における親水活動内容（上位5項目）

水辺名	親水活動の内容				
	1位	2位	3位	4位	5位
前浜海岸	散歩をしたり風景を見る (14)	花火見物 (10)	ぼんやりしている (5)	水泳 (5)	水遊び (4) 釣り (4)
目黒川	散歩をしたり風景を見る (7)				
多摩川	散歩をしたり風景を見る (34)	夕涼み (18)	花見 (16)	花火見物 (14)	ジョギング・サイクリング (13)
由比ヶ浜・材木座	散歩をしたり風景を見る (18)	水泳 (12)	花火見物 (12)	ぼんやりしている (9)	水遊び (8)
浅野川	散歩をしたり風景を見る (20)	夕涼み (11)	花見 (10)	ぼんやりしている (10)	祭、伝統行事 (8)
鴨川	散歩をしたり風景を見る (17)	夕涼み (13)	ぼんやりしている (6)	花見 (5)	祭、伝統行事 (4)
倉敷川	散歩をしたり風景を見る (7)	夕涼み (4)			
那珂川	散歩をしたり風景を見る (15)	ぼんやりしている (8)	夕涼み (6)		
柳川堀割	散歩をしたり風景を見る (18)	ぼんやりしている (8)	夕涼み (8)	釣り (6)	ジョギング・サイクリング (5)

注）（　）内の数値は回答数を示す。

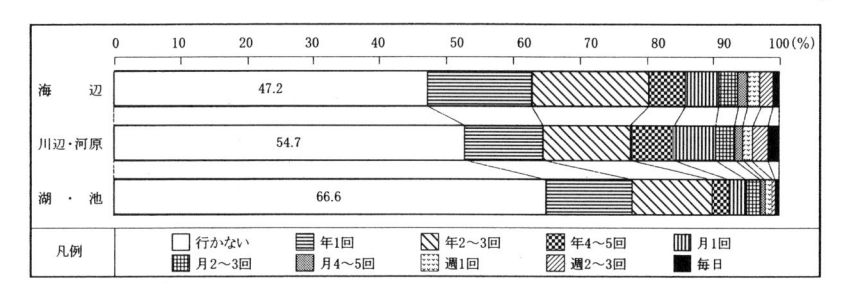

図3.1-5　近隣への親水行動頻度

② 親水活動頻度

近隣の水辺への訪問頻度を図3.1-5に示す。約半数の被験者が年1回以上近隣の海辺や川辺・川原を訪れているが、月1回以上訪れる人の割合は約15％、週1回以上は約5％であり、近隣にありながら水辺への来訪頻度は低い。また、湖や池を訪れないと回答した人が海辺や河辺・河原と比較して多いのは、調査対象都市によっては近隣に存在しない地域があるためだと考えられる。

これらの結果から、都市住民にとっての水辺は日常生活に必ずしも必要不可欠な存在ではないが、散歩や風景を見る、ぼんやりするなどといった行動に利用されている場合が多いことから、人々がやすらぎを感じたり、無意識のうちに精神的な疲れを癒やすための休憩の場として利用されていると推察される。

3）親水行動
① 親水行動と満足度の関連

近距離にある水辺はその環境により行動量が影響を受けると考えられることから、水辺に対する満足度（総合評価）と親水行動の関連をとらえてみる。年間親水行動頻度との関連を表したものが図3.1-6である。これによると、親水行動量の多い地域の住民は、近隣の水辺に対して良い評価をする傾向がみられる。具体的には、七里ヶ浜、由比が浜・材木座、前原海岸、鴨川海岸などの海岸近隣の地域が、これに相当している。

一方、評価の悪い目黒川でも行動量が比較的多くなっている。これは、環境が悪い水辺であっても、住民は水辺や自然を享受する場ととらえているためと思われ、目黒川のような大都市の小河川においても、住民にとっては居住地周辺で散歩やぼんやりすることに利用できる空間であり、精神的な満足に寄与する親水機能としての役割を果たしているものと考えられる。

第3章　海浜における親水施設

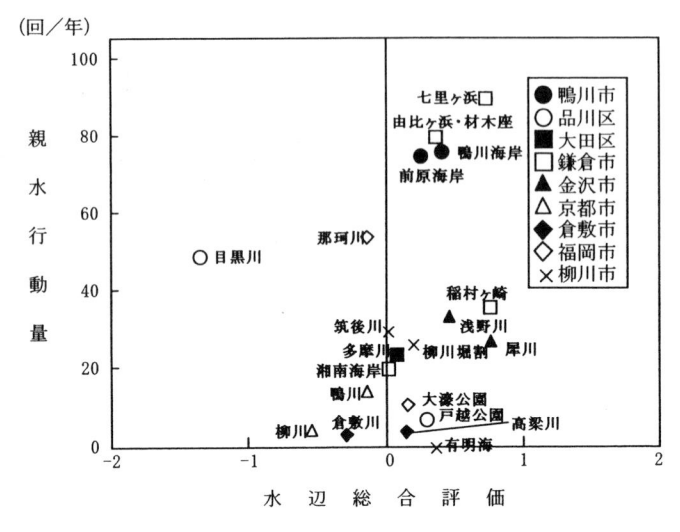

図3.1-6　水辺総合評価と親水行動量

② 親水行動と居住地人口密度の関連

都市内の居住人口密度がある一定の値を超えると人間は物理的、精神的圧迫を受け、様々なストレスを発生するといわれている。

一般に、人口密度が増加すると自然の占める面積が低下し、同時に自然の荒廃化、汚染がもたらされる。そのため、やすらぎ感が低下し、対自然行動の欲求が発生するといわれ、自然としての水辺に対しても人間は親水行動欲求を起こすことになる。このようなことから、親水行動と居住地の人口密度との間には関連性があると思われる。そこで、調査対象地区の地域メッシュ単位の人口密度と調査地区別に平均した年間親水行動量（海辺、河辺・河原、湖・池などの水辺）の関連を図3.1-7に示す。

海辺の行動量は、鴨川2・3地区、および鎌倉1,2地区で他の地区よりも多くなっているが、これらの地区はいずれも近隣に砂浜海岸が存在している。また、品川区、大田区、福岡市などは、東京湾、博多湾が近く、海浜公園などの親水空間が整備されているにもかかわらず、前者と比較して行動量は多くない。つまり砂浜を有する海岸は、先にも述べたように活動の多様さが期待でき、人工的に整備された水辺空間と比較して、「水辺」としての魅力が大きいことを示していると思われる。したがって、人口密度との間には明瞭な傾向は現れてい

3.1 海岸利用と親水性

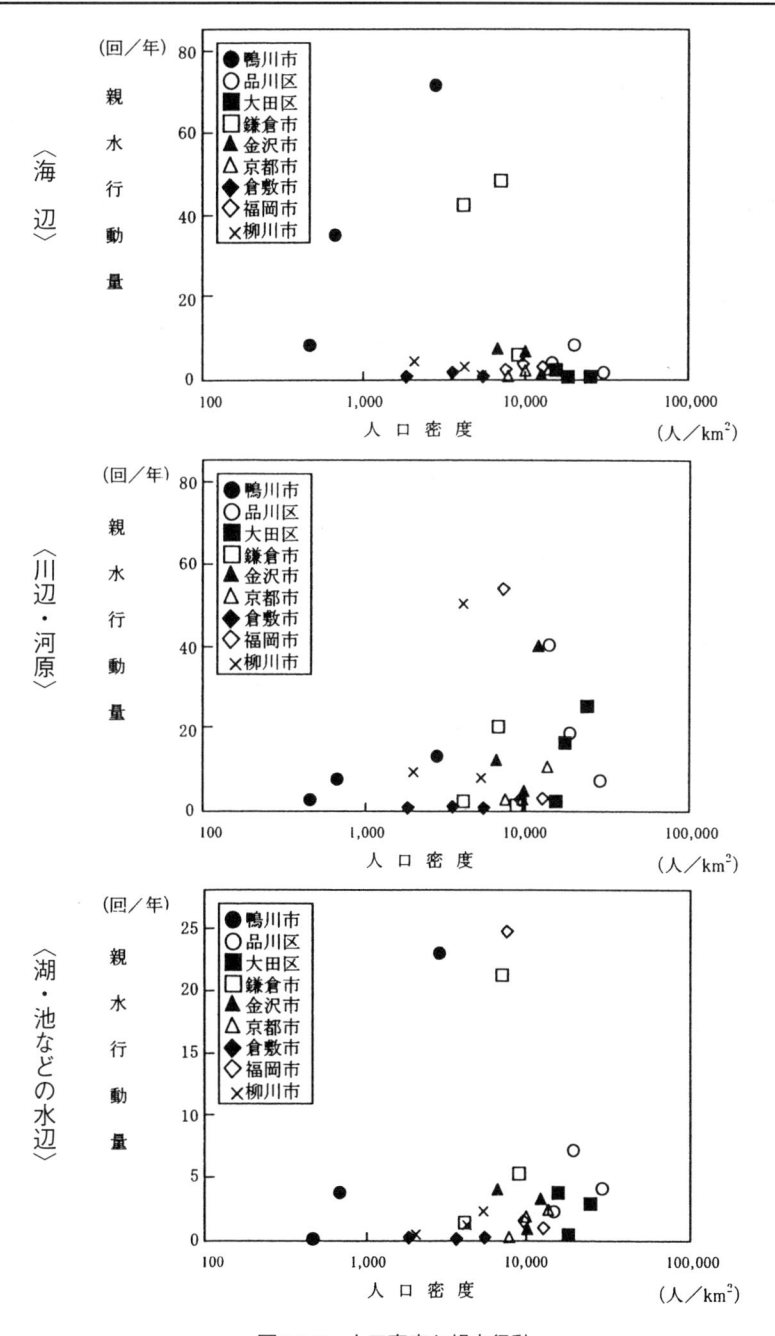

図3.1-7 人口密度と親水行動

ない。
　一方、河辺河原についてみると行動量の多い福岡1地区と柳川2地区では、近隣にそれぞれ那珂川、堀割が存在し、これらの水辺は調査結果から散歩・風景を見るなどの身近な憩いの場として利用していることがわかる。全体としては海辺や湖・池などの水辺と比較して、人口密度が高くなるにつれて行動量も多くなる傾向がややみられる。
　湖・池などの水辺に関しては、近隣に存在する地区では年間20回位、存在しない地区ではほとんどが5回以下であり、人口密度との関連性はあまりみられない。

引用・参考文献

畔柳昭雄・渡辺秀俊・他(1993)：住民の意識・行動に基づく都市の水辺環境評価に関する研究．第6回環境研究論文．環境情報科学、22－2

畔柳昭雄・渡辺秀俊・長久保貴志(1993)：都市臨海部の水辺空間における利用者の水辺環境評価に関する研究—都市住民の親水行動特性に関する研究．その2—、日本建築学会計画系論文報告集第454号

畔柳昭雄・渡辺秀俊・長久保貴志(1994)：都市臨海部の水辺空間における利用者の親水活動特性に関する研究—都市住民の親水行動特性に関する研究．その3—、日本建築学会計画系論文報告集第454号

畔柳昭雄　渡辺秀俊(1999)：都市の水辺と人間行動、共立出版

■III 3.2　海浜公園とその利用

(1) 海浜利用の歴史

　海辺のレクリエーションについてのわが国の歴史をみてみると、海水浴はそれほど古くないことがわかる。わが国最初の海水浴場は、1885年にできた神奈川県大磯海水浴場であるが、初期はレクリエーションというより海水による皮膚病予防、治療を目的としたものであった。近世までは、雛送りに由来する磯遊びが海辺のレクリエーションの中心であった(図3.2-1)。古くから遊興空間であった川辺にくらべ、海辺は漁労をはじめとする産業空間としての意味合いが強かったといえる。

　明治以降各地で海水浴がさかんになり、海辺は自由に使用できる空間として人々のレクリエーション用にも供されてきた。しかし、戦後の高度経済成長期には工業用地として沖合いの埋め立てが進み、かつての浜はレクリエーションには不向きの土地になったばかりでなく、新しくつくられた海辺のほとんどは、工場や港湾といった産業空間として利用されることとなった。

　時代は下り1980年代になると、ゆとりや潤いを求める時代に入るなか、都市の脱工業化による水辺空間の土地利用転換の時期が重なり、各地に海浜公園がつくられていった。

図3.2-1　江戸期の磯遊び(原田他編、1981)

(2) 都市や地域における海浜公園の位置づけ

さて、各地につくられた海浜公園をまずは従前の土地利用等から分類してみると次のように整理できる。

① 新たな埋立地利用の一環として設置されたもの

新しく沖合いが埋め立てられた場所に設置された海浜公園である。時代が親水機能を求めるようになってから、埋立地の水際部の一部が公園化されることが多くなってきた。また、埋立地に住宅が計画されることも多くなるとともに、居住環境の向上のために水際部に公園が設置されることも多くなった。近年の大都市部の埋立て事情は土地の不足からではなく、廃棄物処分として埋め立てられることが多いが、この場合土地をつくるというよりも土地ができてしまうことになる。土地の高度利用が進まないなかで、埋立地の大部分が公園利用されるケースが近年の海浜公園には少なくない。

② 港湾施設や工場等の移転にともなう再開発で設置されたもの

高度経済成長期を中心に、海辺は産業用地や港湾空間としての利用が促進された。しかし、都市の産業構造の変化、脱工業化によって、こうした空間が遊休地化していった。そこに海浜公園が設置されたのがこのタイプのものである。また、塩田が製塩方法の変化によって不必要になり、その広大な空間が公園になったものもある。

③ 海浜の再整備として設置されたもの

高潮対策の防災対応などによって海浜が再整備される際に、海浜公園が設置されるものである。従来のように防災一辺倒の整備ではなく、親水機能を取り入れた整備が行われるようなった結果、こうした海浜公園がつくられるようになった。

④ 緩衝緑地として設置されたもの

居住地としての内陸部と工業流通地域としての海浜部を仕分けし、居住環境を保全する目的で設置された海浜公園がこのタイプである。

また、法的位置づけで仕分けをすると、都市計画法にもとづく「都市計画公園」と港湾法にもとづく「港湾緑地」がある。

(3) 公園施設の種類

次に、海浜公園そのものの計画・デザインを見てみると、そこに設置される

3.2 海浜公園とその利用

施設は次のように整理ができる。

大きくは、海浜公園を「海浜」と「公園」に仕分けすることによってみえてくる分類である。すなわち、通常の都市公園とは違って海浜部にあることからくる特徴を積極的に活用した施設と、公園としての機能で要求される施設とに分けて考えられるということである。

「海浜」はさらに「海」と「浜」に分けられるが、海の利用に関わる施設としては遊泳場、海釣り場などがあげられる。また、浜の利用に関わる施設としてはビーチバレーコートなどがある。砂浜の設置は自然の砂浜を利用したものもあるが、人工養浜で新たにつくったものが多い。特に大都市部では、高度経済成長期に海浜部が工業用地となった場合が多く、用地確保のための埋め立てによって垂直護岸になってしまっている。その地先をさらに埋め立て、そこで人工養浜をおこなって砂浜をつくったり、水深が深い場合には埋め立て地の一部を掘り込むことによってそこに砂浜を設置する。

一方、公園機能としての施設を考える際には、緑や水が存在する自然空間と

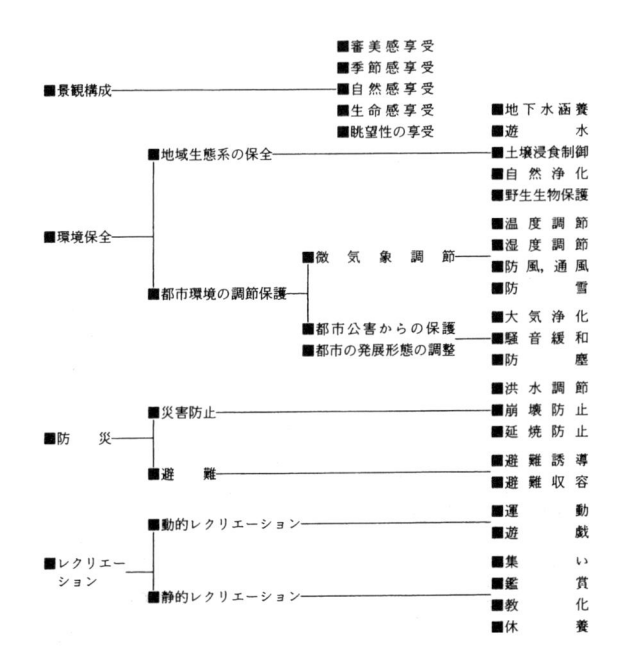

図3.2-2　公園緑地の機能（(社)日本都市計画学会編，技報堂，1978）

しての公園と空き地としての活用を考える空閑地としての機能がある。自然の利用に関わる施設としては、渚プールやビオトープなどが、空間の利用に関わる施設としては芝生広場や運動広場などがある。

海浜公園に限らず、公園緑地の機能は図3.2-2に示すように「景観構成」「環境保全」「防災」「レクリエーション」の四つに大別できる。まず、レクリエーション機能の面からみると、海浜公園では当然海洋性レクリエーションのための施設整備が求められる。海水浴や魚釣り、ヨット、ウィンドサーフィンなどを楽しむために、遊泳場、釣桟橋、ヨットハーバーなどを整備する。また、水辺では散策や水に触れるだけでも潤いややすらぎを感じることができる。開放感がある海への眺望や水面をわたってくる涼風、潮の香など、五感で楽しむことができる遊歩道を設け散策用に供したり、階段状護岸を設けることによって水に近づけたり水に触れられるデザインを施すことが必要である。

(4) 水辺景観の配慮

景観面からみた水辺空間の特徴は、その上に何も存在しない「からっぽの空間」が存在することである。そのために良好な眺望が得られる。特に海辺では、眼前に広がる広大な眺望がその景観的魅力として重要な要素である。海浜公園の土地利用や景観デザインを考える際には、こうした眺望の確保が大前提になろう（写真3.2-1）。そのためには、眺望を遮断する要素が水際にこないように努

写真3.2-1　眺望軸の確保や演出（北港ヨットマリーナ）

めなければならない。水際に人々が散策できる遊歩道を設置したり、立ち止まって海が眺められる広場を確保するなどの工夫が必要だろう。また、後背地から海辺への眺望軸を確保することによって遠くから海を眺め、感じることができるようにすることができる。

　このように海辺景観の特徴の第一は、眼前に広がる大海原への眺望であるが、ほかにも行き交う船やヨット、荷揚げ等の港湾活動、水辺での人々のレクリエーション活動など、さまざまな眺めが楽しめる。海浜公園の設計の際にも、そこから何が眺められるかを十分に考慮し、景観を楽しめる広場や遊歩道のデザインを施す必要がある。

　また、公園では植栽も重要な景観デザイン要素となるが、海浜公園、とりわけその水際部では、水面への眺望の確保がデザインの際に求められる。そのためには、水際部には植栽を施さない、あるいは施す場合にも潅木を主体とした眺望を妨げないデザインにする等の工夫が必要である。また、水辺から距離をおいた場所に設置する緑地でも、水辺への眺望軸を確保したり眺望が抜ける樹木を選定するなど、遠くからも水面が眺められる工夫が必要である。

　水辺の景観的配慮では、こうした視覚的な面だけでなく、五感で楽しむ工夫も求められる。聴覚では潮騒や波の音、嗅覚では潮の香り、触覚では水面をわたる涼風や砂の触感などが海辺では楽しむことができる。

　さらに、景観の工夫としては、海辺に存在する歴史的資源の保全、活用を図ることも重要である。レンガづくりのドックや倉庫などは、歴史を感じさせるデザインが魅力を醸しだすものであり、また、岸岐などの階段状護岸を公園の一部として取り込むことによって、地域性や歴史性に配慮した設計ができる。

(5) 生態系への配慮

　環境保全機能では生態系への配慮が求められる。磯や浜といった自然海浜は、できるだけ手を入れずにそのままのかたちで公園の一部に取り込むことが必要である。やむを得ず手を加える場合や、すでに人工化してしまっている水際の場合は、ミチゲーション(mitigation)といって、生態系の復元手法を用いる必要がある。

　生物の生息環境を保全、創造するためには「多孔質のデザイン」が重要である。多孔質のデザインとは、孔やすき間が多く存在するデザインのことである。地表面の小さな孔は透水性をよくし植物の生育を助ける。また、岩場のすき間

写真3.2-2 奥行きのある開発（りんくう公園）

は小動物の住処や隠れ場所になる。砂地や粘土質の部分を残したり石積み護岸を施すなど、多孔質の環境を確保することを工夫しなければならない。

　また、生物の生息のためには人が近づかないサンクチュアリー（聖域）をつくり出すことも大切である。安心して産卵ができ、敵から身を守るための隠れ場を確保することによって、生きものが安心して暮らせる環境づくりに努めなければならない。海浜公園はともすると人々の利用を第一に考えがちになるが、生きものたちのことを考えれば人の立ち入れない場所を確保しておくことも大切であり、そうしたゾーニングやデザインの工夫が求められる。

(6) 水辺の特性に配慮した施設配置

　海辺公園は埋め立て地や工場や塩田の跡地などに設置されることが多いこともあって、その面積は数ha～数十haと比較的大規模なものになりやすい。そのため、ゾーニングなどによって施設の配置計画をしっかりと立てておくことが大切となる。

　フランスの沿岸域利用の考え方に「奥行きのある開発」(l'amenagement en profondeur) という概念がある。海岸の近くになければならない活動と、必ずしも海岸になくてもいい活動に大別し、それらを海岸の奥行き方向に適切に配置しようという考え方である（写真3.2-2）。公園施設は「海浜」と「公園」の施設に分類できると述べたが、海浜に関係する施設を優先的に海岸部に配置し、それ以外の施設を奥に配置することによって、海浜公園の奥行きのある開発が実現する。

水と施設の関係を再度整理してみると、水ときわめて関連性の深い「水依存用途」、水と直接の関係はないが、水があることによってその存在価値が増す「水関連用途」、そして「水域に依存も関連もしない用途」に分けられる。こうした水や水辺の特性との関連を十分に配慮して土地利用や施設配置を行う必要がある。

こうした考え方を海浜公園内部の土地利用だけでなく、後背地も含めて考えることは当然のことである。フランスにおける奥行きのある開発も、そもそも沿岸域の土地利用全体を通して考える考え方である。水辺にはそこに必要な土地利用を配置し、奥に行くほど水との関連性の低い土地利用を配置することが求められる。

土地利用の奥行きを考えることは、一方で後背地から水辺への連続性を配慮することにもなる。市街地から水辺へいかに快適に連続して人々を導くことができるかは、アクセス路のデザインだけでなく、こうした土地利用の連続性への配慮によってもたらされるものである。工業地域の水際部だけが公園や緑地になっても、それは魅力的なものにはならない。市街地から水辺へつながるショッピングモールや遊歩道などを配置するといった工夫が考えられる。さらに、高架高速道路や広幅員道路などが後背地と水辺の連続性を分断している場合も少なくないが、水辺と並行して走る自動車優先道路をいかに横断するのかも十分に考慮すべきことがらである。

(7) 多様性・複雑性の確保

大面積になりがちな海浜公園では、意識しないと単調なものになってしまうおそれがある。そのため、積極的に多様性や複雑性を確保したい。すなわち、さまざまな機能をもった施設を配置することによって利用者を多様なものにすることができるだけでなく、一日中楽しむことができる空間にすることができる。例えば、海水浴の帰りにショッピングを楽しみ、夕食をレストランでとるなどの工夫が考えられる。また、埋め立ての場合には直線状の護岸を避け、曲線や囲い込みなど護岸の形状も多様にすることが求められる。地盤も小高い丘を設けるなど起伏をつける工夫をおこなう。

こうした護岸形状や起伏の多様性は景観の多様性にもつながる。丘からの俯瞰景は、海浜公園や市街地と海を一体的に眺める広大でダイナミックな眺めとなり、また、海面を囲い込んだ護岸形状は「見る－見られる」といった関係を

第3章　海浜における親水施設

写真3.2-3　せんなん里海公園

つくりだす。

　しかし、こうした多様な土地利用、施設配置は、ともすると乱雑になってしまう。そこで、場所の特性をしっかりと読み込んだゾーニング計画やゾーニング間の関係性を活かした連続性の確保が求められる。

(8) 海浜公園の具体的事例

　海浜公園の具体的事例として、大阪府にある「せんなん里海公園」と「りんくう公園」を取り上げみてみることにする。

1) せんなん里海公園

　大阪府の最南端、岬町と阪南市の海岸線に整備された55.7haの海浜公園である(写真3.2-3)。もともとここには淡輪海水浴場、箱作海水浴場があったが、この二つの海水浴場をつなぐかたちで海岸環境整備事業を活用して整備したものである。里海とは、里山のアナロジーで造られた語であるが、里山が生活に利用された身近な自然を指すように、里海も生活に利用された身近な海を意味している。

　主要施設として、人工磯浜や海浜植物園をもつ磯遊園、里海交流広場、展望台、散策路、海水浴場などが整備されている。とりわけ特徴的な施設としては、「潮騒ビバレー」と名付けられた3,000人収容のビーチバレー場がある(写真3.2-4)。ここでは女子ビーチバレー世界選手権シリーズ大阪大会が開催されている。この大会は、8月に催される「大阪マリンフェスティバル」の一環として行われているものであるが、ほかにヨットレースやコンサート、花火大会などが開か

3.2 海浜公園とその利用

れている。

2) りんくう公園

関西国際空港の開港を契機として、その対岸につくられた「りんくうタウン」の一角にある総面積60haの海浜公園である（写真3.2-5）。海辺の特徴は眺望のよさであるが、この公園からも空港から飛び立つ飛行機や、遠くには明石海峡大橋や淡路島が眺められる。

りんくう公園の第一の特徴は、風景の変化を楽しむようにデザインされていることである。例えば、外海に通じる形で築かれた「内海」では、潮の干満によって景観が変化するよう工夫されている。また、約6mの高さに盛り土されて築かれた「夕日の見える丘」からは、海に沈む夕日を眺めることができる。

写真3.2-4　潮騒ビバレー

写真3.2-5　りんくう公園

第3章 海浜における親水施設

こうした一日の景観変化をデザインに取り込むだけでなく、一年の季節変化を楽しむ工夫として夏至の階段や冬至の岩屋など、夏至と冬至の太陽の位置を示した階段や岩屋を設えるなどのデザインが施されてれている。さらに、花海道と名づけられた遊歩道では、歩きながら四季の花や景観が楽しめるようになっている。こうした変化のある公園のシンボルとなっているのが「四季の泉」である（写真3.2-6）。泉に架けられた三つの大きな輪は、春分、夏至、秋分、冬至の太陽の軌道を示したものであり、夜間のライトアップによって幻想的な夜間景観をつくりだしている。

りんくう公園の第二の特徴は、バリアフリーに留意をしている点である。園路の傾斜をゆるやかにするだけでなく、案内パイプを埋め込むことによって視覚障害者が歩く際のリードとなるよう工夫されている（写真3.2-7）。また、公園

写真3.2-6　四季の泉

写真3.2-7　案内パイプが置かれた散策路

事務所では解説ナレーション入りのMDプレーヤーを貸出しており、景色や植栽の説明などを聞きながら歩けるようになっている。

　りんくう公園の周辺も様々な整備がなされており、さらに南には「マーブルビーチ」がつくられている。ここは名前のとおり大理石の小石を敷き詰めた海岸であるが、この石は景観上のデザインだけでなく、礫間に海水を通すことによって浄化を図るものである。また、隣接地には遊園地である「りんくうパパラ」や「りんくうプレミアム・アウトレット」がつくられ、さまざまな利用ができる海浜公園となっている。

引用・参考文献

原田伴彦・芳賀登・森谷尅久・熊倉功夫編（1981）：図録都市生活史事典、柏書房
鳴海邦碩・田端修・榊原和彦編（1998）：都市デザインの手法、学芸出版社

第3章　海浜における親水施設

3.3　港湾計画と親水設計

　かつての港湾は物流を主眼に計画されてきたが、80年代後半ごろから活性化したウォーターフロント開発は今日の重要な計画要素となっている。その際に必ず話題になるのが臨港地区問題である。本節ではその概略とともに、横浜市における「みなとみらい21地区」の事例を紹介する。

(1) 臨港地区の概要

　臨港地区は、ウォーターフロント開発における商業・業務、住宅系の建築に対する制度的障害として認識されることが多いようで、単に解除さえすれば開発が進展するかのような見解も散見される。

　しかしながら、大規模な土地利用転換の際には、周辺インフラの整備水準との整合や周辺環境への影響などが十分に検討されるべきである。この点では、調整区域や住居系用途地域を商業・業務系に転換する際も同様で、臨港地区に限った問題ではない。

　これらを差し引いても臨港地区問題は複雑である。いわゆる「都市」と「港湾」は別個の法律によって管理されるため、ウォーターフロントの空間・施設をどちらに位置づけるかという点で関係者の理解は一致しにくい。臨港地区問題の複雑さはこの点にあるといえる。

1) 臨港地区とは

　港湾は海と陸の結節点である。その能力を十分に発揮させるには、水域と陸域を一体的に管理・運営する必要がある。陸域の利用の適正化を図る制度が臨港地区である。なお、臨港地区の指定に際しては、後述の港湾計画(特に用地計画)との整合が必要条件とされる。

2) 臨港地区の種類

　法律上の臨港地区には2種類ある。一つは都市計画法に基づく臨港地区である。都市計画区域内では、臨港地区の指定は港湾管理者(横浜港の場合は横浜市)の申し出に基づき(都市計画法第23条4項)、港湾を管理運営するための地区(同第9条21項)として決定される。港湾管理者の関与はあるものの、都市計画の地域地区の一つに変わりはない。もう一つは、都市計画区域以外の地域に港湾管理者が定める臨港地区である(港湾法第38条)が、ウォーターフロント

開発は新市街地創成を目的に都市計画区域編入が想定されるため、以下では言及しない。

3）臨港地区による規制

臨港地区内では港湾管理者が「分区」を定め、その目的に合わない建築を規制している。分区の種類は港湾法39条に列挙されていて、商港区や工業港区などの種類がある。各港湾管理者は各々条例を制定し、それぞれの分区内での規制内容を具体化している。また、港湾法58条は「建築基準法第48条及び第49条の規定は、第39条の規定により指定された分区については、適用しない」としている。建築基準法48,49条は用途地域の規制内容であるから、分区は用途地域に該当すると考えればよい。

横浜港の場合は、概ね①公共ふ頭は商港区、②京浜工業地帯や根岸湾等の工場集積地は工業港区、③港湾緑地は修景厚生港区、④マリーナ施設はマリーナ港区、に整理されている。その趣旨は、用途地域制度と同様に土地利用の適正化である。いずれも、住宅や港湾に直接関係のない土地利用は禁止されている。こうした地域に計画されたのが、みなとみらい21事業である。

（2）みなとみらい21計画の概要と臨港地区問題

1）みなとみらい21計画の沿革

みなとみらい21事業は、横浜の自立性の強化、および横浜港の港湾機能の質的転換、並びに首都圏の業務機能の分担を同時に実現する一大事業で、開港以来の中心地である関内・伊勢佐木町地区と、戦後発展した横浜駅周辺地区の二つの地区に挟まれた臨海部186ha（埋立地76haを含む）に新都心を創造する計画である。

高度成長期の横浜では、戦災や接収が関内地区の地盤沈下を招き、東京への急激な人口集中が郊外部の虫食い的な開発をもたらすなど、都市構造は大きな歪みを生じていた。

そこで、横浜市は1965年に「六大事業」と称する戦略プロジェクトを提案した。その一つが「都心臨海部強化事業」で、現在の「みなとみらい21事業」である。発表後、造船所を所有・運営する三菱重工との交渉に10年を要し、移転に係る協定が締結されたのは1976年3月であった（『都市ヨコハマをつくる』（田村、1983））。このように、みなとみらい21事業は、いわゆる「遊休地の再開発事例」には該当しない。なぜなら、まず最初に配置論的な計画のビジョン・戦

第3章 海浜における親水施設

略があって、その計画に沿って現役の造船所施設を移転し、用地を確保しているからである。

2）計画フレーム

みなとみらい21事業の計画就業人口は19万人で、計画居住人口は1万人である。2000年時点の横浜市の昼間就業人口の推定値は、それまでの伸び率からは110万人と推計されたが、地方中核都市に見合う経済規模から人口を算出し、その結果である148万人を以て目標値とした。そこで、その差となる38万人の約半数をみなとみらい21地区で担うこととし、19万人を計画就業人口としている（残りの19万人は市内の他の都心・副都心でカバーすることとした）。また、居住人口は、学区編成や住宅相互の摩擦や干渉を考慮し、約1万人に設定している。これら人口の受け皿となる計画のエリアは全体で186haで、内訳は宅地（業務・商業・住宅など）87ha、道路・鉄道用地42ha、公園・緑地など46ha、ふ頭用地11haである（『都心臨海部総合整備基本計画（中間案）』（横浜市、1981））。

3）基盤整備手法

みなとみらい21の基盤施設は、主に臨海部土地造成事業、土地区画整理事業、港湾整備事業によって建設されている。臨海部土地造成事業とは、前面水域の埋立である。土地区画整理事業では、土地の区画形質の変更や換地分合による権利の変換、建築敷地の造成、道路・公園など都市計画施設を建設している。港湾整備事業は港湾緑地、臨港道路や係留施設などの整備である。土地区画整理事業と港湾整備事業は、統一されたコンセプトのもとに調整を図りながら実施されているが、法定事業上は全く独立した関係で、任意に隣接しているにすぎない（図3.3-1）。

4）みなとみらい21事業と臨港地区

みなとみらい21地区では、大規模な商業・業務系の土地利用が計画されたが、臨港地区の規制とは不整合を来すため、適宜見直しながら今日に至っている。具体的には、1978年から2ヶ年間の横浜市都心臨海部総合整備計画調査委員会において、学識経験者や運輸省（港湾所管官庁）と建設省（都市計画所管官庁）（共に現国土交通省）を含む国の関係機関、その他関係機関の関係者を招いた委員会を組織し、計画の必要性について認識の共有を図っている。土地利用計画では、それを支える道路・水道・下水等の都市施設の整備水準がボトルネックとなることが多い。したがって、それらの整備を計画として担保することが、

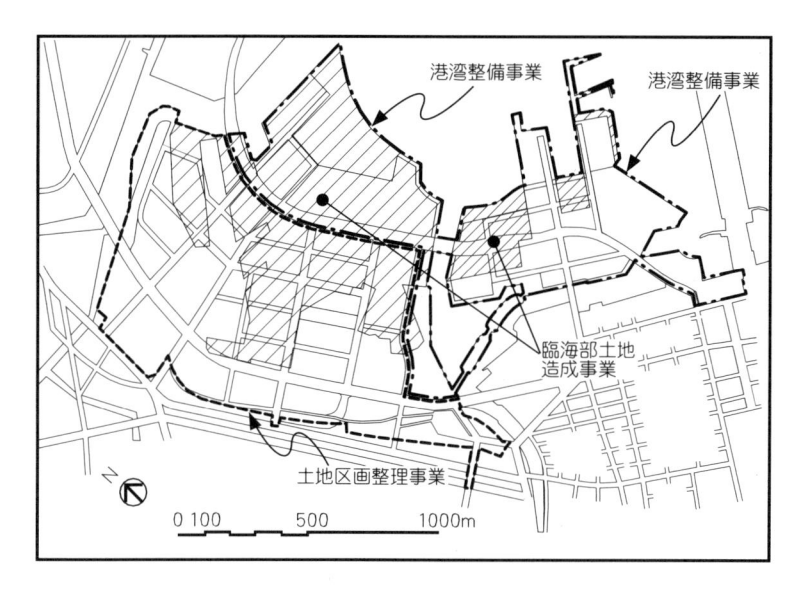

図3.3-1　基盤整備区分図

臨港地区解除や容積高度化への必要条件となる。土地区画整理事業の都市計画決定と臨港地区や容積率の見直しが同時に行われるのはそのためである。これらは臨港地区に限った問題ではない。なお、現在のみなとみらい21地区では、概ね臨港幹線より陸側で臨港地区を解除し、海側に臨港地区を指定している（図3.3-2）。

　前述の委員会の検討によって、土地利用の方向性等、計画の総論部分は概ね共通認識に至っていたが、個別の施設の法的な位置づけや土地利用規制の具体的手法については、さらに調整を要している。事例は多岐に渡るため、ここでは一例をあげるにとどめる。臨港パークと山下公園は、いずれも海に面したシンボル的な親水緑地であるが、前者は港湾緑地で、後者は都市計画公園である。横浜のように都市と港が密接な関連のもとに発展してきた市街地において、都市への来訪者と港湾への来訪者を厳密に区分することは不可能である。したがって、設計コンセプトが必ずしも同一ではないとはいえ、実態としての機能が接近するのは必至である。ところが、公的な施設を建設・管理するには法的根拠が明確である必要がある。なぜなら、それらの費用は税金で賄い、任意に支出できないからである。臨港パークは港湾機能の一環として計画された緑地で

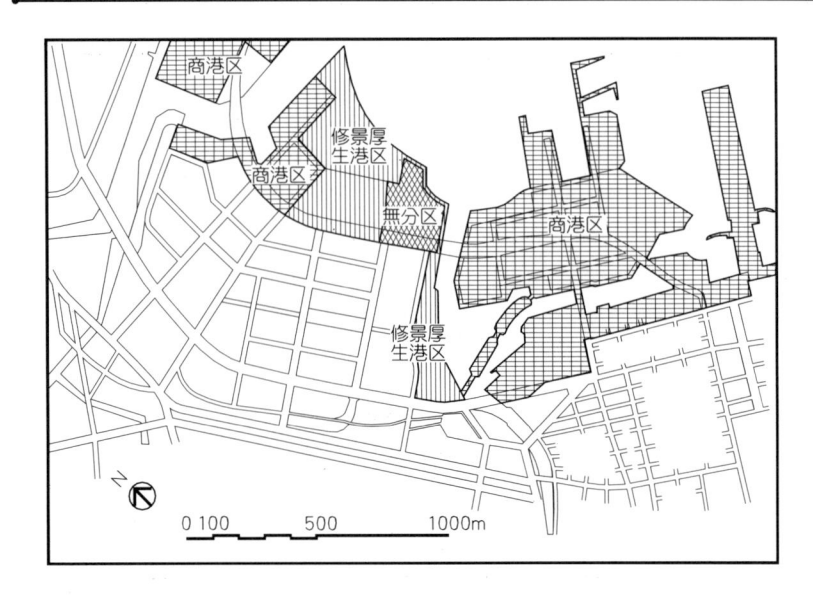

図3.3-2　臨港地区指定状況(2002年6月)

あるが、山下公園との機能面の類似性から、都市計画公園として建設・管理すべきと考える人がいても不思議ではないし、根拠法令が異なること自体も問題視されることもあり得る。こうした各論部分について各関係者が合意に至るまでには、常に一定の調整期間を要している。

5）臨港地区に関する最近の動向

土地利用の規制手法についても同様の葛藤が生じることがある。みなとみらい21地区では港湾中枢機能の導入も想定されている。これらは臨港地区内でも立地が可能な場合もあるが、港湾業務に直接関係のない商業・業務機能は条例に適合しないため、そのまま導入することはできない。そのため、これらの機能の導入が基調となるエリアでは、基本的に臨港地区を解除すべきである。しかしながら、臨港地区の解除が港湾以外の機能の流入を招き、結果的に港湾的利用の駆逐を促すとみる向きもある。そのため、港湾機能と一体となった土地利用への担保が崩壊するとの危惧が提起され、臨港地区の解除に慎重な姿勢がとられることがある。さらに、国庫補助を受けた港湾緑地や臨港道路がある場合は、臨港地区が解除されることで施設の存在理由と不整合が生じるため、事態の複雑化に拍車をかけることとなる。

構築物を規制するのが条例であることから、規制の内容を大幅に緩和すればよいという意見もある。しかしながら、これは用途純化の考え方に抵触する。勿論、規制内容の緩和が望ましい場合は少なくないが、地域地区制度の根幹に係わる問題であることには留意すべきであろう。

　以上から、臨港地区問題が生じる理由は、① 都市計画と港湾がそれぞれ異なった法体系によって運営されていて、② 双方に物理的によく似た施設が存在し、③ 所管省庁がそれぞれの法体系の中で純粋に整合性を図ろうとしているため、と筆者は考えている。その一方で、1980年代の中半以後、全国的にウォーターフロント開発が活性化した際に、これらの各論的な問題が各地で表面化するにおよび、国民的批判にさらされた建設・運輸両省(当時)は1992年にようやく「都市計画区域内における臨港地区の指定、変更等の推進について(平成4年6月29日運輸省港管第1933号、建設省都計発第107号)」(いわゆる重層通達)を発した(『港湾管理例規集(改訂版)』(港湾管理研究会監修、1993))。その趣旨は、土地利用の目的に応じ、臨港地区の取扱いを四つのレベルに分類するものである。すなわち、従来の臨港地区をレベルⅢ(分区で用途を制限)とし、以下レベルⅡ(分区の規制が上位。必要に応じて地区計画)、レベル1(分区の規制がない無分区の状態で、必要に応じて地区計画等)、従来の臨港地区外をレベル0(必要に応じて地区計画等)にグラデーションをつけた整理である。この後、5年後の1997年に臨港地区の範囲及び指定の考え方が通達された。現在は、地方分権一括法の施行に伴い、「都市計画区域内における臨港地区の運用指針」に改められているが、実質的内容に異同はない(通達の時系列的展開は、『臨港地区の土地利用転換に伴う新たな都市計画制度の必要性について』(安在他、1998)、並びに『国土交通省発足による港湾行政と都市行政との連携への期待と注文』(横内、2001)に詳しい)。この通達は、施設や土地利用について都市か港湾かの二者択一を廃し、複数の選択肢を提示した点で意義があるといえるが、何れのレベルに設定するかという点で、依然として各論部分に議論が残るため、問題が完全になくなったわけではない。

(3) 港湾計画とみなとみらい21の港湾緑地

1) 港湾計画

　港湾は、「港湾計画」を根拠に整備・管理される。港湾計画とは「港湾の開発、利用及び保全並びに港湾に隣接する地域の保全に関する政令で定める事項

に関する計画（港湾法第3条の3）」で、定める内容は「港湾の取扱可能貨物量その他の能力に関する事項、港湾の能力に応ずる港湾施設の規模及び配置に関する事項、港湾の環境の整備及び保全に関する事項その他の基本的な事項（同施行令第1条の4）」である。

　港湾計画は、まず港湾管理者が原案を作成し、地方港湾審議会（行政機関の職員、学識経験者、市民代表、港湾関係団体の代表などで構成）への諮問・答申の後、国土交通大臣の審査を経て（内容によっては計画書送付のみ）公示によって決定される。

　港湾計画は港湾施設（臨港道路や港湾緑地など）の整備計画であると同時に、規制誘導の指針でもある。規制誘導の事例としては、前述の分区指定の根拠となるほか、公有水面の埋立がある。埋立には免許が必要で、その取得には公共公益性が担保されなければならない（公共的な水域を土地として排他的に使用するため）。港湾計画は公定計画であるから、埋立免許の公共公益性の根拠にもなるのである（『港湾計画書作成マニュアル』（港湾計画研究会編、1997））。

　みなとみらい21関連の港湾計画は、1982年の改訂を嚆矢として、微修正を経ながら今日に至っている。計画事項は、用地造成（埋立）や施設（臨港道路、港湾緑地、係留施設等）である（『横浜港港湾計画書－改訂－昭和57年8月』並びに『同計画資料（その1）』（横浜港港湾管理者、1982））。港湾計画における、土地利用計画の区分は概略的で、具体的な容積率や人口フレームなどは計画事項ではないが、計画策定の根拠として、それらが精査されていることは必要条件である。なお、この計画において質的な転換を遂げた施設に港湾緑地がある。そもそも港湾緑地は、埠頭で働く港湾労働者の厚生施設であったが、最近では一般の来訪者が憩う場所としても親しまれている（この転換が前述のような複雑化をもたらしたともいえる）。最近では近代土木遺構を保存・展示する手段としても港湾緑地が活用されており、市民のアイデンティティ形成に貢献している。以下、みなとみらい21地区で整備されている主要な港湾緑地の事例を通して、親水空間としての港湾緑地の可能性を紹介する。

2）臨港パーク

　臨港パークはみなとみらい21地区最大の緑地で、広大な芝生と傾斜状の親水護岸に特徴がある。弧を描く護岸（写真3.3-1）は、水際線にアクセントをつけているほか、横浜ベイブリッジを臨みやすいように配慮されており、この緑地は視対象でもあり視点場でもある。直接海に触れられるように緩傾斜護岸（図

3.3-3）に設計されているが、前面の水深が深く、やや波が高い日もあるため、安全性についての議論の結果、柵をつけることに落ち着いている。一方、「潮入の池(写真3.3-2)」は潮の干満によって海水が流れ込むように設計されており、春、夏季には蟹などが観察できることから家族連れで賑わっている。

3）日本丸メモリアルパーク

日本丸メモリアルパークは石造ドックの保存活用事例である。明治時代に建

写真3.3-1　臨港パーク

写真3.3-2　潮入の池

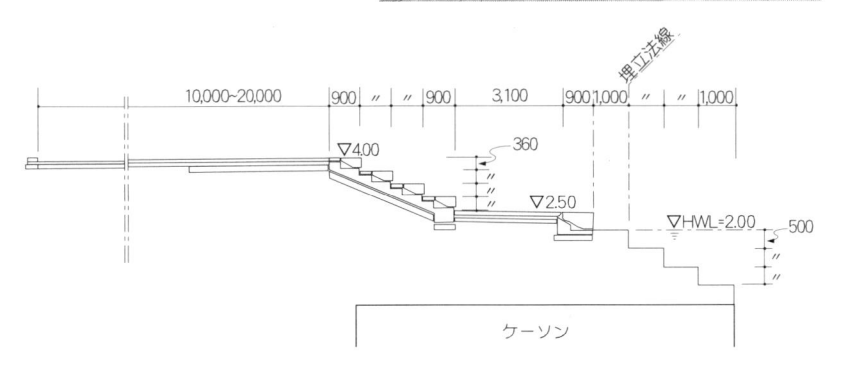

図3.3-3　臨港パークエスプラナード標準断面図

設された旧三菱重工横浜1号ドックは、2000年に国の重要文化財に指定された。後述の赤レンガ倉庫と並んで歴史の中での横浜を演出し、個性的で魅力のある都市づくりに貢献している。そして、ドックには旧運輸省の航海訓練船であった帆船日本丸が係留保存されており、船内の公開や月1回の総帆展帆のほか、海洋教室等が開催されている。

4）赤レンガ倉庫・赤レンガパーク

赤レンガ倉庫は2棟のレンガ造りの倉庫である。1号が1908年着工～1913年竣工で、2号は1907年着工～1911年竣工である。歴史的資産の活用による風格の醸成は計画当初からの戦略で、没個性的な新興の埋立地との差別化を図り、都市全体のイメージ形成に貢献している。また、赤レンガパークは、旧横浜税関の遺構や旧横浜港駅のプラットホームを保存するなど、近代の土木・建築の歴史的資産を保存活用する緑地でもある。

5）汽車道

汽車道は、日本丸メモリアルパークと新港地区を結ぶ約500mのプロムナードで、旧臨港鉄道の一部を緑地として整備している（写真3.3-3）。プロムナードの中では、開通当時に架設された英米製のトラス橋を改修・保存している。写真3.3-4は汽車道から望む赤レンガ倉庫である。手前の建物（横浜国際船員センター・ナビオス横浜）の中央の空間は、中央地区・新港地区の双方を見渡せるように確保されたものである。特異な意匠が香港のリゾートマンションを連想

写真3.3-3　汽車道

写真3.3-4　汽車道から臨む赤レンガ倉庫

させるためか、風水地理説の影響について質問を受けることがあるが、全く関連はない。以上のように、汽車道はそれ自体が歴史的資産の保存活用であると同時に、赤レンガ倉庫の存在を核とした歴史性を演出する視点場としての役割も担っているのである。

引用・参考文献

横内憲久(2001)：国土交通省発足による港湾行政と都市行政との連携への期待と注文．都市計画(230)、pp.54-57
港湾計画研究会編(1997)：港湾計画書作成マニュアル．社団法人日本港湾協会
安在真子・横内憲久・桜井慎一(1998)：臨港地区の土地利用転換に伴う新たな都市計画制度の必要性について．第33回日本都市計画学会学術研究論文集、pp.289-294
横浜市(1981)：都心臨海部総合整備基本計画(中間案)
田村明(1983)：都市ヨコハマをつくる．中公新書(678)
運輸省港湾局管理課内港湾管理研究会監修(1993)：港湾管理例規集(改訂版)．ぎょうせい、pp.117-119
横浜港港湾管理者(1982)：横浜港港湾計画資料(その1)－改訂－昭和57年8月
横浜港港湾管理者(1982)：横浜港港湾計画書－改訂－昭和57年8月

第4章

都市計画と親水

■■■ 4.1 都市構造と水際の役割

（1）埋め立て都市としての日本の都市

　都市構造と水際の関係をみていくと、わが国の都市は古くから水際と密接にかかわっており、それは「埋め立て都市」と呼ぶことができる（上田篤・世界都市研究会、1987）。埋め立て都市とは文字通り「埋め立て」によってできあがった都市のことである。

　日本の都市は、その多くが平地に立地している。それは沖積平野であるが、沖積とは「流水によって河口や河岸などに土砂が運ばれ堆積すること」であり、すなわち自然によって埋め立てられた場所に都市をつくってきたわけである。京都や奈良といった盆地都市はどう考えられるか。河口部にないこうした都市も、実は沖積作用によってできあがった土地に立地しており、そうした意味では埋め立て都市ということになる。海ではなく、池や沼が埋め立てられてできあがったのが盆地都市なのである。

　こうした自然の作用で埋め立てられた土地に成立したわが国の都市は、その発展とともに新たな土地を求めて人為的な埋め立てを行ってきた。平地都市が大きな人口をかかえ、さらに発展を続けていくためには、人為的な埋め立てを

第4章　都市計画と親水

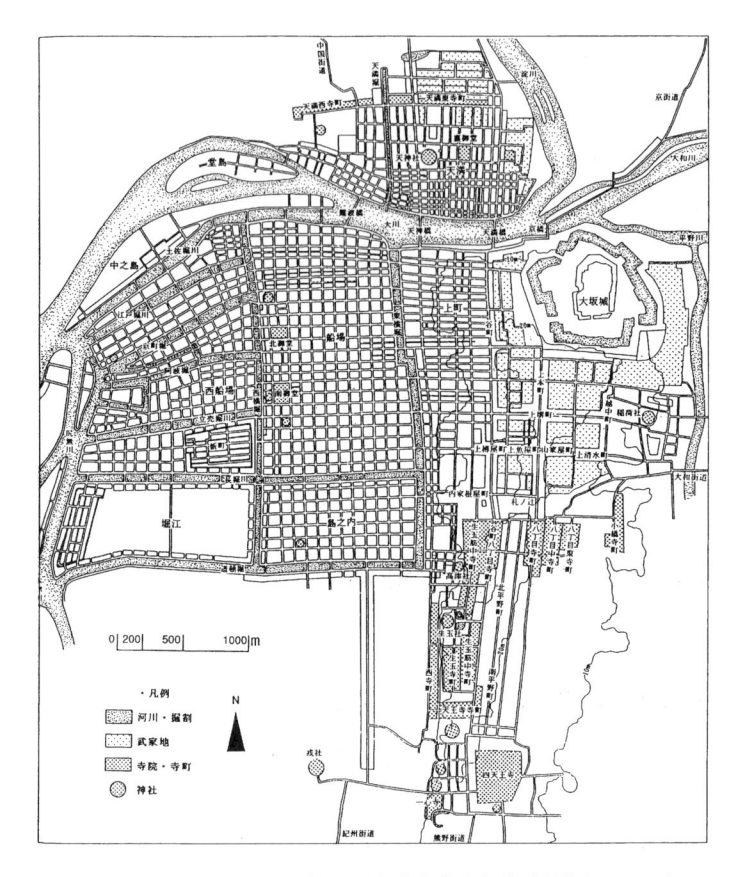

図4.1-1　城下町と運河（大阪市都市住宅史編集委員会編、1989）

余儀なくされたといえる。

　わが国で平地都市が一般化するのは戦国時代以降であるが、そのさきがけである戦国城下町建設に際して、当時の諸大名はさまざまな治水対策を施している。高度な治水技術と都市建設は一体的なものであった。中世初期には山城といって、城は山上や山腹につくられることが多かったが、治水技術の発達が平城、つまり平地に立地する城の建設を可能にした。そしてその門前に城下町が建設された。

　城下町の建設では、河口付近の低湿地を陸地化するために、運河開削とその土砂による埋め立てを組み合わせていった。低湿地は土盛を施す必要があった

が、そのための土砂を開削すべき運河から調達をした。つまり、交通路としての運河と生活空間としての陸地が同時に工事できたわけである。こうして、水路ネットワークが縦横に通ったわが国の城下町の形態ができあがってきた（図4.1-1）。われわれが暮らす都市の多くは、このような戦国城下町に端を発している。

(2) 時代のフロンティアとしての埋め立て地利用

時代が下っても都市の発展とともに埋め立ては続く。江戸時代に入ると、埋め立てによってできあがった土地はおもに新田として活用されていく。人口増に対応するための食糧調達は、こうした新田開発によってまかなわれていった。

また、明治時代に入ると大型船が停泊できる近代港湾の建設や船舶造営のための造船所、鉄工所等の重工業関連施設建造のために新たな埋め立てが行われた。いわゆる、殖産興業を支えたのが埋め立て地だったわけである。さらに、戦後高度経済成長を支えた重化学コンビナートも新たな埋め立て地に建設された。

このように、その時代時代にもっとも求められた土地利用が埋め立て地で行われたことになる。農業時代には新田開発が、また工業時代には工場建設が行われていった。つまり、ウォーターフロントは土地利用のフロンティアだったといえる。

こうしてみてくると、現代のウォーターフロント開発の動きの意味が時代史的に浮彫りにできる。東京湾の千葉・浦安沖の埋め立て地に建設された東京ディズニーランドがさきがけとなって、ウォーターフロントは余暇施設開発の時代を迎えている。葛西臨海公園、そして臨海副都心につながる東京湾の開発はこうした時代潮流から読みとることができる。福岡のベイサイドプレイスやシーサイドも、北九州のスペースワールドも余暇施設重視型のウォーターフロント開発であるし、大阪には海遊館（写真4.1-1）やユニバーサルスタジオジャパンが建設された。余暇の時代、人間性重視の時代に入った現代、そのフロンティアとしての埋め立て地の開発動向がみられる。

さて、こうした観点から将来をみればどうだろうか。将来が「環境の時代」となるとすれば、環境共生型開発の試みが埋め立て地で行われていくのかどうか、あるいは、全く違った方向に時代とそれに呼応した埋め立て地開発が行われていくのか、検討することが必要だろう。

写真4.1-1　海遊館

(3) 埋め立て都市としての東京・大阪

さて、話を埋め立て都市の歴史に戻し、東京と大阪を事例として都市史としてどのように埋め立てが行われていったかを検討してみよう。

1) 東京における埋め立ての歴史

東京は徳川家康が江戸城入城以来、新たな埋め立てが次々と行われた（図4.1-2）。江戸時代初期、江戸城、現在の皇居前まで日比谷入江が入り込んでおり、それを埋め立てることによって江戸のまちが建設されていった。また、都市の発展とともに沖合にあらたな埋め立て地がつくられた。

明治以降、戦後高度経済成長期までの工業時代の埋め立ては、首都圏の場合、東京湾の沖合ではなく、神奈川や千葉、茨城といった周辺部の埋め立てとして行われている。

東京湾の沖合埋め立ては戦後も継続されていたが、それは土地を生み出すための埋め立てというよりも、「夢の島」をはじめとする廃棄物処分のための埋め立てであった。土地を利用するために埋め立てを行うのではなく、ゴミを埋め立てることでできてしまった土地を、いかに利・活用するかを考えることが、近年東京の埋め立てにみられる特徴であろう。

2) 大阪における埋め立ての歴史

また、大阪の場合はどうか。大阪は、仁徳天皇が難波豊崎宮を築造するなどその歴史は古い。古代の大阪は、現在の上町台地のあたりだけが陸化しており、それ以外は海であった（図4.1-3）。上町台地を回り込んでできていた河内湖が、

4.1 都市構造と水際の役割

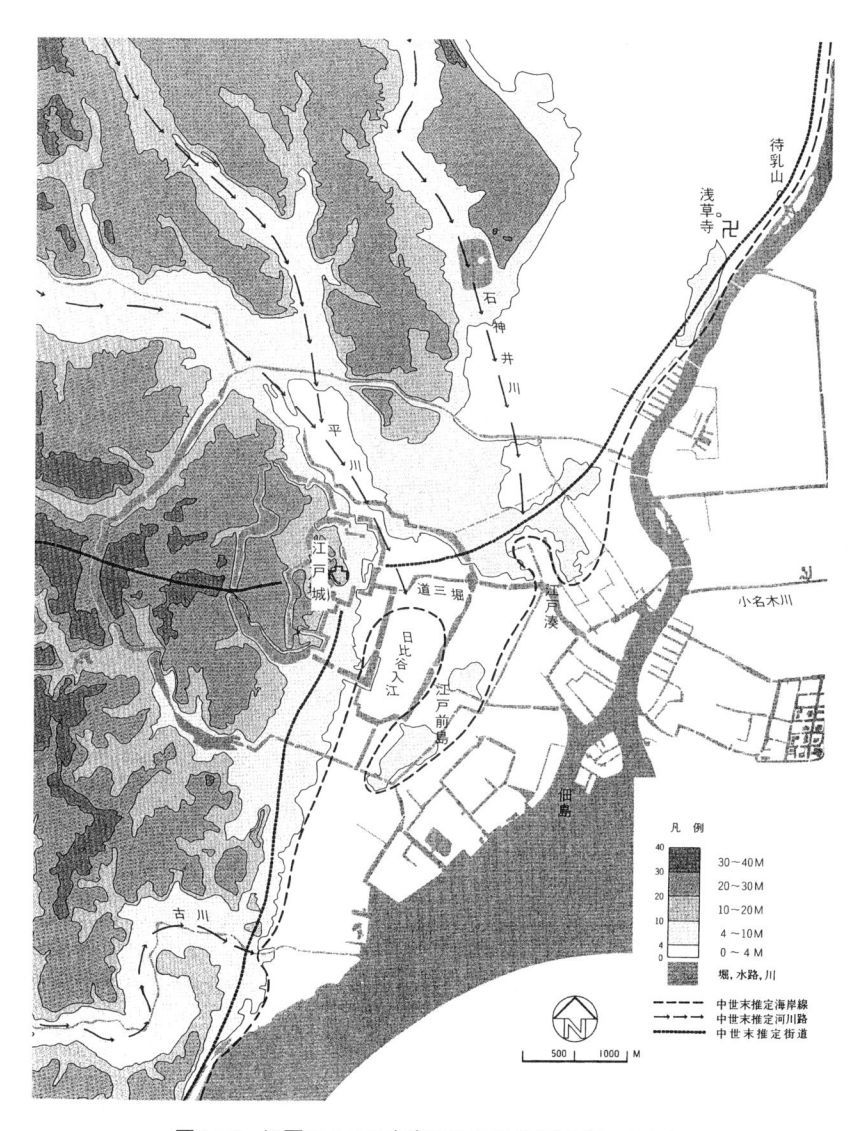

図4.1-2 江戸における海岸埋め立て（髙橋他編、1993）

河川から運ばれる土砂堆積により河内潟となり、やがて陸地化してできたのが現在の河内地域である。世界最大の古墳といわれる仁徳天皇陵は、いまでこそ内陸部に位置するが、造営当時は海岸線近くに立地していた。

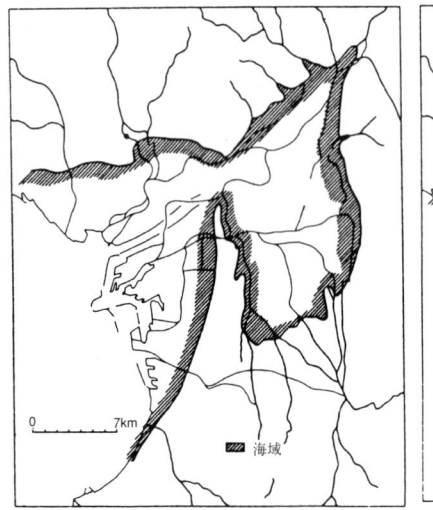

第4章 都市計画と親水

河内湾の時代(約7000～6000年前、縄文時代前期前半)の古地理図

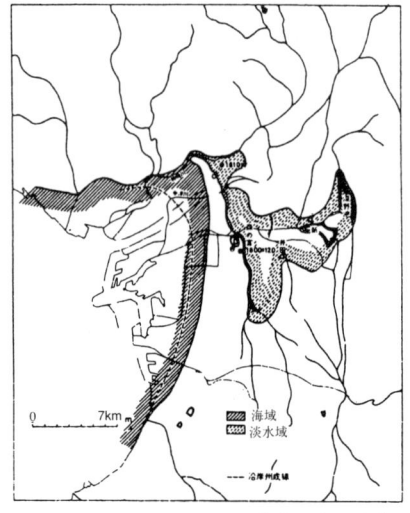

河内湖の時代(約1800～1600年前、弥生時代後期～古墳時代前期)の古地理図

図4.1-3 古代大阪の海岸線(梶山・市原、1998)

　時代が下り、本格的な都市建設がはじまるのは豊臣秀吉がつくった大阪城の城下建設からである。秀吉は長浜、伏見といった城下町建設を経て大阪を建設しているが、この三つの都市構造にはいくつもの類似点が見出せる。豊臣期そして江戸時代に入って松平期にかけて、多くの運河建設とその土砂による埋め立てによって大阪のまちができあがっていった。そして、江戸時代中期以降にはさらに沖合が新田として開発されていく。

　明治期に入ると、港の水深が浅く大型船舶の入港ができないため、港湾機能の中心は一旦神戸に移る。それに対抗するため、明治中期には近代港湾の建設のためにさらに沖合が埋め立てられる。また、造船所を中心とした工場建設のために大阪港周辺の新たな埋め立てが行われる。現在の大正区はその名のとおり、大正時代の埋め立てによって生まれたまちである。

　戦後高度成長期に入っての埋め立ては、東京と同様に大阪の沖合でなく、尼崎や堺等の周辺部でおこなわれていった。そして、咲洲、夢洲、舞洲の埋め立ても東京同様に、廃棄物処分によって生まれた土地である。

3）都市構造としてみた東京と大阪の埋め立て比較

以上、東京と大阪の埋め立て史の概略をみてきたが、これを都市構造の面で捉え、比較してみると次のような特徴が見出せる。

東京も大阪も同じように沖合を埋め立てていくが、東京湾と大阪湾の地理的特徴の違いによって、都心部あるいは既存市街地と埋め立て地の距離の違いがあらわれてくる。すなわち、東京では埋め立て地と既存市街地が常に近いのに比べ、大阪は埋め立てが行われるに従い都心部との距離が遠くなってしまう。大阪においては、既存市街地との一体的な開発が難しく、埋め立て地を辺境の地としてしまうのである。同じ港区といっても、東京と大阪のイメージが全く異なるのはこうした点に起因している。

都市構造やそれにともなう都市開発のなかで埋め立てのあり方を考えるとき、こうした観点を考慮することが必要であり、それを行なうことが地域性を考慮することになる。

(4) 水際の役割

こうした都市と水際の関係を、次に都市における空間的な役割としてみてみよう。

水際がもつ空間的役割の第一は、水際には「水」という自然が存在することである。自然の要素が少ない都市空間では、これは重要な役割である。自然といえばすぐに緑をイメージしがちだが、水も重要な自然要素である。緑にとっても、緑を育てるための水の役割は重要であるし、さらには生態系の面からみると、水があることによって陸域と水域にかかる多様な生物が生息できる。

第二の役割は、景観的に良好な「眺望」が得られることである。水の上は「からっぽの空間」（上田篤・世界都市研究会、1987）であるから、視線を遮るものがほとんどない。そのことが良好な眺望を保証する。また景観的には、水際ではさまざまな眺めのバリエーションを楽しむことができる。遠景だけでなく、橋上から水際を見下ろす俯瞰景、船上や汀から市街地を眺める仰瞰景、また水に映る倒景などがある。

さらに、第三の役割は「オープンスペース」であること。からっぽの空間（写真4.1-2）は、視覚的に眺望をもたらすだけでなく、土地利用の面でも都市空間の稠密さを緩和してくれる。また、河川や海岸は線的に連続しており、そのことが公園や緑地など都市に点在するオープンスペースをむすびつけ、ネットワ

第4章 都市計画と親水

写真4.1-2 からっぽの空間

ーク形成につながる。
　このネットワーク性は水際空間に第四の役割をもたらしてくれる。現在はネットワーク社会、情報社会といわれるが、水際にはこうしたネットワーク性、情報性がある。オープンスペースのネットワークだけでなく、生態系のネットワーク構造としても水際を位置づけることができる。地域の生態系を捉えると、山間部から田園部、そして都市部へとつながる自然の、そして生態系の回廊として河川が位置づけられ、その延長として海へとつながっていく。水際を通じて生きものが行き来できる。
　また、それは眺めの回廊でもある。さらに、この眺望のよさゆえに水際からは都市がよく眺められ、まちの状況がよくわかる。つまり、水際に立つことによって都市やまちの情報が手に入るわけである。また、オープンスペースとしての水際に人々が集まってくることは、コミュニケーション空間として水際が位置づけられることになる。コミュニケーションはネットワーク形成の重要な機能であるが、このような意味で、水際空間はこれからのネットワーク社会、情報社会で重要な空間と位置づけることができる。

(5) 自由空間としての水際

　都市における水際空間の意味を歴史的に検討すると、そこはいわゆる「公界」であったことがわかる。公界とはだれのものでもない公の空間であるが、河原は洪水のたびに水につかる不毛の地であったため、不課、つまり免税地として自由に使用できる空間となっていた。そこには中世から河原者と呼ばれる自由

4.1 都市構造と水際の役割

人が住みついた。芸術や芸能で身をたてる彼らであったが、その一人に造園の名手善阿弥がいる。また、歌舞伎の原型といわれる阿国がカブキ踊りをはじめたのも京都の四条河原である。網野善彦が主張するように、中州や河原、浜といった場所は無主、無縁の地であり、そのことで遍歴の民が居住するきわめて都市的な空間となっていた（網野、1978）。

（6）疎遠になった水際と都市

このように、水際を大切にしてきた都市の歴史であるが、一時期、水際をおろそかにしてきた時期がある。特に、1960年代から70年代にかけての高度経済成長期には、水際から人間が疎外された。

海辺は、重化学工業を主体とする工業地帯が設けられることによって親水性が低下した。また、かつては都市の表側であった川辺が裏側になっていった。これには、水上輸送から陸上輸送へといった物流の転換が影響している。水上輸送が主流であった時代には、当然のこととして水際は都市の表となっていた。河岸や岸岐とよばれる階段状護岸は、物資の陸上げや旅客の乗り降りには不可欠なデザインであった（図4.1-4）。しかし、水運が衰退すると都市は道路側に顔を向け、河川側が裏になっていったのである。こうした輸送手段の転換による都市空間の変化は、都市内高速道路の建設に象徴的に現れている。東京の首都高速道路、大阪の阪神高速道路の路線網をみると、それがかつての運河網とみごとに符合することがわかる。公共空間としての運河は、水上輸送の衰退によ

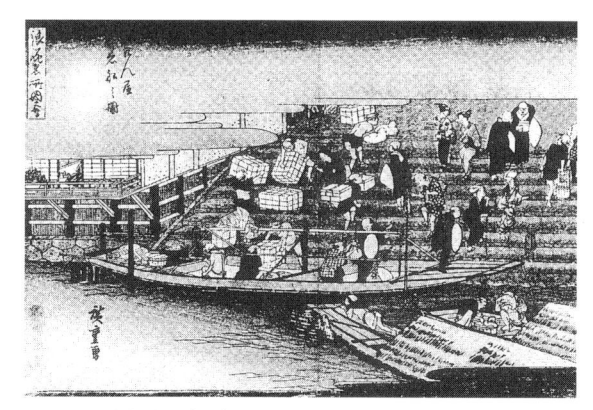

図4.1-4　階段状護岸（大阪市都市住宅史編集委員会編、1989）

第4章　都市計画と親水

写真4.1-3　大阪アメニティパーク

ってその機能的役割を終え、多くが埋め立てられその上に高速道路が建設されたのである。また、埋め立てを逃れた運河にも上空に高速道路がつくられていった。

(7) うるおいのあるまちづくりと水際の復権

　建設(現国土交通)省は、1981年に「潤いのあるまちづくりにむけて」というパンフレットを発行する。これを典型として、1980年代はうるおいのあるまちづくりの時代に入っていく。アメニティという言葉が使われだしたのも、こうした流れの一環である。そして、うるおいの重要な要素として水際に再び注目が集まった。各地で親水公園が建設され、海辺でも港湾再開発であるポートルネッサンス構想がつくられていく。

　「親水」という言葉が一般化するのも実はこの時期である。この時期は都市の脱工業化の時期であり、水際に張りついていた工場や倉庫等が土地利用転換することによって親水施設がつくられていく。東京の大川端、大阪のOAP(大阪アメニティパーク、写真4.1-3)などがこうした土地利用転換の事例である。

(8) 都市計画としての水際開発の位置づけ

　意識するしないにしろ、埋め立てによって新たな土地が生まれることで全体の都市構造は変化をきたす。これを考慮しつつ、埋め立て地の開発戦略は立てられるべきである。埋め立て地が都市全体でどのような位置づけにあるのか、

をつねに広い視野で検討する必要がある。また、新たな埋め立てが沖合で行われることによって、従来のウォーターフロントは内陸化するわけで、こうした観点を考慮した再開発計画も検討しなければならない。すくなくとも、直近の後背地との関係性を十分に検討した土地利用計画はぜひとも検討すべきであろう。

また、あらたな埋め立て地を都市として成長させるためには、埋め立て地自体の魅力づけのための戦略も必要である。大正時代や昭和初期の大阪における住宅地開発史をみると、埋め立て地の住宅地を行なう際に、余暇施設の開発を先行的に行っている事例がみられる。余暇施設によって集客をおこない、その土地の周知を図る、そしてそれを住宅地販売に活かしていこうという一連の戦略である。この場合、余暇施設の収支だけで採算を取ろうとするのではなく、住宅地経営を含めた全体的・総合的な経営戦略のなかでものごとを考えていく姿勢がうかがえる。

近年の開発でも、長崎のハウステンボスが同様の考え方をとっていると考えられる。また、中止にはなったが東京臨海副都心の都市博の位置づけも、こうした魅力周知の戦略の一環として捉えられる。つまり、今後の埋め立てを考える際には、都市構造としての位置づけや総合的な都市経営戦略といった、より広い視野が求められるといえよう。

(9) 都市計画の一環としての水際整備

このように、水際空間の整備の際には、後背地としての都市空間との関係を念頭においた計画・デザインを検討しなければならない。しかし、わが国の都市計画は狭義の都市計画、つまり、都市計画法にもとづく計画づくりをもっぱらとしているため、水際と都市を一体的に計画することが少ないのが実情である。

一方、イギリスの都市計画書であるUnitary Development Planでは、水際が重要な空間として位置づけられている。例えば、Westminster City CouncilのUnitary Development Planには、RIVER THAMESという一章が設けられており、開発に際しての水際空間の土地利用・建築ルールが詳細に規定されている。例えば、テムズ川の景観に調和した良質の建築デザインを義務づけたり、開発の際の川沿いの遊歩道整備についてのルールを定めている。また、アメリカでも、サンフランシスコやロサンゼルスなどで、沿岸の総合的な広域土地利用計画が策定されており、その実現のために開発協議会が設置されている。わが国においても今後は、こうした配慮を積極的に取り入れていくことが必要であろう。

引用・参考文献

上田篤・世界都市研究会(1987)：水網都市、学芸出版社
網野善彦(1978)：無縁・公界・楽、平凡社
大阪市都市住宅史編集委員会編(1989)：まちに住まう－大阪都市住宅史、平凡社
高橋康夫・吉田伸之・宮本雅明、伊藤毅編(1993)：図集日本都市史、東京大学出版会
梶山彦太郎・市原実(1986)：大阪平野のおいたち、青木書店

4.2 まちづくりにおける親水空間の役割

(1) 都市計画・まちづくりにおける親水

「都市」は「水」なくしては成り立たない。「水」は、われわれ人間はもとより全ての生命にとってなくてはならないものであり、また、そのことは、われわれ人間が住んでいる「都市」においても同様である。

しかし、歴史的にみると、水辺、特に都市内河川は産業の発達とともに市民にとって背を向けた機能空間となってきたことがわかる。近年、人々の環境への思いが高まってくるとともに、都市においては「水」の重要性が再認識されるようになってきた。そのような中で、都市計画[注1]・まちづくり[注2]において、人間の住む都市の中に「水」を近くに感じさせてくれたのが「親水公園」に代表とされる親水施設(空間)であった。

特に親水公園についていえば、その前身は多くの場合、どぶ川化した都市小河川であり、長い間それらは周辺市街地の環境を阻害し、沿線の公共施設や建築物はその川に背を向け、川との関係を絶つことによって自らの環境を守ろうとしていた。

1970年代以降、全国各地で整備が進められている親水公園は、水と緑のアメニティ施設としての機能に加えて市街地環境改善の面で、従来の公園や緑地に増して大きな可能性を発揮されることが期待されてきた。親水公園としては、江戸川区の古川親水公園(写真4.2-1)が1973年に完成してから既に28年が過ぎ

写真4.2-1　全国で最初につくられた古川親水公園

第4章　都市計画と親水

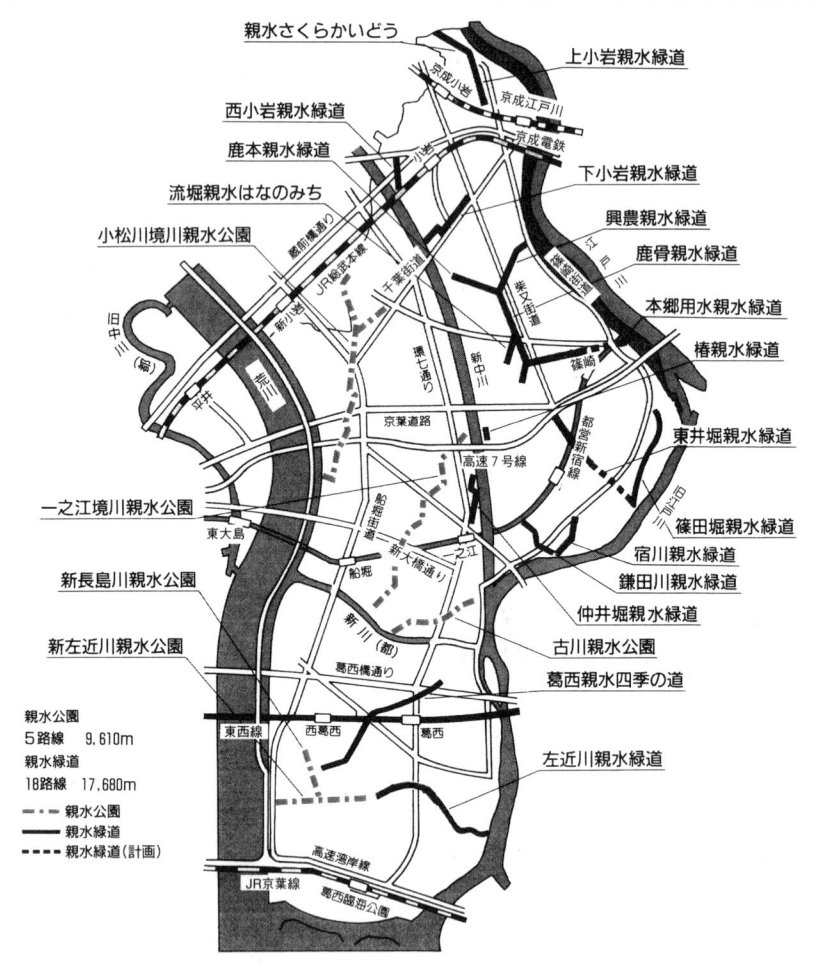

図4.2-1　江戸川区の親水公園・親水緑道

ており、現在、同区においても図4.2-1に示すように多くの親水公園・親水緑道が完成している。しかし、その計画や設計にはまだ確立した理論が存在していないのが実情であろう。

ところで、親水空間がその周辺環境に及ぼしてきた影響をみるときに、親水公園に代表される親水施設（空間）を都市計画的にみて、① 人をひきつける要素と線的な特徴をもつ形態が土地利用において大きなポテンシャルをもつ施設、② 市街地整備においては戦略的な土地利用誘導要素となり得る施設、

③ コミュニティ形成の要素としても地域住民による積極的な利用を促進するポテンシャルを発揮できる施設、として位置づけられると考えられる（上山、1995）。

　本節では、この親水空間が我々の住む都市の環境にどのような影響を与えてきたのかということを中心に、まちづくり計画への展開について探る。ここにおいて、親水施設（空間）のもつポテンシャルをまちづくりに取り入れた計画および行為を「親水まちづくり」とあえて定義することにしよう。

(2) 土地利用と建物計画に及ぼした影響

　昭和初期から台地上の零細河川が消えていったのと同じ状況が市街地にも及んだ。その結果、市街地の中小河川が次々に下水道化、あるいは埋め立てられて道路となった。本来の役目を終えた河川や水路は、その用途を転換せざるをえなかったわけで、東京都23区全体でも水際線延長の減少が進んだ。特に、中央区では水路の約6割が道路へ転換し、葛飾・江戸川・足立・墨田においても約6割が道路と住宅地へと転換している。

　東京における"水際に建つシンボリックな建物"としては、大正末期から昭和初期に建てられた邦楽座や朝日新聞社など、数寄屋橋周辺の建物が有名である。そこまでダイナミックにいかないまでも、親水公園の周辺を歩いていると建物に関しいろいろと面白いことに気づく。明らかに公園と一体感をもたせようとした建物の計画や「…マンション親水公園」といった名前の建物など、建物は親水公園に「顔」を向けていることである。

　建物への影響を調べるにあたり、周辺の土地利用がどのように変わったのかを知る必要がある。今のところ、親水空間をつくることに伴う周辺の用途地域等の見直しは行なわれていないが、周辺の土地利用には変化が起こっていることに気づく（上山・北原、1994）。小松川境川親水公園（江戸川区）周辺の場合、1984年に公園が完成する前後の土地利用を調べてみると、工場の数が減少し、その代わりに集合住宅が多く建てられるようになったことが確認でき、1996年に完成した一之江境川親水公園（同区）周辺においても既に同様の変化がみられている。

　また、それら集合住宅に親水公園を意識した名前をつけるなど、親水公園をステータスシンボルとした建物が多く出現している（写真4.2-2、図4.2-2）。親水公園には近くに住んでみたいという人をひきつける魅力があるのだろう。

第4章　都市計画と親水

　周辺に建てられた建物も、公共建築物の計画においては入口部を親水公園と一体化した計画にするなど、親水公園を積極的に利用している例（写真4.2-3）や親水公園側に入口や景観を楽しめる窓を設けるなど工夫している店舗（写真4.2-4）も出現している。

写真4.2-2　親水公園沿いのマンション

写真4.2-3　親水公園と入口部を一体化した公共建築物

写真4.2-4　親水公園側に入口を設けた店舗

写真4.2-5　親水公園側に居室・玄関を設けた住宅

4.2 まちづくりにおける親水空間の役割

- ●1 新小岩親水公園パークホームズ（本一色1-5）
- ●2 サニーハウス新小岩親水公園（本一色1-21-9）
- ●3 シーアイマンション新小岩親水公園（本一色1-25-8）
- ●4 レオパレス21境川親水公園（本一色1-3-19）
- ●5 ライオンズマンション親水公園（本一色1-34-21）
- ●6 ライオンズマンション親水公園2（中央4-19-8）
- ●7 ライオンズマンション親水公園3（本一色1-24-16）
- ●8 エクメーネ新小岩親水公園（葛飾区新小岩3-28-15）
- ●9 シャルマンコーポ親水公園（中央4-19-38）
- ●10 ナイスステージ新小岩親水公園（中央4-5-15）
- ●11 アルカディア親水公園ビル（中央4-11-8）
- ●12 ハイネス新小岩親水公園（中央1-22-2）
- ●13 コスモ新小岩親水公園（中央1-5-12）
- ●14 メイツ新小岩親水公園（中央1-12-2）
- ●15 藤和シティコープ新小岩親水公園（松島1-25-16）
- ●16 サンライフ新小岩親水公園（松島1-10-10）
- ●17 グリーンコーポ江戸川親水公園（松島1-34-1）
- ●18 ライオンズマンション松江親水公園（松江2-18-18）
- ●19 ライオンズマンション船堀親水公園（松江1-5-8）
- ○1 パークサイド（本一色3-17-21）
- ○2 パークサイドⅡ（本一色3-17-1）
- ○3 パークサイドⅢ（本一色3-17-2）
- ○4 ムーンリバーハウス（葛飾区新小岩4-21-20）
- ○5 パークハイツ（本一色1-31-7）
- ○6 中央パークハイツ（中央3-6-10）
- ○7 パークサイドヴィラ（中央4-11-18）
- ○8 ニューパークハイム新小岩（松島2-39-18）
- ○9 リバーコート（松島1-41-18）
- ○10 リバーフィールド松島（松島1-12-16）
- ○11 KTパークビル（松島1-44-12）
- ○12 グリーンパーク松江（松江1-7-3）
- ○13 PORTコバヤシ（東小松川2-5-3）
- ○14 シティパーク（東小松川2-3-5）
- ○15 サンパレス境川（東小松川2-3-4）
- ○16 パークサイド境川（西小松川5-8）
- ○17 パークハイム（東小松川3-4-9）

- ● 「親水公園」という名前を付けた建物
- ○ 親水公園に関連した名前を付けた建物

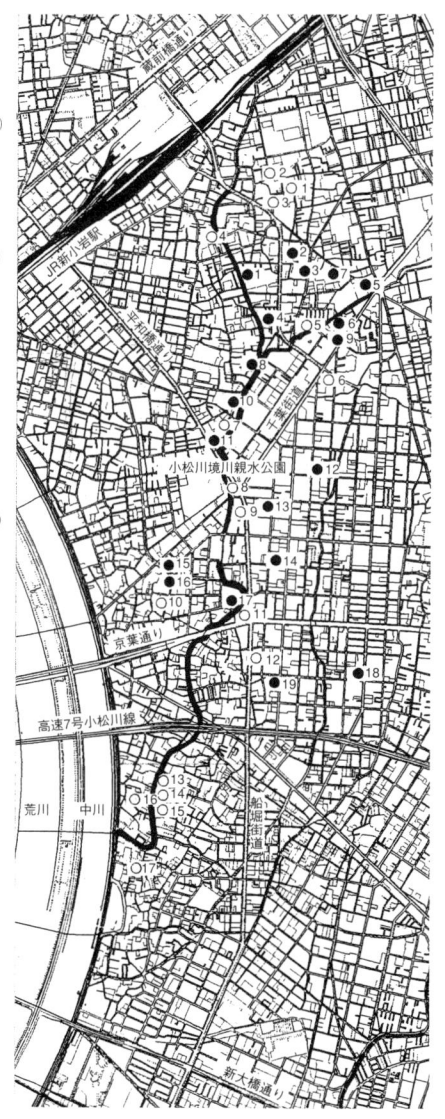

図4.2-2　親水公園を意識した名前をつけた建物の位置

115

また、一般の住宅においても親水公園ができる前は川面に背を向けていたものが、公園ができることにより公園面に玄関や居室の窓を設けるといった例（写真4.2-5）もある。実際に、古川親水公園で沿線の住宅地に対して調査を行ったところ、増改築した際に親水公園の景観を意識的にプランに取り入れていた例がいくつもみられた（上山・北原、1994b）。

まさに、親水公園ができることにより周辺の人々は「甦った水」へ顔を向けるようになったということができる。

（3）親水公園の利用実態

「水」そのものは何ら変哲もないものなのだが、時間や場所、使い方によって様々な形や色、音を含む「空間」をつくる。

親水公園の研究をはじめた頃、まずこの親水公園がどのように使われているのかを把握するために、ある親水公園を春夏秋冬、朝早くから夜遅くまで歩いて回ったことを思い出す。そこでは多くの人々が様々な使い方をしていた。3kmもある親水公園の隅から隅をジョギングしている人、老人会による体操、地元住民による清掃活動、近所の幼稚園・保育園児の散歩コースになっていることや、金魚すくい大会など、実に様々であった。特に、夏においては非常に多くの人で賑わっていたのが印象的であった（上山ら、1994）。

1年を通じて最も多くの人々で賑わう夏季における利用のされ方については、江戸川区の小松川境川（写真4.2-6）、古川（写真4.2-7）、新長島川（写真4.2-8）、江東区の横十間川（写真4.2-9）、北区の音無（写真4.2-10）の5つの親水公園を対象に約600人の利用者に対してアンケート調査をした。その結果、次のようなことがわかった。① 人々によく利用されている親水公園は、水に触れることができたり水際に落ち着く所をつくるなど「水を活かす」工夫をしている。② 親水公園の形態が利用者層に影響をおよぼしている。特に、水が活かされている場所は利用者が多く、水に触れられるか触れられないかで利用目的や利用者層の点で親水公園が二分される。水に触れられる公園の場合、利用目的のほとんどが水遊びであり、子供を連れた家族連れが多い。水に触れられない公園の場合、散歩の目的や通過するための利用が多くなる。③ 親水公園には滞在型と通過型がある。水辺にふくらみがあることで利用者が多く集まり比較的長い時間滞在する。そうでないところは通過型になりやすい。

都市住民は、夏季においてはこのようなかたちで親水公園を利用することに

4.2 まちづくりにおける親水空間の役割

写真4.2-6 小松川境川親水公園
　　　　　（江戸川区）

写真4.2-7 古川親水公園（江戸川区）

写真4.2-8 新長島川親水公園
　　　　　（江戸川区）

写真4.2-9 横十間川親水公園（江東区）

写真4.2-10 音無親水公園（北区）

より「水」を身近に感じ、「水」とのかかわりを深めている。

夏季においては親水公園沿線の住民以外の利用者が非常に多かった。そのために、この調査とは別に周辺住民に対しても同様に調査を行った。その結果、次のようなことが明らかになった。① 周辺住民は利便性や安らぎの場としての役割に好感をもち、身近に存在する親水公園の価値を高く評価している。② 自然の豊富な公園として満足をしてはいるものの、生活に結びついていることから、不衛生・治安の悪さなどに敏感であり、その解決を望んでいる。③ 周辺住民は夏季だけでなく1年を様々な行事を通して親水公園を利用している。④ 周辺住民は親水公園ができることにより「町の美観が良くなった」「町全体のイメージアップになった」というように好感をもっている人が多い。

(4) 親水公園を中心としたコミュニティ形成

行政の事務事業報告や周辺住民に対する調査をした結果、親水公園では花見をはじめ、町会による盆踊りやラジオ体操、愛する会による金魚すくい大会や清掃活動など、実にたくさんの行事が行われていることがわかった（上山ら、1994b）。

そこにおいてコミュニティ形成という点でわかったことの一つに、親水公園ができることによりそれぞれの公園ごとに「愛する会」的な住民組織ができているということがある。具体的には、「小松川境川親水公園を愛する会」、「古川を愛する会」、「葛西『四季の道』『新長島川』・水と緑に親しむ会」、「一之江境川親水公園を愛する会」といったようなものである。これらは、親水公園を通して「清掃活動」（写真4.2-11）や「金魚すくい大会」（写真4.2-12）、プロのナチュラリストを招いての「自然観察会」（写真4.2-13）などの活動を実に精力的に行い、住民同志が町会の枠を越えた横のつながりをもつというコミュニティの形成に役立っている。

特に、周辺住民が親水公園を中心とした活動に参加することにより、住民の間に「皆で親水公園を守っていこう」、「子供たちに川の大切さを語り継いでいこう」という一致した心を持たせることができたという点に大きな価値がある。また、親水公園が防災において非常に大きな効果があることが考えられることからも、今後さらに防災コミュニティへの応用を検討する必要があるだろう。

4.2 まちづくりにおける親水空間の役割

写真4.2-11 「小松川境川親水公園を愛する会」による清掃活動

写真4.2-12 古川親水公園の金魚すくい

写真4.2-13 一之江境川親水公園で行われた自然観察会

写真4.2-14 一之江境川親水公園

(5) 自然育成型親水公園と環境教育

江戸川区の場合、当初は図4.2-3に示すように人工的なつくりの親水公園であった。しかし、1996年に完成した一之江境川親水公園(写真4.2-14)が区内では初めて人工的なつくりから、図4.2-4に示すように自然的なつくりへと方向を転換している(上山・北原、1994c)。また、このような自然が育まれている身近

119

第4章　都市計画と親水

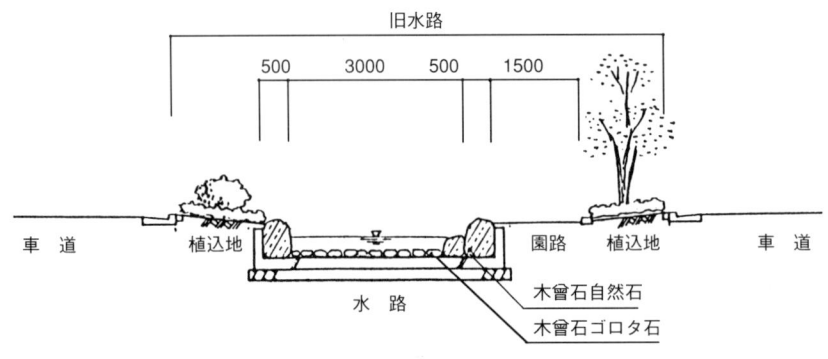

図4.2-3　小松川境川親水公園の標準横断面図

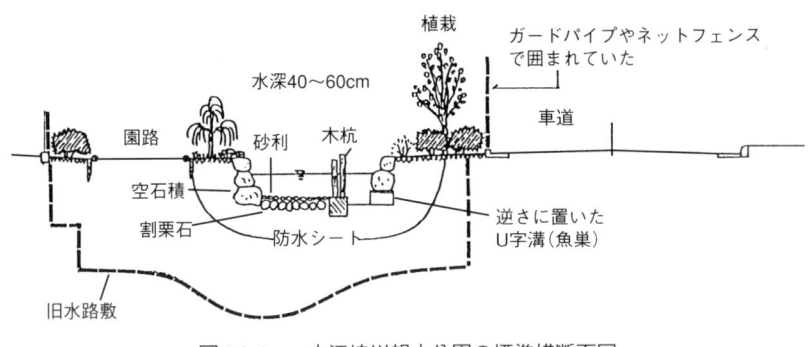

図4.2-4　一之江境川親水公園の標準横断面図

な親水施設（親水公園や親水緑道）では、小中学校の学習の場としての活用が期待されるようになってきている。

　例えば、一之江境川親水公園や左近川親水緑道・篠田堀親水緑道等では、自然観察会が毎年行われており、身近な生態系の学習に最適であることが確認できた。その結果、その他の親水施設でも水質調査や総合学習などで盛んに用いられるようになってきている。行政としても、① 年間（四季）を通じ継続調査することにより体系的な研究を目指す、② 2002年度より導入される「総合的な学習の時間」に先行し、各学校での活用を推進する、③ 郷土愛の育成につなげる、ということを方針として明確に位置づけるようになってきている。

　先につくられた親水公園でも最近コサギが確認されるほどになったが、これらのことを通しても、親水空間が自然の回復とともに地元に根づき教育の面で

表4.2-1 親水公園の消防利水機能

親水公園名	流　　量	消　防　枡
小松川境川	0.25m³／秒 15m³／分 900m³／時間	31か所
古　　川	0.125m³／秒 7.5m³／分 450m³／時間	9か所
新長島川	0.04m³／秒 2.4m³／分 144m³／時間	なし
新左近川	水域面積50,700m²	干潮時水深平均1.5m
一之江境川	0.2m³／秒 12m³／分 720m³／時間	不要（水深0.6m）

も役にたっていることがわかる。

(6) 親水公園の防災上の役割

阪神・淡路大震災以降、その被害の大きさから防災については様々な角度から議論されている。

親水公園に力を入れている江戸川区の場合、現在、親水公園としては人工的な水路が4路線と自然的なものが1路線ある。それらは、表4.2-1に示すような流量と火災時に親水公園から取水できるように消防枡が設置されている。人工的な親水公園は、図4.2-3に示すように水深0.2mであるため消防枡を設置しなければならないが、自然的につくられた親水公園では、図4.2-4に示すように水深0.6mあるため消防枡は不要となっている。

また、親水公園の緑地幅員と道路幅は延焼遮断帯としての機能を果たすものと考えられる。緑による防火帯機能としても平均で10mの樹高があり、常緑樹の比率も6割強となっているためにその役割が期待されている。その他にも、親水公園は一般的に線的に細長いという特性をもっているため、一時避難広場としての機能以外にも、点と点を結ぶ避難通路としても有効である。

しかし、いずれの親水公園も今のところ様々な角度から災害を想定した設計とはなっていないようである。したがって、現状のままでは十分にその機能を果たすとはいいがたい。

今後の課題としては、① 災害のパターンを想定し親水公園が果たせる機能を再確認する、② 停電時、ポンプ作動不能になることへの具体的な対応について、非常用発電機を設置することなど現在わかっている問題を早急に解決する、③ 親水公園、親水緑道のネットワーク化を図る、というようなことがあげられる。これらの課題を解決していくことにより防災としての機能の拡大が期待される（上山・北原、1995）。

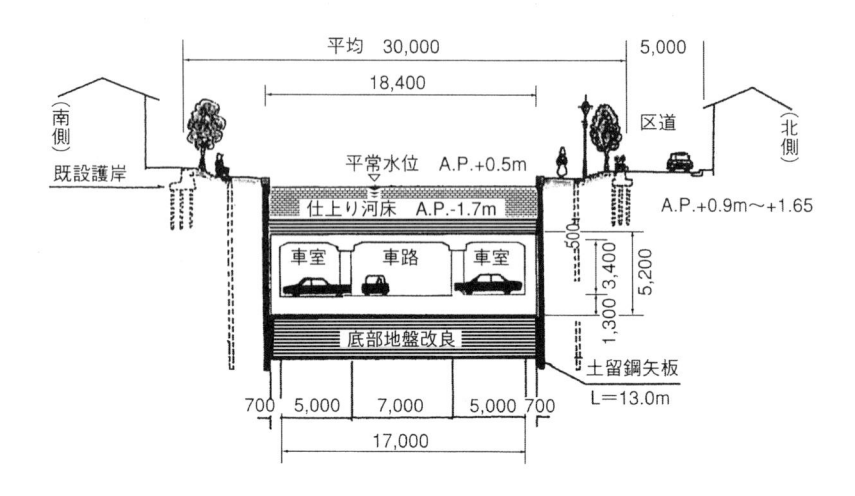

図4.2-5　新川地下駐車場の標準横断面図

写真4.2-15　新川親水河川と地下駐車場中央入庫口

(7) 親水空間の新たな利用例

　親水空間の利用について土地の有効利用の可能性を探り、駐車場としての機能を付随させた珍しい事例がある。江戸川区につくられた新川地下駐車場である。この地下駐車場は、都営新宿線船堀駅周辺地区の発展および新川の親水化により生じる駐車場需要に対応するために計画されたもので、河川法を改正し

全国で初めてつくられた。図4.2-5に示すように河川の地下空間を有効活用し公共駐車場としている（写真4.2-15、注3）。

この新川地下駐車場は、当時この地区で大きな問題となっていた路上駐車の解消と整備後の新川利用者のための駐車場整備を目的につくられたものであり、一之江境川親水公園とともに水と緑のアメニティネットワークの一環として、この地区のまちづくり計画に寄与している（江戸川区、1997）。この駐車場は、都市部における（河川）空間活用のモデルケースとして大きな期待を担った施設であり、今後、利用率のアップという課題を含め、その運用状況が注目されている。

(8) まちづくり計画への展開ー親水まちづくりの実現へ

これまで述べてきた役割から、親水空間は都市・緑・住宅等のマスタープラン、また再開発事業や土地区画整理事業、さらには地区計画などの地区まちづくりの計画を策定する上においても有効な手段となる。

それでは、いったい親水空間のもつ魅力や機能をまちづくり計画にどのように活かすことができるのだろう。親水空間を都市計画的に位置づける一つの手段として都市マスタープランがあるが、江戸川区を事例としてその策定過程をみてみよう。

江戸川区では親水公園の実績をふまえ、都市マスタープランがつくられている（江戸川区、1999）。大きく全体構想と地域別構想に分けられるが、それぞれにおいて親水空間がまちづくりに貢献している。

1) 全体構想

将来の都市像においては、「豊かな水と緑の『快適環境都市』」で「…江戸川や荒川等の大河川の存在とともに小河川や水路の多くが親水公園・緑道に生まれ変わり、水と緑の豊かな環境をつくり出している。…」と表現するなどして、親水空間のまちづくりにおける役割について認識するとともに、それを受けた水と緑の整備方針では、① 水と親しめる緑豊かな連続したアメニティ空間を形成する、② 水と緑豊かな環境と地域の資源を活かしながら、江戸川区らしさ、地域の特色を活かした景観を形成する、③ 延焼遮断帯や消火等の防災機能を向上させる水と緑の空間を形成する、④ 豊かな水辺を活かした市街地環境づくりと安全性の高い河川づくりを進める、⑤ 水と緑の環境づくりを通じて、活発なコミュニティ活動を支える住民主体のまちづくりをすすめる、

というように基本的な考え方を示している。

2）地域別構想

全体構想を受け、地域別構想ではさらに具体的に整備方針をたてている。小松川・平井地区を例にとると、ここでは、担当者として町を隅々までくまなく歩き回り、「ひらい・こまつがわの"道しるべ"」なるものをつくりながら個別に具体的な問題を抽出した（上山・北原，1997）。

その結果、地域の目標を「水辺豊かな、温もりのある街」とし、将来像の中に「親水空間に囲まれた水と緑の豊かな街の形成」として親水空間を盛り込んでいる。

このように、親水空間が都市マスタープラン等のまちづくりに関する計画をつくる上においても大きな手段となることがわかる。今後、これらの計画が如何に実現したのかという、その実効性について評価していく必要がある。

（9）親水施設（空間）を中心とする都市計画・まちづくりの方向性

「親水公園」が初めてつくられてから28年が過ぎ、これまで述べてきたように、われわれの住んでいる都市の環境の様々な面において、大きな役割を果たしてきていることがわかる。全国で最初に親水公園を実現した江戸川区も、かつて親水公園を計画した段階でこれだけの効果をどれだけ予想していたであろうか。都市計画法に基づく都市マスタープランが20～30年先を見据えての計画であるとするなら、この江戸川区における親水計画は、まさにグローバルな実現をみて大きな評価を受けるとともに、各地で展開されるであろうこれからの親水まちづくりの礎となることだろう[注4]。

親水施設（空間）を中心とする都市計画・まちづくりにおける今後の具体的な計画論としては、① 都市マスタープランや緑の基本計画等の行政計画とタイアップさせながら、② 親水空間周辺に地区計画等による独自のルールを検討し、③ 用途地域等の都市計画の見直しをも視野に入れた土地利用を誘導すること、また、④ 地域コミュニティをも育む「まちづくり」を行なうことを加味することが必要である。

(注1) 都市の健全な発展と秩序ある整備を図るための土地利用、都市施設の整備および市街地開発事業に関する計画（都市計画法第4条第1項）。
(注2) 地域住民が共同して、あるいは地域自治体と協力して自らが住み、生活してい

る場を地域に合った住みよい魅力あるものにしていく諸活動（都市計画用語研究会編著「都市計画用語事典」ぎょうせい、1994.7）。

(注3) 地下駐車場は、延長が484m、幅員が17m、面積が10,500㎡、高さが3.4mで、駐車できるのは2.1m以下の普通乗用車である。駐車台数は200台で、入庫は午前7時から午後10時までだが、出庫はいつでもできる。車の入出庫口は、入庫専用の中央口を含め3カ所。歩行者出入り口は川の両側に4カ所ずつ計8カ所設けている。

(注4) 江戸川区ではより具体的に親水まちづくりを推進するため、2002年3月に「江戸川区水と緑の行動指針」を策定している。ここでは「水と緑のボランティア登録」「水と緑の発見情報の提供」「生き物の育成・管理の指導」等の具体的な計画が盛り込まれている。

引用・参考文献

上山　肇(1995)：親水公園の都市計画的位置づけに関する研究－東京都江戸川区を中心事例として－．学位論文

上山　肇・北原理雄(1994a)：親水公園の周辺土地利用と建築設計に及ぼす影響．日本都市計画学会学術研究論文集、pp.361-366

上山　肇・北原理雄(1994b)：親水公園の周辺環境に関する研究－親水公園が住宅の増改築に与えた影響－．日本建築学会学術講演梗概集、pp.259-260

上山　肇・若山治憲・北原理雄(1994a)：親水公園の利用実態と評価に関する研究－東京都23区における親水公園の現況と利用状況－．日本建築学会計画系論文集 No.462、pp.127-135

上山　肇・若山治憲・北原理雄(1994b)：親水公園の周辺環境に関する研究－親水公園が周辺住民のコミュニティ形成に与える影響－．日本建築学会計画系論文集 No.465、pp.105-114

上山　肇・北原理雄(1994c)：人工的な親水施設と自然的な親水施設－江戸川区の親水事業の転換－．日本建築学会学術講演梗概集、pp.257-258

上山　肇・北原理雄(1995)：親水公園の防災性能に関する考察－東京都江戸川区の場合－．日本建築学会学術講演梗概集、pp.211-212

江戸川区(1997)：「船堀駅周辺地区まちづくり推進計画」

江戸川区(1999)：「江戸川区街づくり基本プラン」

上山　肇・北原理雄(1997)：「親水公園(空間)」の都市計画的位置づけに関する研究－都市マスタープランへの応用－．日本建築学会学術講演梗概集、pp.57-58

江戸川区(2000)：江戸川区水と緑の行動指針

4.3 再開発と親水設計

(1) 水辺の両義性としての親水設計

　都市の風格は人為的な要素と自然的な要素をバランスよく備えもつことにある。前者の要素では建築物群やオープンスペースが重要であり、さらに歴史性や伝統的文化が大きく作用している。また、後者の自然的な要素では山、川、海など地理・地形が都市の骨格を支配する重要な要素としてあげられる。中でも、水辺は景観的にも人々に大きなインパクトを与えてきた。

　東京、隅田川周辺の建築物群と水辺へのアクセスを一体化した景観が今日のような姿に整えられてきたのはほんの少し前のことである。高階秀爾によれば、「広重の名所江戸百景120点のうち66点までが水辺を主役にしたものである（高階、1987）」と述べている。このように美しく印象深い都市を形成する要素の一つに水辺の存在をあげることができる。しかしながら、水辺の建築に対して中村は、「近世の都市名所と比較して現代の親水空間の最大の弱点は水辺に優秀な都市建築が立地し得ないことである（中村ら、1992）」と述べている。これは水辺空間の両義性の問題であり、現代社会において両義性は安全と親水という対立概念が至る所で明確化されるにおよび、護岸と建物のそれぞれの機能主義だけが強調されてきた結果にほかならない。

　本節では、中村がいうところの水際の両義性をデザインに活かす手法を「親水設計」と呼ぶこととし、隅田川で展開されてきた建築物群と水辺の両義性の結集作品ともいえるスーパー堤防を制度的視点から述べることとする。

　都市において、1970年代まで水質をはじめ環境悪化の中で、堤防や河岸を挟んで陸域と水域は特別な環境であり近づきがたいものとして存在してきた。また、都市発展の過程で土地は埋め立てによって拡張され工場や居住環境を拡大してきた。したがって、人は水際に接近していったのだが、水辺はますます距離のあるものとなった。これは、もともと水際が人間にとって最も不安定なところであるが故の矛盾でもある。

　河川管理の立場から、河川は主に堤防や護岸に挟まれた河幅の中の区域を意味している。すなわち、行政の縦割り概念では背後地の土地利用の形態と水辺を一体的にデザインする考えはされてこなかった。面開発である都市計画、再開発の分野と治水事業に特化した河川行政とは、調整はあってもコラボレーシ

ョンはあり得なかった。このような意味において、「スーパー堤防事業」に象徴される建物群と河川整備が一体的になされたことは都市の新しい形態において、また、水辺の両義性に今日的な大きな意味をもつもであった。このスーパー堤防事業が「親水設計」においてどのような思想と手法のもとに実現できたのか整理することは、親水工学のデザインを体系化する上で重要な課題であろう。

(2) スーパー堤防が生まれた背景と経緯

東京都の隅田川周辺の江東区、墨田区などの低地帯は、明治・大正の近代的工業化、昭和の高度経済成長による過剰な地下水利用の結果、地盤沈下を引き起こし、地震や水害などの防災上、最も危険で脆弱な環境におかれていた。隅田川と荒川・中川に囲まれたいわゆる江東デルタ地帯は、累積沈下量が大きいところでは4mを超え、現在の地盤の歴史は絶えず盛土が重ねられてきた。そのため人工改変が著しく、地震に弱い地域である。また、計画高潮位に対して数メートルも低い地盤であるため、この低地を囲む外郭堤防がなければ水没している地域でもある。現在の外殻堤防は、伊勢湾台風クラスの高潮に対しても耐えられる護岸高となっている。

このように、地震と水害から江東デルタ地域の人命と財産を守るために隅田川の堤防のあり方が検討された。このような背景から東京都は、1974年低地防災対策委員会の提言に基づき、隅田川の防潮堤・護岸を地震や洪水に対してより安全で、かつ水に親しめる緩傾斜型堤防に改築することとし、事業に着手した。1980年には墨田区白鬚西地区の緩傾斜型堤防の建設をスタートさせ、1985年には中央区新川地区のスーパー堤防の事業に着手し、さらに、1987年から隅田川テラス整備事業が実施され、今日に至っている。

一方、旧建設省(現在、国土交通省)は1986年の河川審議会の諮問である「超過洪水対策及びその推進方策について」、翌年の同答申、および1987年度の特定高規格堤防(スーパー堤防)整備事業の創設を行っている(建設省、1993)。そして、1988年度には水辺空間整備事業融資制度の創設、同年淀川左岸枚方市出口地区で高規格堤防の部分完成がなされた。

以上のように東京都でのスーパー堤防は、地震・防災対策を主な目的としてスタートし、旧建設省では超過洪水対策をその基本的な目的として出発している。以下に東京都におけるスーパー堤防の経緯を示す。

第4章 都市計画と親水

○隅田川のスーパー堤防整備事業に関する経緯（東京都、1974）

昭和32年（1957）　外郭堤防改修事業に着手（現在の防潮堤）

昭和49年（1974）　低地防災委員会提言

　この提言に基づき、東部低地帯の隅田川などの主要河川の防潮堤護岸を地震や洪水に対してより安全で、かつ水に親しめる緩傾斜型堤防に改築するとした。

昭和50年（1975）　隅田川防潮堤概成

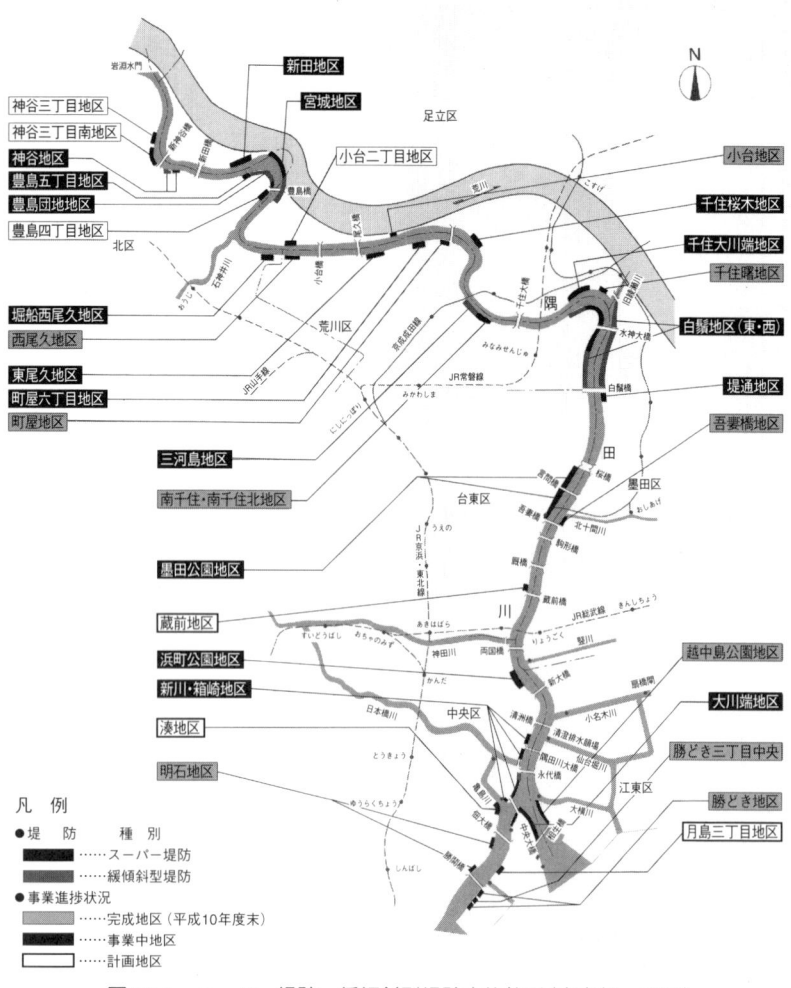

図4.3-1　スーパー堤防・緩傾斜型堤防実施箇所（東京都、1998）

4.3 再開発と親水設計

昭和55年（1980）　緩傾斜型堤防整備事業に着手（白鬚西地区）
昭和56年（1981）　「隅田川堤防問題研究調査委員会」の調査報告
　隅田川の再生策として、治水機能の向上を図りつつ、隅田川の景観の回復を図ることとした。
昭和60年（1985）　隅田川スーパー堤防整備事業に着手
昭和62年（1987）　隅田川テラス整備事業に着手
　図4.3-1に東京都のスーパー堤防・緩傾斜型堤防の実施箇所を、図4.3-2にスーパー堤防と緩傾斜型堤防の構造をそれぞれ示す。また中央区新川地区の開発前（写真4.3-1）と開発後（写真4.3-2）の写真を示す。さらに、浅草、吾妻橋地区の緩傾斜護岸テラス整備を示す（写真4.3-3）。

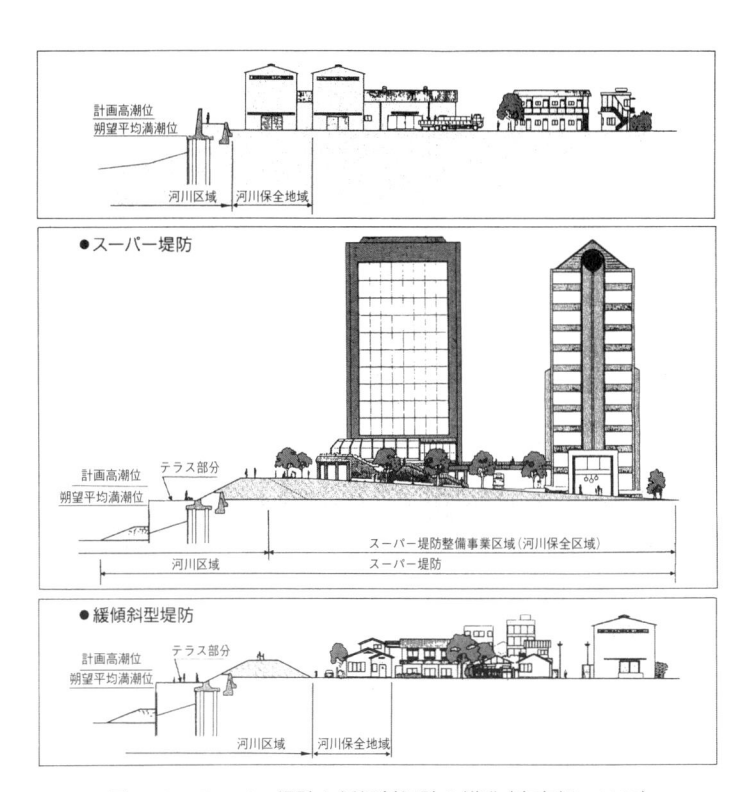

図4.3-2　スーパー堤防と緩傾斜堤防の構造（東京都、1998）

写真4.3-1　中央区新川地区開発前
（東京都、1998）

写真4.3-2　中央区新川地区開発後
（東京都、1998）

写真4.3-3　浅草、吾妻橋地区の開発前後の緩傾斜護岸テラス整備
（東京都、1998）

（3）河川および都市計画のコラボレーション

　建築基準法の第59条に総合設計制度がある。スーパー堤防はこの制度を活用したものにほかならない。スーパー堤防整備事業は河川行政が進めた任意の事業であり、その土地に対して都市計画法のように網をかけるものではなく、民間が行う再開発事業に土地所有者の協力を受けて、行政指導のもとでなされたに過ぎない。その具体的な指針というべきものが東京都総合設計許可要項のである。この要項の趣旨は、「一定以上の敷地面積および一定割合以上の空地を有する建築計画について、その容積および形態の制限を緩和する統一的基準を

設けることにより、建築敷地の共同化および大規模化による土地の有効かつ合理的な利用の促進並びに公共的な空地空間の確保による市街地環境の整備改善を図ることにある。」さらに、建築計画に対してこの制度の積極的な活用を図るため基本目標を定めている。基本目標は、市街地環境の整備改善、建築・住宅ストックの形成、公共施設機能の補完、市街地の防災強化、福祉のまちづくりの推進、都心住居の推進、職と住のバランスのとれた都市の形成、敷地の集約による質の高い市街地の形成および都市景観の創造の9項目を掲げている。

この制度の特徴は、公開空地を設定した総合設計の考え方が取り入れられたことである。公開空地は計画建築物の敷地内の空地または開放空間（建築物の屋上、ピロテー、アナトリウムなど）のうち日常的に一般に公開・利用される空間のことである。この空間は環境の向上に寄与する目的で、植栽、花壇、池・泉、公衆トイレなどの小規模施設の用地を義務づけている。一方、建築主には通常の土地利用別の基準容積率に対して割り増し容積率を設定している。また、堤防の部分は新河川区域として権原を取得することによって堤内地側に拡げられている。

東京都の隅田川スーパー堤防の基本断面図を図4.3-3に示す。東京都の資料（東京都、1974）より、河川と都市計画のコラボレーションの要旨を引用すると以下のとおりである。

① スーパー堤防整備事業は任意の事業であり、現在の土地に対して都市計画法等による規制はかかっていない。

② スーパー堤防は、緩傾斜型堤防に比べて幅や厚みが増加することにより、大地震等に対してより安全な構造になるとともに、親水性も高まる。

③ 新河川区域（図4.3-3の①部分）は、総合設計制度（建築基準法第59条の2）の公開空地にカウントでき、容積率の割増が受けられる。

④ 新河川区域（図4.3-3の①部分）を、（河川が）無償使用させてもらうことにより、地方税（固定資産税および都市計画税）が、非課税になる。

⑤ スーパー堤防整備事業区域（図4.3-3の②部分）の盛土等は、東京都が負担し施工する。

⑥ 堤防保護のために、スーパー堤防整備事業区域（図4.3-3の②部分）は、河川保全区域（河川法第54条）に指定する。

⑦ 河川保全区域に指定されると一定の行為（3mを超える盛土や1mを超える掘削等）に対して河川管理者の許可が必要になる（河川法55条）。

第4章 都市計画と親水

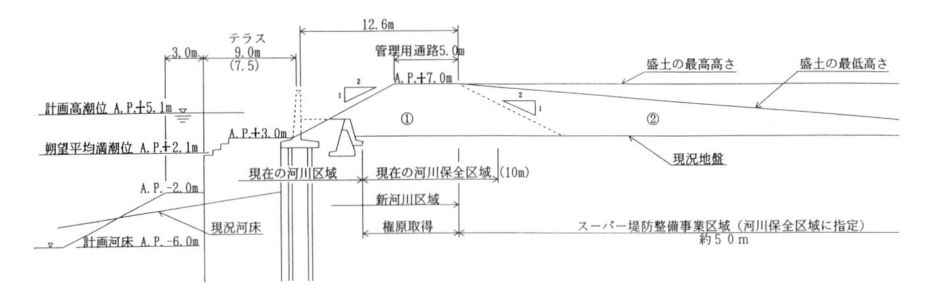

※ 現防潮堤から前面の取扱い
(1)河口〜JR常磐線 9.0m
(2)JR常磐線から上流 7.5m

[A.P]
　A.P.とは、オランダ語のArakawa Peil（荒川の水準線）の略。隅田川河口の水位を測るため、明治6年に現在の中央区新川2丁目地先の河岸に設置された霊岸島量水標零位の略称である。この霊岸島量水標零位は、ほぼ大潮干潮位にあたる。

[権原]
　権原とは、最も一般的に考えられるのは所有権であるが、所有権に限らず、地上権、賃借権、使用貸借権等の権利、さらには土地を河川の敷地として使用することについて、土地所有者およびその他の権利者の単なる同意をも含めていう。

　　　　図4.3-3　隅田川スーパー堤防の基本断面図（東京都、1974）

　　　　写真4.3-4　隅田川テラス整備護岸（浅草、左岸）

(4) 今後の課題

　今日、水際の両義性をデザインする手法は絵柄としてはいろいろなパースが描ける。しかし、現実的には河川沿いの土地空間の所有者の意向に多くは依存される。バブル経済が破綻し、民間の事業開発がダウンした現在、墨田川河畔を親水性のある連続したスーパー堤防でつなぐことはきわめて厳しい状況にある。国ではスーパー堤防の整備に当たって、企業や自治体に保証、融資制度を設けている。個人・企業向けには水辺空間整備事業融資制度(日本開発銀行)、安全貸付水害防御関連施設資金(国民金融公庫、中小企業金融公庫)などがあるが、経済状況の悪化がこれらの事業を遅らせている。図4.3-2に示したように、区画整理事業などとスーパー堤防事業が一体となって親水性のある空間をつくるとき、個々に事業を行うより、建物移転・補償費、整地整形などの共通事業費が半分の費用でできるメリットもある。今後これらの制度が活かされることが期待される。

　しかし、隅田川スーパー堤防・テラスの河川管理では現場に新たな課題も浮上している。隅田川河畔の路上生活者(ビニールテント群)が水辺を占拠しているという社会問題がある。管理職員は月に一度清掃作業としてテラス護岸などの一斉掃除を行うときは一時的に移動するが、終了後はまたもとの状態に占拠されるという。水辺のアメニティーや親水性はその環境が向上すればするほど多くの人を呼び込み効果は大きい(写真4.3-4)。パリの都市計画(POS)では河川ゾーンが設定されている。セーヌ河畔で本を売るブキニストや水上生活者のように河畔の係留利用を特定の形で認める粋な計画も必要になろう。

引用・参考文献

高階秀爾(1987)：東京に景観と呼べるものがあるか．東京人・季刊号、pp.32-40
中村良夫他(1992)：都市をめぐる水の話、165pp．井上書院
建設省(1993)：スーパー堤防整備事業、スーパー堤防GuideBook(パンフ)
東京都(1998)：隅田川-潤いの水辺、甦るとき．東京都建設局河川部
東京都(1974)：東京都行政資料、東京の東部低地帯における河川の防災対策についての答申(低地防災対策委員会)

第5章

親水施設と人間

■II 5.1 親水行動と人間活動

　水環境と人間との関係を表す機能のうち、治水・利水が主として人間の生存条件にかかわるのに対し、「親水」は人間の意識・心理といった部分に深く係わる機能である。

　人間の意識と行動は表裏一体のものであるから、親水性についても水に対する人間の行動、具体的にいえば水辺を眺めたり散歩をしたり、あるいはさらに積極的に水に接する水遊びといった行為を媒介として、その効果がもたらされることになろう。

　そして、水辺の親水機能とは、水辺を訪れた人々に対して単に一時的な心理効果をもたらすだけの機能ではなく、その効果が日常生活にも間接的に影響を及ぼし、それによって居住環境・生活環境の質を向上させる働きをもつことが重要である。

　では、都市に居住する人間にとって暮らしやすい環境の形成・維持に水辺空間は実際にどのように貢献しているのか、あるいは貢献できるのであろうか。

　本節では、水辺に対する人間の意識や行動に関する調査結果から「親水」が人々の暮らしにとってどのような意味をもっているのか考察してみたい。

　なお、以下では「親水」の概念を、「五感を通じた水との接触により、人間

の心理・生理にとって良い効果が得られる」こととと定義し、この概念を踏まえた上で、「親水行動」と「親水活動」という類似した言葉を以下のように区別して用いることにする。

親水行動：余暇活動や日常的行動として「水辺に行く」という行動。ここで水辺とは、河川、湖沼、海などの自然的な水辺だけでなく、公園の水景施設なども含む。

親水活動：水辺空間で行われる様々な活動。直接水に触れる活動から、ただ水辺を眺めていたり水辺で昼寝をしたりする行為まで含む。ただし、生産活動（漁業、水運など）は含まない。

(1) 親水行動の背景にあるもの

ところで、我々はなぜ親水行動を起こすのであろうか。そして、なぜ近年になって親水性というものに関心が寄せられるようになってきたのであろうか。その背景を水辺だけでなく、自然全般に対する人間の行動特性であるという視点から考えてみよう。

人間の生活に自然が必要であることは、今やほぼ異論のない評価であろう。ところが、都市化が進展し、人口の過密化、人工物の集積が進むと、人間にとって必要な自然的要素が減少してゆき、そのリアクションとしてヒト（という生物）は「自然を求める行動」を起こす。

品田穣らは、主として緑を対象とする都市住民の意識・行動を調査・分析した結果、都市化（人口密度の増加）に伴う種々の特徴的な変化と行動様式を見出した（品田ら、1987）。これを要約すると「都市化が進展すると自然を求める行動が増える」ということになる。

「水と緑」が自然の代名詞として使われることにも表れているように、親水行動は「自然を求める行動」の代表例といえる。すなわち、都市化の進展による生活環境の変化（劣化）が、都市に住む人々の親水への希求を産んでいると考えられる。「親水」について考える時、水辺空間のハード・ソフトだけでなく、このような住民としての人間側の事情をも考慮しておく必要がある。

(2) 「人間と水辺とのかかわり」の4位相

こうした認識にたって人間と水辺空間のかかわりを考えようとする時、人間、居住地（居住環境）、水辺空間の三者の関係は、図5.1-1に示すような四つの位

5.1 親水行動と人間活動

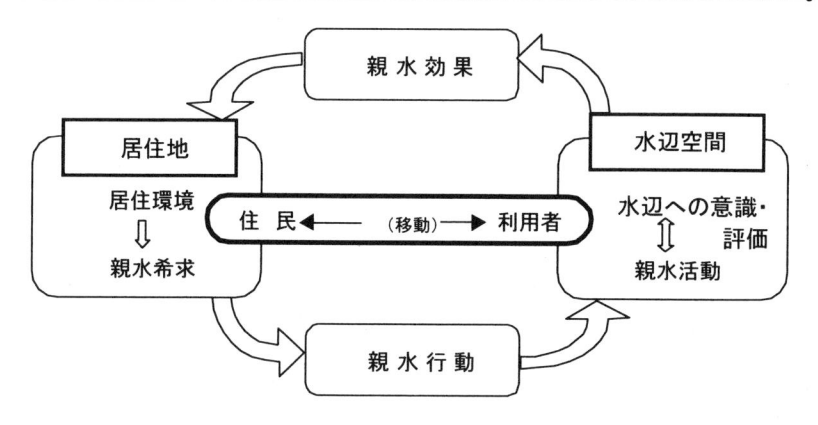

図5.1-1 親水行動と人間を巡る4位相

相（畔柳・渡辺、1999）から捉えることができる。

すなわち、居住地における日常的な居住環境、中でも自然環境の欠乏が住民に自然的要素に対する希求、そのひとつとして「親水」への潜在的な希求を喚起し、この結果、実際に「水辺に行く」親水行動が生起する。水辺空間を訪れた「利用者」としての人間は、親水活動を通じて水辺に接し、その結果、心理的に良い影響を受ける。そしてその結果、居住環境全体に対する意識が「良い方向」へと作用し、水辺は居住環境の質を高める役割を果たす。

このようなサイクルが恒常的に機能しているのが、人間と水辺との好ましい関係であろう。

さて、これまで「親水」という言葉が使われてきたのは、専ら水辺空間における水辺と人間との関係性、すなわち上記の第3位相に相当する視点から見たものが大半であったように思われる。

しかしながら、水辺を都市のインフラストラクチャーとして有効に活用していくためには、都市住民の日常生活環境において水辺がどのような意味をなしているのかという視点も欠かせない。本節ではこのような観点から都市住民の親水行動について考察してみたい。

(3) 都市化と親水行動

ここでは、海浜公園利用者の水辺環境評価（水辺にきて得られた心理的効果）と、都市化の指標となる人口密度との関係（渡辺ら、1995）から、都市化と親水

第5章　親水施設と人間

行動の関連性について見てみる。

1993年に東京都の海浜公園で行ったアンケート調査から、親水効果に対する感受度について因子分析を行った結果、水辺から受ける心理的作用として、表5.1-1に示す「清新性」「快適性」「解放性」「情景性」という四つの軸が抽出された。すなわちち、水辺を訪れた人が感じるのは、大きく分類すればこの四つの要素であるといえる。

この調査では同時に回答者の居住地も尋ねており、各サンプルの因子得点が居住地区別に求められる。そして、居住地区（サンプル数の多かった東京都の22区）の人口密度と「快適性」および「解放性」の感受度との関係をプロットしたのが図5.1-2である。

これをみると、居住地の人口密度が高くなるほど「解放性」の感受度の高い傾向がみられ、「快適性」の感受度は逆に居住地の人口密度の高い区で低い傾向がみられる。特に前者の傾向はかなり明瞭であり、都市住民の親水行動について考察するのに極めて特徴的な結果である。

さて、上記の傾向、特に「解放性」と人口密度との関係は何を示しているのであろうか。

水辺において解放感ややすらぎを強く感じるのは、これらの要素が日常生活において欠乏していることを示唆している。すなわちち、都市化が進んで人口密度が高くなるほど日常生活の周辺にはヒトとモノ、特に人工的なモノが増えてゆき、一方で自然的要素とそれを含んだ空間は減少してゆく。このような状況は総合的にみて居住環境の質を劣化させ、住民の閉塞感を助長するであろう。その結果、人々は自然的な要素、そして広々とした空間を求めるようになり、親水行動によって水辺のある広大な空間に接することにより、解放感に満たさ

表5.1-1　水辺評価の類型

清新性	さわやかさ・清涼感・リフレッシュできた・雰囲気のよさ・親近感・自然の豊かさ・うるおい・気分の高揚
快適性	充実感・楽しさ・時が過ぎるのを忘れた・リラックスできた・快適さ
解放性	解放感・開放感・やすらぎ
情景性	風景の美しさ・迫力感

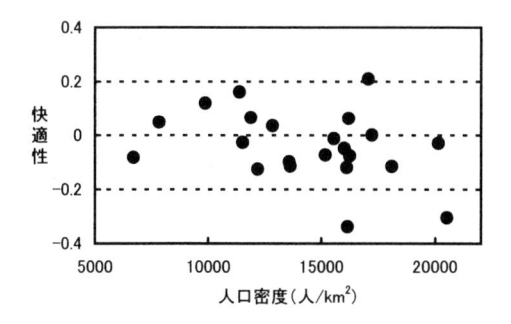

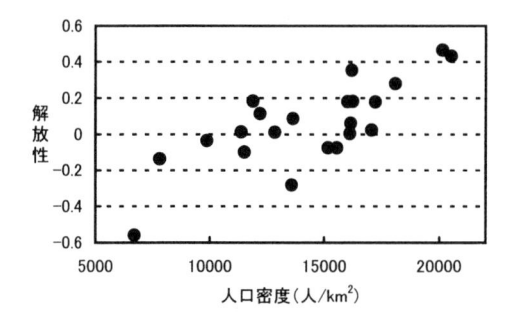

図5.1-2 人口密度と快適性

れると解釈できる。

このように、居住環境の質が親水行動の潜在的な動機づけになっていると考えれば、同じ水辺に対する評価も居住環境によって異なることになり、水辺の整備を行う際にもある程度広い範囲の都市環境整備という観点からコンセプトデザインを考えてゆく必要があるだろう。

(4) 都市住民の余暇行動にみられる水辺の位置づけ

都市化の進展に伴い水辺での「解放感」に対する希求が増していることは、日常生活における自然的な環境要素と空間の減少が人間の行動、中でも比較的自由度の高い余暇行動を規定する要因のひとつになっていることを窺わせる。そこで次に、東京都区部の住民の余暇行動に関する調査の事例 (渡辺・畔柳、1995) から、行動先として「水のある場所」が優先的に選ばれる傾向にあることを述べよう。

第5章　親水施設と人間

ところで、「水辺空間」といえば、一般にイメージされるのは主として河川、海岸など自然循環系の中に存在する水辺であろうが、都市化の進行につれ、こうした自然的な水辺の近隣に住む住民は物理的に限られてこざるを得ない。実際、徒歩圏や日帰り圏への河川、海岸などを対象とした親水行動は、近隣にこうした場所の少ない地域では大きな制約を受けることは容易に想像できる。したがって、大多数の都市住民にとっては、小規模でも居住地に近いオープンスペースやその中の水辺空間の方が、身近な余暇行動先としてはより重要な存在になってくる。

それでは、都市のオープンスペースの一要素として都市内に存在する水辺空間は、住民の居住環境にとって具体的にどのように意味づけがなされているのだろうか。水辺に接し、さわやかさや解放感を感じることは、果して都市生活者の暮らしやすさに貢献しているのであろうか。

以下では、都市内に種々の形で散在する水辺空間、すなわち小河川、親水公園、溜池、公園内の水景施設なども含む広義の「水辺空間」を対象として、これらを居住環境を左右する主要な要素のひとつと考え、都市の居住環境にとっての水辺空間の意義を考えてみる。

1）近隣のオープンスペースへの行動量

都市住民の余暇行動、特に居住地近隣への日帰り以内の行動状況を知るため、東京都内の8区16地区においてアンケート調査を行った。調査では回答者の居住地を含んだ地図を配布し、居住地近隣のオープンスペースへの行動頻度を尋ね、「よく行く」場所に○印、「たまに行く」場所に△印、「機会があれば行ってみたい」場所に×印を記入してもらった。

回収した地図から各回答者が指摘した行動先の数を、○、△、×という頻度のランク別に集計し、同時に居宅から各対象地までの直線距離を測定した。この結果、1人当たりの平均指摘数は全有効回答の平均で○が1.2カ所、△が1.8カ所、×が0.4カ所で、合計3.5カ所であった。

次に、この結果を指摘された場所に水辺空間があるか否かによって区別し、水辺空間のある場所とない場所それぞれについての平均指摘数および平均距離を求めた。この結果より、平均指摘数と平均距離の関係をプロットすると図5.1-3のようになる。

これからわかるとおり、○、△、×とも水辺のある場所の方が指摘数が多く距離は遠い。指摘数の平均は、水辺のある場所では2.2カ所、ない場所では1.2

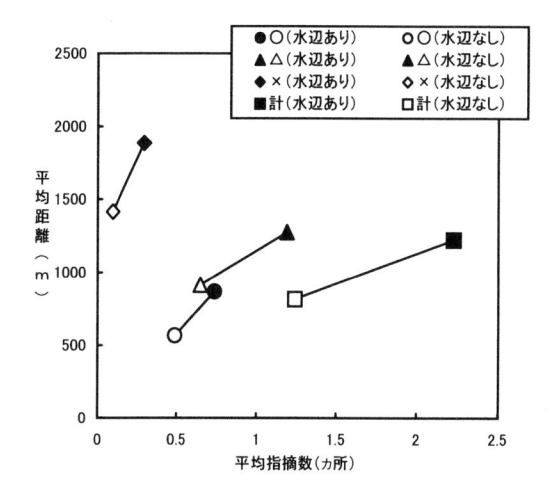

図5.1-3 指摘数と平均距離

カ所である。一方、距離は水辺のある場所が全体の平均で約1.2km、これに対し、水辺のない場所への平均距離は約0.8kmであった。

この結果から、水辺空間が存在することで遠くのオープンスペースでも認知され利用されていることがわかる。

2）被指摘地から見た行動量

さて、今度は逆に指摘を受けたオープンスペース側の「被指摘数」をみてみることにしよう。

各地区の被指摘地別に○、△、×の数を集計し、合計指摘数の多かった順に上位3カ所を抽出すると表5.1-2のとおりであった。最多数の指摘を受けた場所は概ね半数以上の住民に利用されており、特に砧地区の砧公園や水元地区の水元公園などはほとんどの人から指摘を受けている。

さて、表中には各々の場所に水辺空間（水景施設も含む）が存在するか否かも表記しているが、各地区とも被指摘数の第1位には水辺が存在し、上位3位までもほとんどの場所に何らかの水辺空間が存在する。

先ほどと同様に、水辺空間の存否別に居宅からの平均距離を求めると、水辺のある場所では○が1086m、△が1462m、×が1906mであったのに対し、水辺のない場所では○が712m、△が939m、×が1424mと、やはり水辺空間のある場所の方が遠くでも利用されやすい傾向となる。

表5.1-2 指摘を受けたオープンスペース（上位3カ所）

区名	地区	順位	被指摘地名	○	△	×	計	水辺
台東区	蔵前	1	上野恩賜公園	6	16	5	27	●
		2	浅草寺	10	8	0	18	
		3	隅田公因	9	9	0	18	●
	竜泉	1	上野恩賜公園	14	16	0	30	●
		2	隅田公園	6	10	2	18	●
		3	浅草寺	7	9	0	16	
世田谷区	砧	1	砧公園	14	21	0	35	●
		2	次太夫堀公園	1	4	7	12	●
		3	中央競馬会馬事公苑	2	7	0	9	
	上野毛	1	等々力渓谷公園	8	11	3	22	●
		2	砧公園	6	14	1	21	●
		3	駒沢オリンピック公園	5	10	2	17	
新宿区	市谷	1	新宿御苑	6	10	2	18	●
		2	牛込弁天公園	2	4	1	7	
		3	穴八幡児童遊園	0	4	2	6	
	落合	1	おとめ山公園	2	8	4	14	●
		2	哲学堂公園	4	9	0	13	
		3	下水道局管理公園	6	2	0	8	
北区	竜野川	1	飛鳥山公園	2	25	0	27	
		2	中央公園	7	18	0	25	
		3	音無親水公園	4	16	1	21	●
	赤羽	1	赤羽公園	9	8	0	17	
		2	荒川赤羽緑地	6	4	0	10	●
		3	新荒川大橋緑地	6	2	1	9	●
荒川区	荒川	1	荒川自然公園	12	12	3	27	
		2	荒川公園	6	13	0	19	
		3	荒川遊園	2	9	8	19	●
	尾久	1	荒川遊園	5	15	4	24	●
		2	荒川自然公園	2	8	3	13	
		3	あらかわ交通公園	2	4	1	7	
練馬区	石神井	1	石神井公園	21	11	0	32	●
		2	武蔵関公園	3	8	2	13	●
		3	牧野記念公園	1	4	3	8	
	平和台	1	城北中央公園	7	9	0	16	●
		2	光が丘公園	0	8	4	12	
		3	春日公園	7	3	0	10	
葛飾区	白鳥	1	上千葉砂原公園	5	9	1	15	
		2	お花茶屋公固	11	1	1	13	
		3	青戸平和公囲	3	3	2	8	
	水元	1	都立水元公園	25	10	0	35	●
		2	水元中央公園	4	3	2	9	●
		3	題経寺	0	4	0	4	
江戸川区	葛西	1	葛西臨海公園	12	8	4	24	●
		2	新左近川公園	13	2	3	18	●
		3	フラワーガーデン	6	11	0	17	
	小松川	1	小松川境川親水公園	12	6	0	18	●
		2	東小松川公園	13	4	0	17	
		3	中央森林公園	5	11	1	17	

3) 行動量指数

以上では○、△、×の頻度ランク別に見てきたが、これらをまとめて、行動量をひとつの総合的な指標で表すため、行動量指数(UQI；Use Quantity Index) という指標を導入する。

UQIは、各頻度ランクにそれぞれ頻度に応じた重みを与え、さらに距離を乗じて合計したものであり、遠くまで行くほど行動量としては大きくなることを含めて評価した各回答者の行動量の指標である。

水辺空間の存否別に各地区の平均UQIを求めると、ほとんどの地区で水辺のある場所の方が高い値を示し、全体の平均値は8.4ポイントとなった。一方、水辺のない場所は平均3.4ポイントで、両者は2.6倍の差を示した。UQIは住民の利用行動量を示す総合量と考えられるので、水辺のある場所への行動量がない場所に比べて明らかに大きいといえる。

同様の方法で被指摘地別に平均UQIを求めてみると、水辺のある場所が平均24.9ポイント、水辺のない場所は平均6.2ポイント、全体の平均は13.4ポイントとなり、前者が後者の約4倍の値を示した。被指摘地のUQIは、対象地区住民に対する誘致力を示す量と考えられるので、水辺空間を有する場所の方が圧倒的に誘致力が高いといえる。

4) 被指摘公園の面積および開設年代と行動量

表5.1-2に示した各地区で指摘の多かったオープンスペースをみると、水辺空間を有した場所が多いのと同時に、比較的大規模な公園や歴史的な伝統のある寺社・公園が多い。すなわち、住民のオープンスペース利用行動先の選択には水辺空間の存否だけでなく、規模や歴史性もまた大きな要因となっているものと思われる。

そこで、アンケートで指摘されたオープンスペースのうち、面積と開設年の判明している公園について、面積および開設年代の区分別に行動量指数(UQI)の平均値を求めた。

この結果を水辺の存否別にみると、図5.1-4に示すように明らかに面積が広くなるにしたがってUQIは高くなり、水辺のある場所では特にこの傾向が著しい。また、ほとんどの面積区分で水辺のある場所のUQIが水辺のない場所よりも高くなっている。これより、面積が広く、かつ水辺空間を有する方が人々の行動量が大きい、すなわち誘致力のあることがわかる。

次に、開設年代とUQIの関係をみると、水辺のない場所では年代によるUQI

第5章　親水施設と人間

の変化がほとんどみられないのに対し、水辺のある場所では年代の古い公園ほどUQIが高く、特に戦前から開設されている公園で極めて高くなっている。また、1990年以降に開設された新しい公園を除けば、明らかに水辺のある場所のUQIが水辺のない場所よりも高い。このことは、水辺空間を有することで誘致力が高まり、さらに時間を経るにつれてそれが増大していくことを示しており、水辺空間の存在が公園の知名度や親近性を高める役割を果していると考えられる。

以上の分析結果から、対象地の規模や歴史性とともに水辺空間を有することが、人々がオープンスペースの利用行動先を選択する際の主要な要因のひとつになっていることが明らかである。すなわち、水辺のあるオープンスペースへ

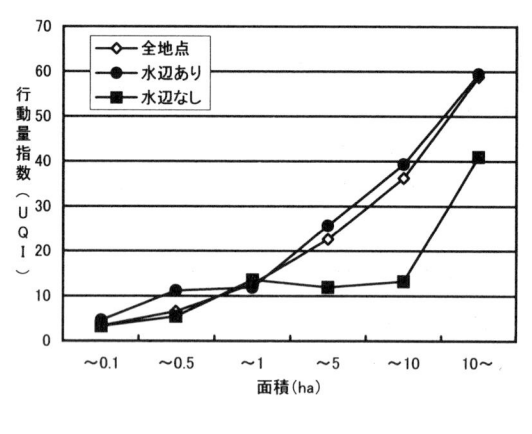

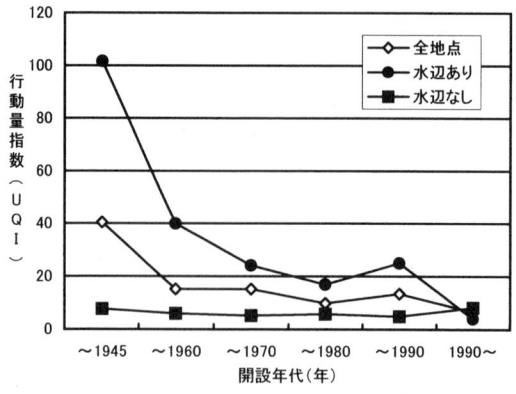

図5.1-4　公園の規模・開設年代・水辺の存在と行動量

行くことは、住民が意識しているかどうかは別として、明らかに「水辺があるから行く」意味のある行動であり、水辺空間の親水性を期待した「親水行動」であると理解して良いだろう。

5）居住地の人口密度と住民の行動量

ところで、住民のオープンスペース利用行動には行動頻度、行動量とも地区による差がかなりみられた。こうした居住地区による行動量の違いが、都市化の指標である人口密度とどのような関係にあるのかをみたのが図5.1-5である。上段では、全オープンスペースとその内の水辺のある場所に分けて示している。

これをみると、UQIの著しく高い2地区を除けば、全オープンスペースに対する行動量では人口密度が15,000人／km^2を超えるとUQIがほぼ一定レベルになる。これは、人口密度が15,000人／km^2程度になると、日帰りで行けるオープンスペースの空間量自体が近隣から減少し、一方、遠くへ行くには時間的な制約があるため、日帰り以内の行動量は飽和状態に達するのであろう。その飽和行動量は、図5.1-5よりUQIで12〜13ポイントと見積もられる。

ところが、この全行動量の中で水辺のある場所への行動量は、人口密度が15,000人／km^2を超えても横這いにはならず、なお増加傾向にある。したがって、水辺のない場所へのUQIは、図5.1-5の下段のように減少傾向を辿ることになる。このことは、限られた近隣圏への行動の中でも水辺空間のある場所が優先的に選択されていることを示している。ただ、人口密度は高いがUQIの低い地区もあり、こうした地区ではオープンスペース面積が小さく、親水希求に応じた水辺空間量が不足しているため、行動が制限されていると考えられる。逆に、水域面積が広いにもかかわらず水辺のある場所への行動量が少ない地区では、人口密度が相対的に低く、日常生活の中でも自然的要素や水辺に触れ合う機会に恵まれているため、分散行動欲求や親水希求が比較的低いのではないだろうか。

以上みてきたように、住民のオープンスペース利用行動量を水辺空間の存否に注目して様々な側面から分析してみれば、水辺空間のある場所の方がよく利用され、また居宅から遠方でも利用されやすい傾向が明らかにみられた。

居住地の近隣に好ましい水辺空間が存在すれば、住民は「近所に水辺がある」ことを認識し、あるいは実際に親水性を求めて水辺に行くという行為（親水行動）を通じて、その水辺に行けば解放感を得られ、またリフレッシュできたりやすらぎを享受できたりすることを経験的に知ることであろう。そして、その

第5章　親水施設と人間

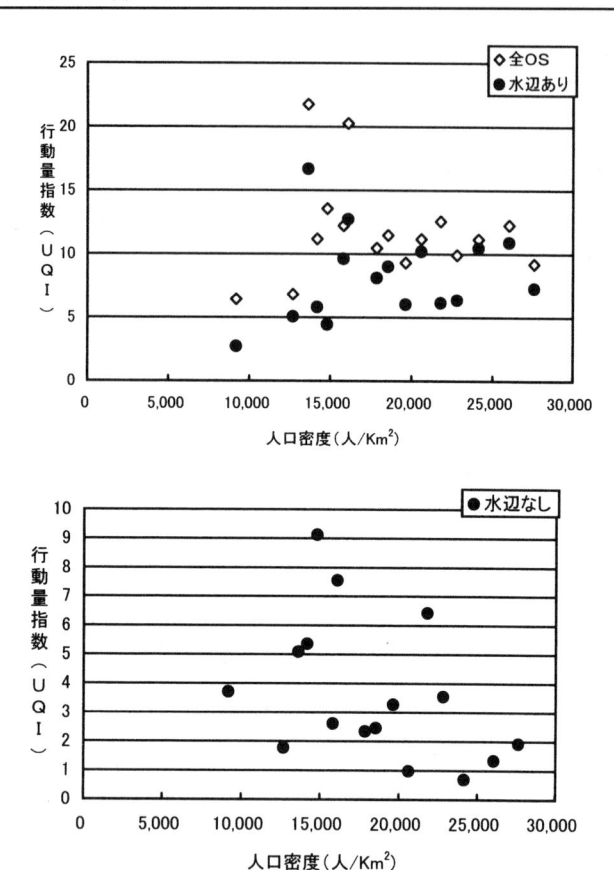

図5.1-5　人口密度と行動量

ような水辺が近隣に存在することは、居住環境評価の向上につながると思われる。また、「水辺に行けば爽やかな気持ちになれるだろう」という水辺への評価や期待が親水行動を更に促すという面もあるだろう。このように、水辺空間の存在、あるいはもっと広くいえばオープンスペース全般に対する評価は生活環境に対する意識にも影響をおよぼし、居住環境の形成に大きな役割を担っているものと考えられる。だとすれば、このような親水機能の価値をもっと積極的に評価し、水辺空間を都市計画・まちづくりに有効に活用することが望まれる。

引用・参考文献

畔柳昭雄・渡辺秀俊(1999)：都市の水辺と人間行動―都市生態学的視点による親水行動論―．共立出版、236.pp

品田穣・立花直美・杉山恵一(1987)：都市の人間環境．都市環境学シリーズ・3．共立出版、265.pp

渡辺秀俊・田島佳征・畔柳昭雄(1995)：都市臨海部の水辺空間に関する基礎的研究 その3．親水効果の感受度特性に関する考察．日本建築学会大会学術講演梗概集環境系、pp.495-496

渡辺秀俊・畔柳昭雄(1995)：都市住民のオープンスペース利用行動に見られる水辺空間の選好性に関する研究．居住環境における水辺空間価値に関する研究その3．日本建築学会計画系論文報告集、No.471．pp.203-212

5.2 親水の心理的・生理的効果

夏の暑い日、市街地のアスファルト舗装面は日射の影響を受けて、その表面温度は55～60℃程度まで上昇する。一方、河川水の表面温度は27℃前後であり、その差は約30℃ほどになるが、これによって橋上と市街地内での気温差は約3～4℃となる(村川ら、1988)。

そこで、陽射しが傾いた夕方になると蒸し暑い市街地内から逃れ、涼風を求めて川沿いを散策する多くの人々を見うけるように、夏には河川を渡る涼風を市街地内の街路に取り込む工夫が大切である。

河川空間は稠密な市街地に対し、温熱的な緩和効果をもたらすだけでなく、緑がありオープンであることは、人々に安らぎを与える。このような水に親しむ行動による心理的・生理的効果を定量的に示すには難しい点もあるが、ここでは、筆者らのこれまでの調査・実験結果をもとにそれら効果について検証した結果を示す。

(1) 水際建築物が居住者に及ぼす心理的・生理的効果

稠密な市街地に存在するオープンな河川空間は、その周辺に立つ建築物の居住性に多大な影響を及ぼす。川沿いに面する窓を通しての眺望景観が居住者の心理的・生理的な側面にどのように作用しているかを、市街地中央部を太田川6派川が分流している広島市内の川沿いに立つ高層集合住宅に居住する人々を対象とした調査分析結果から示す(村川ら、1994)。

図5.2-1に広島市街地を流れる太田川6派川と調査地区A～Dの位置を、また、それぞれの地区概要を表5.2-1に示す。ここで、A～C地区の各集合住宅は河川沿いに位置しているが、D地区は河川から離れた市街地内に位置している。

1) 河川が居住環境に及ぼす効果

近くに河川があることによって「良い」および「悪い」と思うことについての回答結果を図5.2-2、図5.2-3に示す。これより、河川の存在による利点としては、「景観がよくなる」「心が和む」など、景観面やそれに関連する心理的側面に対する効果がいずれの地区でも多く指摘されており、次いで、地区間で開きがあるものの、「風通しがよくなる」「開放的になる」などがあげられる。各地区の特徴としては、河川に自然の残るA地区では「自然が豊富になる」、高

5.2 親水の心理的・生理的効果

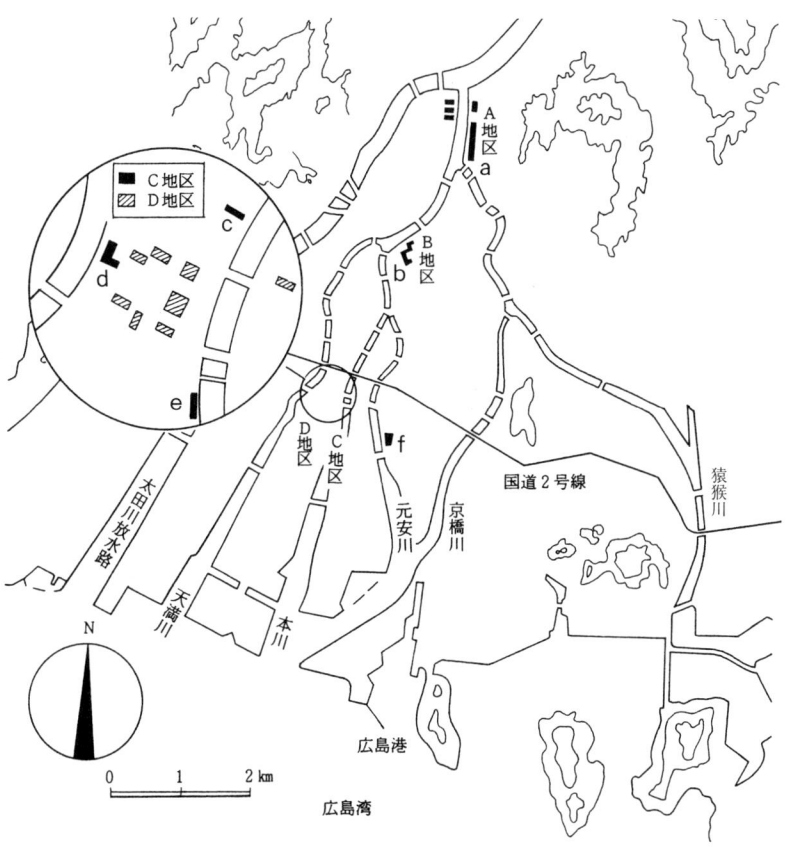

図5.2-1 調査対象地区

表5.2-1 調査対象地区の概要

調査地区（町名）		用途地域	住棟	階数	対象住棟と河川との位置関係
河川沿い	A（牛田）	住居地域	a	5	河川との間に堤防、遊歩道あり．住棟は河川に平行．
	B（基町）	住居地域	b	20	河川との間に河川敷、堤防、遊歩道あり．住棟は屏風状の複雑な形態．
	C [河原 舟入 大手町]	商業地域	c	11	河川との間に植え込み、道路、歩道あり．住棟は河川に垂直．
			d	14	河川との間に植え込み、道路、歩道あり．住棟は河川に平行．
			e	11	河川との間に駐車場、駐輪場あり．住棟は河川に平行．
			f	11	河川との間に道路あり．
内陸	D [舟入 加古町]	商業地域		9〜11	高い階層では河川が眺望できる．

149

第5章　親水施設と人間

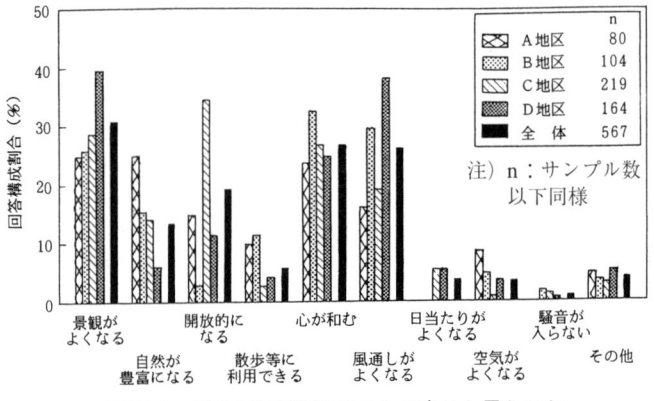

図5.2-2　近くに河川があることで良いと思うこと

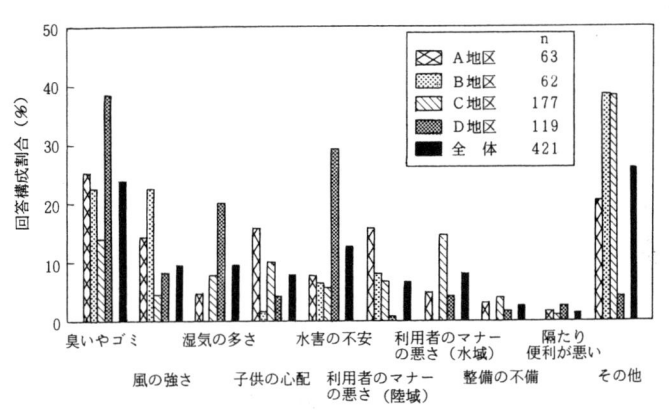

図5.2-3　近くに川があることで悪いと思うこと

層のB地区では「風通しがよくなる」の回答が多い。また、C地区では「開放的になる」の割合が高く、下流の高密居住地区では河川の空間的広がりによる開放感が強く意識されていることがわかる。これに対して、河川に隣接しないD地区では「景観がよくなる」「風通しがよくなる」の割合が高く、実際に川辺に住んでいる者とは異なり、内陸部の住民は周辺状況との対比から一般的に予想される効用をあげる傾向がみられる。この傾向は欠点に関しても同様で、図5.2-3からわかるように、川辺の住民は「臭いやゴミ」「水害の不安」「湿気の多さ」について、内陸部の住民ほど問題視していないことがわかる。

このような河川に対する意識をもっている住民の居住環境に関する「住み心

5.2 親水の心理的・生理的効果

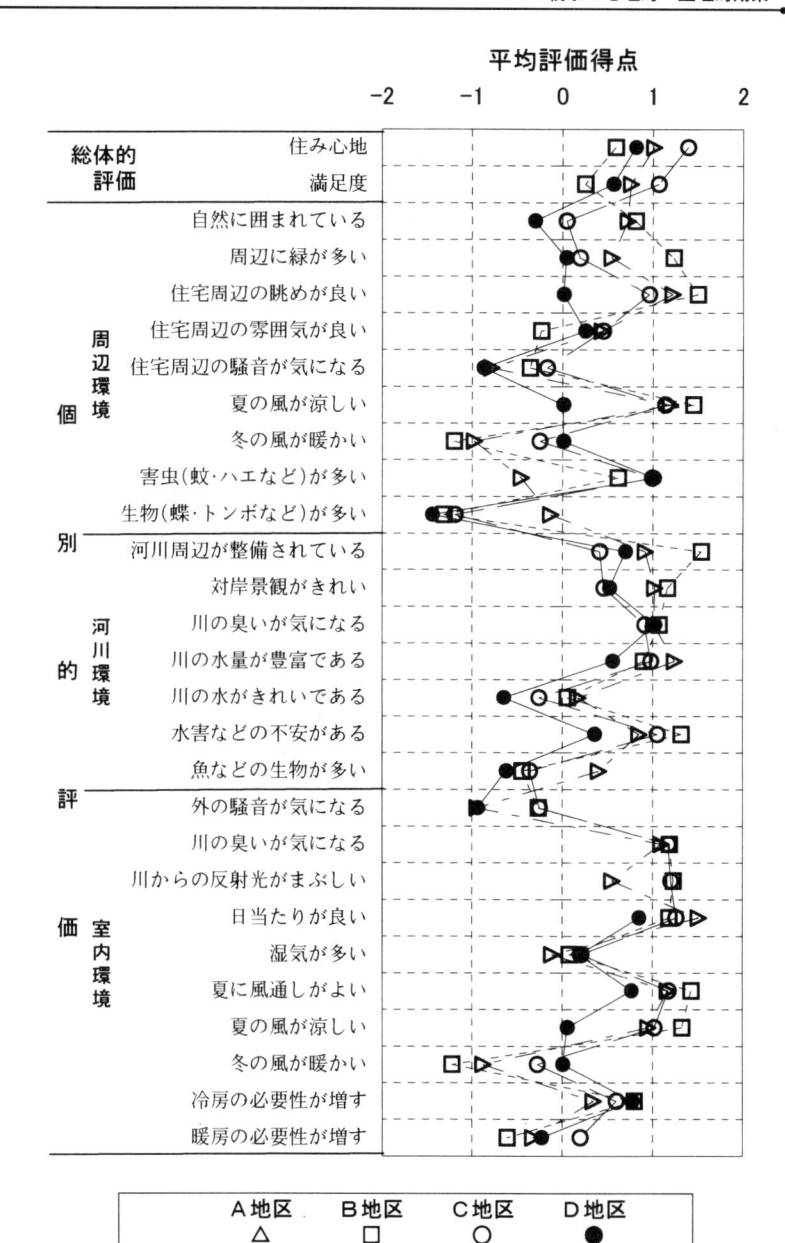

		平均評価得点
総体的評価	住み心地	
	満足度	
個別的評価	周辺環境	自然に囲まれている
		周辺に緑が多い
		住宅周辺の眺めが良い
		住宅周辺の雰囲気が良い
		住宅周辺の騒音が気になる
		夏の風が涼しい
		冬の風が暖かい
		害虫(蚊・ハエなど)が多い
		生物(蝶・トンボなど)が多い
	河川環境	河川周辺が整備されている
		対岸景観がきれい
		川の臭いが気になる
		川の水量が豊富である
		川の水がきれいである
		水害などの不安がある
		魚などの生物が多い
	室内環境	外の騒音が気になる
		川の臭いが気になる
		川からの反射光がまぶしい
		日当たりが良い
		湿気が多い
		夏に風通しがよい
		夏の風が涼しい
		冬の風が暖かい
		冷房の必要性が増す
		暖房の必要性が増す

	A地区	B地区	C地区	D地区
	△	□	○	●
n :	101	150	245	204

図5.2-4　環境評価の平均評価得点プロフィール

151

第5章 親水施設と人間

地」「満足度」の総体的評価と周辺環境・河川環境および室内環境に対する評価を図5.2-4に示す。ここでは、5段階評価尺度の悪い評価カテゴリーから順に－2～2点を付与して各地区ごとの平均評価点として示している。

総体的評価では2項目とも各地区の評価順序は同一で、河川に隣接し、民間分譲で住戸の質も高いC地区の評価が高く、次いでA・D・B地区の順になる。周辺環境の良好なB地区が総体的評価で劣るのは、部屋の狭さなど住戸の質によるところが大きいと考えられる。

図5.2-4で示した個別的評価をもとに因子分析した結果、7因子が抽出されている。ここで、第1因子は周辺と室内の夏の風・風通し・日当りなどに関係する河川の空間的な広がりによる「開放性」、第2因子は冬の風による「冬期微気候性」、第3因子は自然・緑などによる「自然性」、第4因子は害虫・生物・湿気などによる「衛生性」、第5因子は河川の水量・水のきれいさ・魚などによる「河川流状性」、第6因子は周辺・室内の騒音による「公害性」、第7因子は河川周辺整備・対岸景観などによる「河川整備性」と解釈している。

抽出された7因子のもとに各地区ごとの平均因子得点を算出して、それを布置すると図5.2-5のようになる。これより、第1因子の「開放性」に着目するなら、B・C・A地区の評価が高く、内陸部D地区との差異が顕著であり、風通しや日当りなどの点で河川による影響を大きく受けていることがわかる。さらに、C地区とD地区との差異を比較するなら、「自然性」「公害性」ではC地区

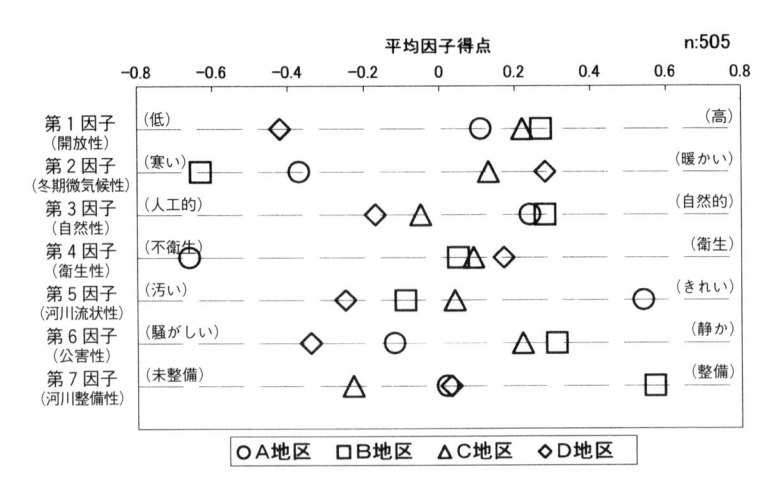

図5.2-5　平均因子得点による地区の布置

のほうが評価が高く、「冬期微気候性」では、ヒートアイランド様の都市型気候の影響を受けると推測されるD地区が暖かく評価されていることから、河川の存在は自然度を高め、騒音を緩和するものの、川風により冬期は多少寒くなっていることがわかる。

2）窓からの眺望景観が居住者の心理・生理に及ぼす効果

すでに述べたように、河川の存在による利点としては景観の向上や心理的効果がまず指摘されている。そこで、居住者の窓を通して外部景観を眺望する行動とそれによる心理的・生理的効果についてふれておく。なお、以下の記述で

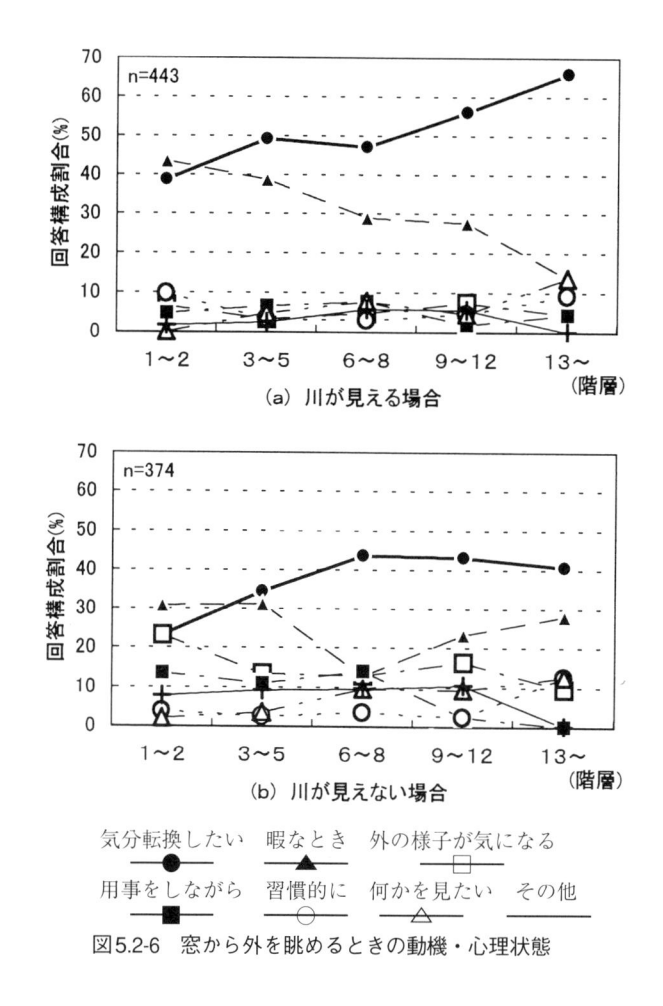

(a) 川が見える場合

(b) 川が見えない場合

気分転換したい　暇なとき　外の様子が気になる
用事をしながら　習慣的に　何かを見たい　その他

図5.2-6　窓から外を眺めるときの動機・心理状態

第5章 親水施設と人間

は、住戸から外を眺める際に、川が「見える」場合と「見えない」場合に大別して示す。

窓やベランダから外を眺める頻度は、いずれの地区も川が見えない場合に比べて見えるほうが高くなる。特に、河川の存在が大きな入居動機となっているC地区で高く、内陸部のD地区では低い傾向がみられる。また、外を眺めるのは、季節では夏・春、時間帯では朝・夕方に多くなっている。

図5.2-6に、窓から外を眺めるときの動機・心理状態を、数階ずつまとめた居住階層別に示す。川が見える、見えないにかかわらず「気分を転換したいとき」「暇なとき」の割合が高いが、情報収集を目的とする「外の様子が気になる」

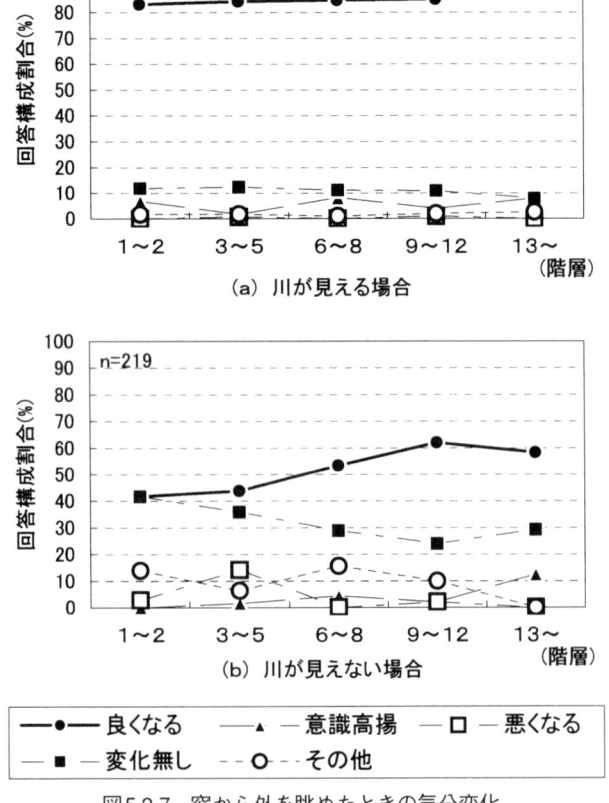

図5.2-7 窓から外を眺めたときの気分変化

5.2 親水の心理的・生理的効果

3階	8階	15階
4階	9階	17階
	B地区	
2階	6階	12階
	C地区	

写真5.2-1　選好景観写真の例

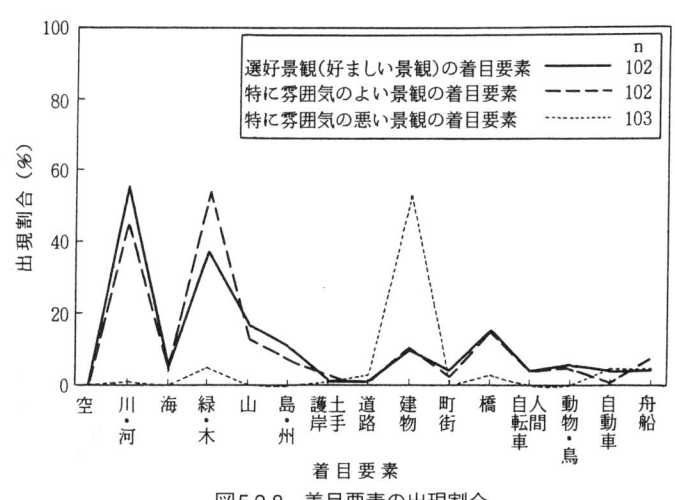

図5.2-8　着目要素の出現割合

凡例：
- 選好景観(好ましい景観)の着目要素　n=102
- 特に雰囲気のよい景観の着目要素　n=102
- 特に雰囲気の悪い景観の着目要素　n=103

着目要素：空／川・河／海／緑・木／山／島・州／護岸／土手／道路／建物／町街／橋／自転車／人／動物・鳥／自動車／舟船

第5章 親水施設と人間

や目的意識の低い「用事をしながら」の割合は、川が見えない場合に増加し、見える場合の2倍弱に達している。また、川が見える場合は階層の上昇に伴って、「気分転換したい」の割合が増加傾向を示すのに対して、「暇なとき」の割合は減少している。川が見えない場合はこのような顕著な傾向はみられず、「気分転換したいとき」の割合は6～8階までは増加するが、それ以上ではほぼ一定の値を示している。

次に、窓から外を眺めることによる生理的な気分の変化についての回答構成を図5.2-7に示す。川が見える、見えないにかかわらず、気分が「良くなる」の割合が最も高い。しかし、川が見える場合はいずれの階層でも80％以上を占め、低層階でも生理・心理的効果が認められる。

このように、眺望景観における河川の存在は、居住者の生活・心理面への効用が大きいことがわかるが、居住者がどのような景観を好んでいるかを、居住者が選好景観として撮影した中から選んで写真5.2-1に示す。いずれも河川が中央に位置するような構図となっている。このような選好景観と、特に雰囲気のよい景観、悪い景観それぞれの撮影時に申告させた景観を構成する着目要素の出現割合をみると図5.2-8のようになる。選好景観および特に雰囲気のよい着目要素としては、「川・河」「緑・木」があげられている。このような要素に対し、「建物」は特に雰囲気の悪い景観の着目要素としての出現割合が高いが、よい

写真5.2-2　呈示スライド

例の着目要素としても10％程度はあげられている。

(2) 河川景観に対する被験者の注視特性

河川景観画像を眺めたときに、その構成要素の中でどのような点が注視されているか、被験者にアイマークレコーダを装着して眼球運動の記録から客観的にみた場合と、申告法として調査票上に図示させた注視点について、筆者らの実験結果をもとに示す（村川ら、1996）。

1) 呈示景観画像

実験に用いた河川景観の呈示スライドを写真5.2-2に示す。これらの景観をスクリーン上に映写し、被験者の眼球運動を測定している。呈示した景観スライドで、写真A〜Dは合成した画像であり、写真E・Fは実在の河川で撮影したものである。なお実験はそれぞれ分けて行っており、前者の被験者は20人、後者は5人である。また、後者の実験に際しては、アイマークレコーダを装着していない被験者51人（眼球運動計測実験の被験者5人を含む）に対して景観評価実験を併せて行っている。それは、スライド呈示終了直後に、調査票として渡

表5.2-2 景観構成要素の分類

番号	構成要素名	その定義（その要素に含まれる事物の例）
1	空	青空・曇天・雲
2	空エッジ	空と建造物の境界線
3	建造物	住宅・オフィスビルなどの建築物に限らず、鉄塔・街灯などの堤内地にある人工物や車などの移動物も含む
4	緑	堤内地にある樹木・並木
5	護岸	コンクリート護岸・階段などの人工的なものに加えて、斜面に張り付けられた芝生なども含む
6	川エッジ	河川水体と水際の護岸との境界線
7	川	河川水体

表5.2-3 画像に占める各構成要素の割合

		空	空エッジ	建造物	緑	護岸	川エッジ	川
画像	A	26.3	10.0	7.5	6.3	8.8	8.8	32.5
	B	9.4	10.0	13.8	23.1	36.9	3.8	3.1
	C	37.5	10.0	2.5	0.0	8.8	9.4	31.9
	D	26.3	10.0	6.3	7.5	40.0	5.6	4.4
	E	1.3	10.0	11.3	10.7	46.0	14.0	6.7
	F	13.3	10.0	23.3	0.7	26.7	10.7	15.3

(単位：％)

第5章　親水施設と人間

表5.2-4　各画像の注視点数

画像	時間区分(秒)	注視点数 平均	最大	最小	総計	被験者数
A	0～10	17.9	24	11	358	
	10～20	17.4	22	13	347	
	20～30	17.1	21	8	342	
	0～30	52.4	64	36	1047	20
B	0～10	18.8	23	11	375	
	10～20	18.1	23	14	361	
	20～30	17.8	25	12	355	
	0～30	54.6	68	41	1,091	20
C	0～10	18.4	22	14	350	
	10～20	16.9	22	10	321	
	20～30	14.2	22	9	270	
	0～30	49.5	59	38	941	19
D	0～10	17.8	23	10	338	
	10～20	17.5	22	6	332	
	20～30	15.5	20	11	295	
	0～30	50.8	61	33	965	19
E	0～10	18.8	21	17	94	5
F	0～10	18.0	20	16	90	5

した呈示画像と同じ画角の白黒写真上に呈示時間内に自分が見たと思う箇所すべてと、その軌跡を記入させるものであり、ここではこれをイメージ注視点と呼ぶことにする。このような評価実験を併せて行ったのは、実際の眼球運動と心理的なイメージとして捉える注視点に差異があるかどうかをみるためである。なお、呈示画像の景観構成要素は表5.2-2に示すように7分類にまとめており、それに基づく画像A～Fの各構成要素の割合は表5.2-3に示す。

2）アイマーク注視点の分布

アイマークデータから求める注視点については、アイマークデータが一定時間以上、一定円形範囲内に停留したときのその範囲の中心座標を注視点とするのが一般的であり、筆者らは半径1.5度の円内に0.1秒以上停留した場合を注視点としている。このように、定義した注視点を一定時間呈示したときのアイマークデータから求めた。各画像の注視点数を表5.2-4に示す。これより、合成画像群（A～D）について30秒の呈示時間を10秒ごとに区分したときの注視点数の平均値をみると、時間経過に従って若干ではあるが減少傾向を示している。

5.2 親水の心理的・生理的効果

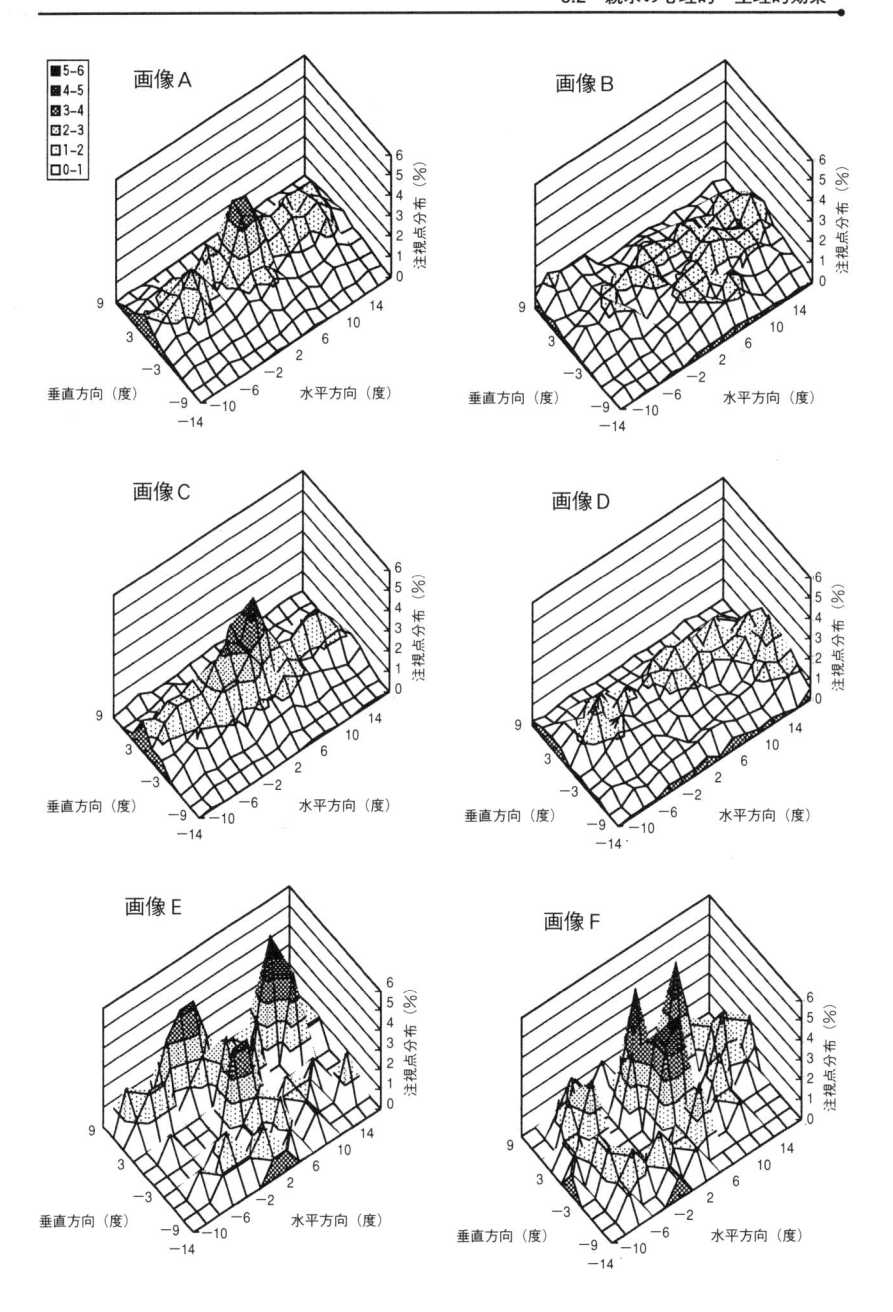

図5.2-9 画像の注視点分布

第5章 親水施設と人間

すなわち、画像を見始めたときのほうが全体的に素早く見渡していることがわかる。30秒間の注視点数によれば、画像間では流軸景のA・Cよりも対岸景のB・Dのほうが、また、戸建て住宅で玉石芝生護岸のC・Dよりも複雑性の高いオフィスビルで階段護岸のA・Bのほうがそれぞれ多くなっている。

各画像について、全被験者数の注視点数に対する分割した小領域内に停留する全注視点数の百分率を図5.2-9に示す。これより、画像A・Cといった流軸景では、注視点は空や河川水面には集中せず、護岸や建造物、空エッジなどに多く集まっている。同じ建造物でも分布に偏りがみられ、収斂点付近が最も密に分布している。対岸景のB・Dでは比較的全体に散らばっているが、所々にみられる分布の山は、建造物やDにみられる特徴的な護岸の凹部などへの集中を示している。

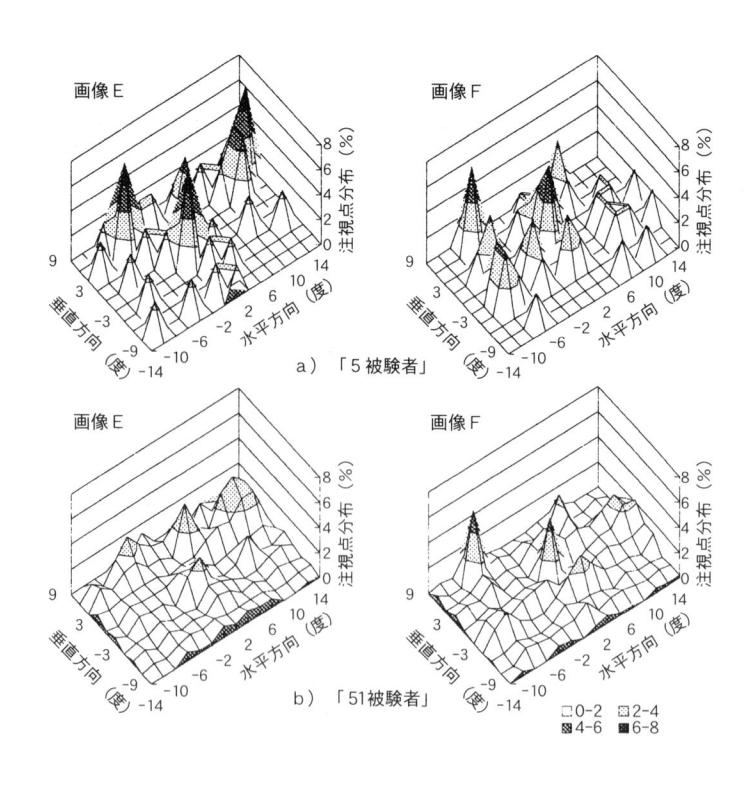

図5.2-10 イメージ注視点分布

5.2 親水の心理的・生理的効果

3）イメージ注視点の分布

被験者に指摘させたイメージ注視点の1人あたり平均指摘数は、画像Eで7.9、Fで9.2であり、アイマーク注視点数に比べかなり少ない。

図5.2-9と同様に、眼球運動の計測を行った5人の被験者（以下、「5被験者」と称す）と、それらを含めた全被験者（以下、「51被験者」と称す）を対象とし

画像E

画像F

- □ 画像
- ＋ アイマーク注視点
- ○ イメージ注視点（51被験者）
- △ イメージ注視点（5被験者）

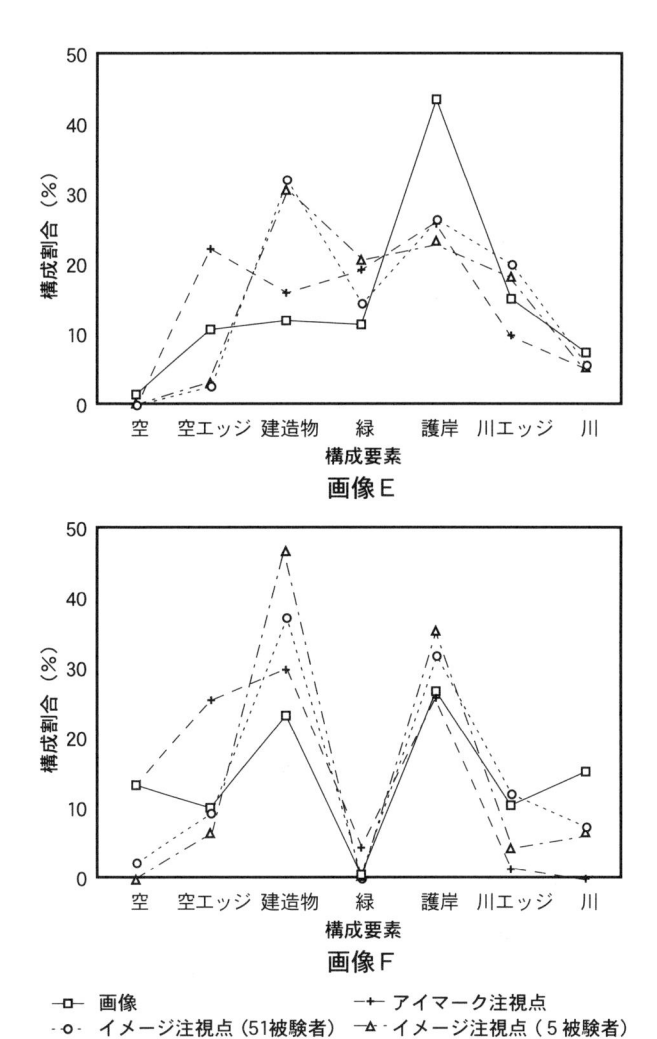

図5.2-11 構成要素別イメージ注視点の指摘割合

第5章 親水施設と人間

たイメージ注視点数の百分率を図5.2-10に示す。これより、「5被験者」の分布とアイマーク注視点分布を比較するなら、指摘総数、また、それに対する割合には整合性はみられないが、アイマーク注視点分布で高いピークを示している箇所は、イメージ注視点でもおおむね指摘される傾向にある。しかし、画像Fの屋根型塔屋のある建物や、柵と凹凸のある護岸などの特徴的な箇所は、イメージ注視点では強く意識され、より多く指摘されている。「51被験者」の分布では、サンプル数も多くなり、画像全体に緩やかな山の分布を示すが、指摘の多い箇所は「5被験者」の分布にもある程度対応していることがわかる。

次に、構成要素別のアイマーク注視点およびイメージ注視点の指摘割合を図5.2-11に示す。なお、画像の各構成要素の面積割合も同図に示している。これより、アイマークおよびイメージ注視点割合は構成要素の面積割合と必ずしも対応しないこと、「空エッジ」のような境界領域はアイマークによる計測では比較的割合が高いのに対し、イメージによる申告ではあまり知覚対象とされず、むしろ「建造物」のような特定しやすい要素に対して指摘の多いことがわかる。

(3) 河川空間における快適感の評価

1) 脳波測定による河川空間の評価

脳波は、脳細胞の集団を示す電気活動を時間経過によって記録したものであり、脳電位とも呼ばれる。脳波の周波数は0.5〜30Hz程度であるが、これらは周波数によって、δ（デルタ）波：4Hz未満、θ（シータ）波：4Hz以上〜8Hz未満、α（アルファ）波：8Hz以上〜13Hz未満、β（ベータ）波：13Hz以上、に分

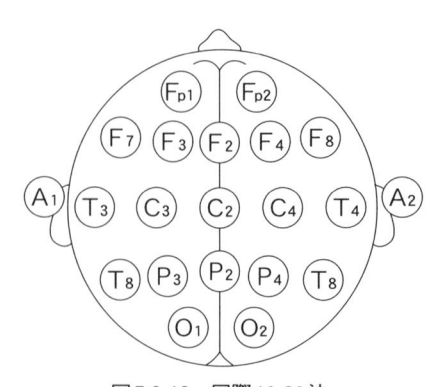

図5.2-12　国際10-20法

類される。

　脳波は、一般に心身の弛緩・緊張状態を示す指標になるといわれており、α波は、被験者がリラックスした状態で目を閉じた安静の状態では、規則性が増したり振幅の増幅がみられる。一方、思考したり精神的に興奮すると、α波が減少して不規則な細かい電位変動を示すβ波が目立つようになる。

　そこで、河川空間における快適感の評価は、現地で被験者の脳波をはじめとする幾つかの項目の生理量を測定することにより可能と考えられる。また併せて、現況の河川環境に対して心理的側面から評価を求めることにより、生理量と心理量との関連をみることもできる。

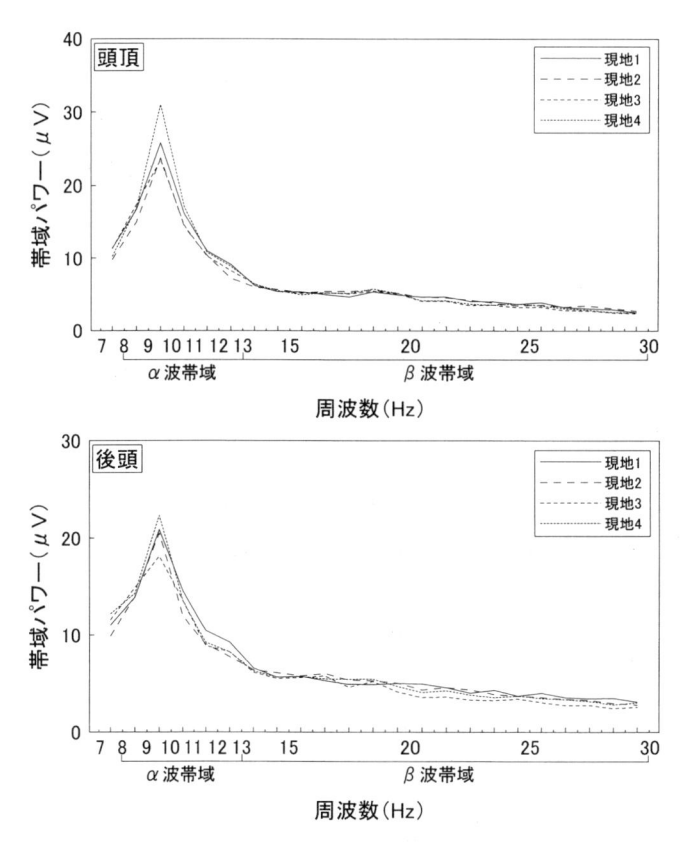

図5.2-13　被験者Kの脳波パワー分布（現地実験）

第5章 親水施設と人間

実験場所は、2.1節で示した広島市の東部を流れる瀬野川の中・下流域右岸側にある河川敷4地点である（村川ら、1999・2000）。いずれも特徴的な河川整備が実施されている。被験者は男子大学生であり、椅座安静状態で流軸下流方向を向いて測定に臨んでいる。脳波は、図5.2-12に示す国際10-20法の前頭部（$F_3・F_4$）、頭頂部（$P_3・P_4$）、後頭部（$O_1・O_2$）の6チャンネルにおいて、両耳朶を基準電極として単極導出している。

1被験者の4地点における測定例として、頭頂部と後頭部の7～30Hzの周波数帯域における1Hzごとのパワー合計値の分布を図5.2-13に示す。これより、ピークのみられるα波帯域においては、後頭部よりも頭頂部のパワーのほうが大きくなっている。地点差はα波帯域のピークが出現している9～10Hz付近でみられるが、そのほかのβ波帯域などではみられない。

2）脳波と心理的評価の関連

被験者に対し、脳波の測定後、その地点で現況の河川環境に関する心理的なイメージ評価を25形容詞対を用いたSD法（Semantic Differential Technique）で行った。その評価結果をもとに因子分析をして、抽出した第1因子から第5因子までを、順に「快適性」「開放性」「複雑性」「空間性」「活動性」と解釈した。

表5.2-5　快適感評価項目の関係

	快適感	開放感	人通り	交通	温熱感	発汗感	気流感	眩しさ	喧騒感	水音	異臭感
快適感	1.00										
開放感	0.21	1.00									
人通り	0.09	-0.09	1.00								
交通	0.43	0.15	0.18	1.00							
温熱感	-0.17	-0.01	0.03	0.01	1.00						
発汗感	-0.12	0.23	0.08	0.09	0.37	1.00					
気流感	0.21	-0.05	-0.18	0.09	0.19	0.04	1.00				
眩しさ	0.03	-0.01	-0.08	-0.02	0.48	0.18	0.06	1.00			
喧騒感	0.68	0.35	0.03	0.51	-0.34	-0.04	0.14	-0.08	1.00		
水音	0.03	-0.48	0.10	-0.19	-0.03	-0.03	0.07	0.03	-0.13	1.00	
異臭感	0.35	-0.06	-0.26	0.14	0.09	-0.07	0.38	0.04	-0.02	-0.01	1.00

表5.2-6　快適感評価とα波帯域パワー値総量の関係

α波帯域パワー値総量	快適感評価										
	快適感	開放感	人通り	交通	温熱感	発汗感	気流感	眩しさ	喧騒感	水音	異臭感
頭頂	-0.39	0.03	-0.15	-0.53	0.12	0.13	-0.06	-0.06	-0.06	0.09	-0.06
後頭	-0.39	0.17	-0.23	-0.62	0.18	0.27	-0.03	0.05	-0.05	0.02	-0.09

5.2 親水の心理的・生理的効果

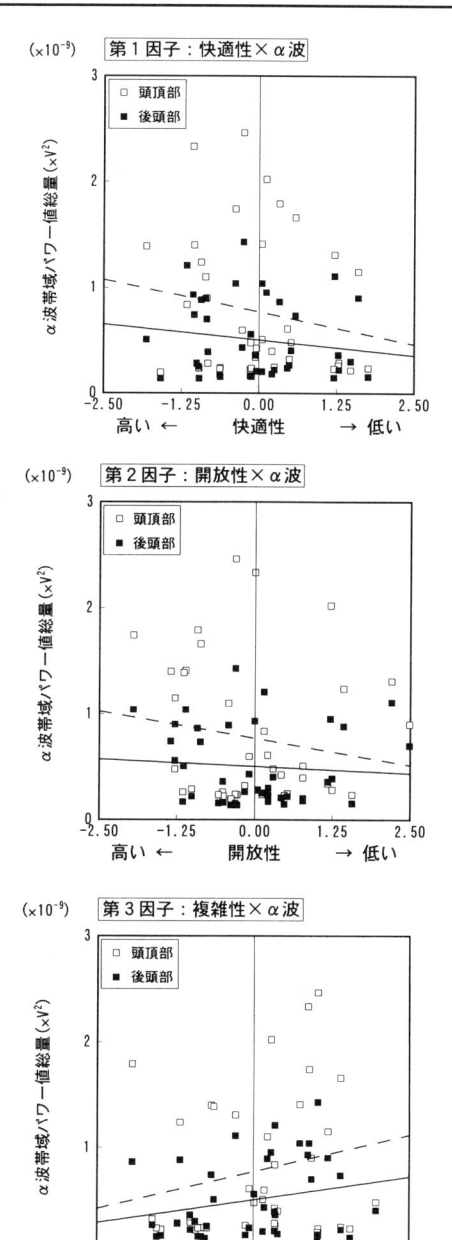

(×10⁻⁹) 第1因子：快適性×α波

(×10⁻⁹) 第2因子：開放性×α波

(×10⁻⁹) 第3因子：複雑性×α波

図5.2-14　イメージ評価の因子とα波帯域パワー値総量の関係

また、脳波測定時間中の「快適感」「開放感」「温熱感」「喧騒感」等の申告結果について各項目間の相関係数は表5.2-5に示すようになる。ここで、「快適感」と相関が高い項目は「喧騒感」である。すなわち、対岸の国道2号線からの交通騒音が関わっており、それが煩わしいほど快適感が低下することを意味している。

　α波帯域に含まれるパワーの合計値をα波帯域パワー値総量として、上述した快適感評価の各項目間との相関をみたものを表5.2-6に示す。ここでは、α波が優位に出現する頭頂部と後頭部のデータを用いている。これより、最も相関が高いのは、「周囲の交通が気になる」という項目で、周囲の交通が気になるほどα波帯域の出力が弱くなることがわかる。一方、「快適感」については、快適と感じるほど出力は強くなる傾向を示す。したがって、河川空間に人間が滞在しているときの快適感は、α波を測定することによって評価することがある程度可能と考えられる。

　また、前述したイメージ評価の第1因子〜第5因子までの各個人・各地点の因子得点とα波帯域パワー値総量との関連を調べた。図5.2-14に、第1因子〜第3因子までの布置を示す。これより、第1因子では、「快適性」が高いほどα波帯域パワー値総量が大きくなる傾向がみられる。第2因子の「開放性」では、「快適性」ほど明確な傾向はみられないが、大略類似した傾向を示す。第3因子では、「複雑性」が高いほど脳波パワーは低くなる傾向を示す。第4因子の「空間性」、第5因子の「活動性」においても、それぞれ高いほどα波帯域成分は小さくなる傾向を示す。

　これより、イメージ評価においては、快適であるほどα波帯域に含まれる脳波パワーは強くなり、複雑で奥行き感があり、騒音や人通り等の刺激が高いほど、α波帯域成分の脳波出力は弱くなることがわかる。

　以上に示した実験については、今後さらに検討すべき課題を残しているものの、人のα波帯域の脳波パワー値を測定することにより、河川空間における快適感や心理的因子の快適性レベルを判定することは可能といえよう。外部空間において人々は多くの複合刺激を受けて、快・不快などの反応を示しているので、河川空間だけの心理的・生理的効果を抽出することは難しいが、交通騒音など人工的要因を排除し、ある程度要因を統制したもとにここで示したような測定をするなら、より明確な評価を下すことは可能と考えられる。

引用・参考文献

村川三郎・関根 毅・成田健一・西名大作（1988）：都市内河川が周辺の温熱環境に及ぼす効果に関する研究．日本建築学会計画系論文報告集、No.393、pp.25-34

村川三郎・西名大作・横田幹朗（1994）：リバーフロント住宅の眺望景観が居住性に及ぼす影響．日本建築学会計画系論文集、No.456、pp.43-52

村川三郎・西名大作・植木雅浩(1996)：河川景観の画像特徴量と被験者注視点の関連．日本建築学会計画系論文集、No.479、pp.67-76

村川三郎・西名大作・上村嘉孝(1998)：河川景観に対する被験者の生理・心理的反応 その1・その2、日本建築学会中国支部研究報告集、No.21、pp.377-384

村川三郎・西名大作・山本聡美・矢熊健治（1999，2000）：被験者の心理・生理的反応に基づく河川空間の快適性評価に関する研究 その1・その2・その3、日本建築学会中国支部研究報告集、No.22、pp.237-244，No.23、pp.377-380

第6章

親水と安全性

■ 6.1 親水行為と安全

(1) 求められる親水

　都市住民による観光やレクリエーション活動を目的とした河川の利用が近年増加してきているが、それは水や緑に触れ合うことによってやすらぎを得ようとする行動の表れと思われる。こうした人々が増えることによって、河川の環境は汚染、破壊されるといった危機に貧し、自然は疲弊する状況にある。

　こうした中、都市住民が求める自然との触れ合いとは、多くの場合管理された状態のもので、身にふりかかる危険が少なく、そこには経験や技術といったものを要しない利用者にとって都合の良いものを示している。そのため、自然の中であっても不便さは嫌われ、都会的な利便性(欲しいものがすぐ手に入る)が要求されてくる。さらに、本来の自然のもつ過酷さや脆弱さなどに対する認識は非常に薄く、ともすると自然に悪影響を及ぼす側に立っている場合が多い。河川の場合、こうした利用者の増加に伴い発生する自然破壊につながる害としては、無断駐車、四輪駆動車の乗り入れ、ゴミの放置、糞尿の後処置、花火・焚き火の後始末、空き缶のポイ捨てなどがある。しかし、こうした問題の構図は、身近な場所での恒常的な自然とのかかわりが不足していることに起因してもたらされてくるものであり、これを防ぐためには日常の生活の中で、川や自

第6章 親水と安全性

然環境とのかかわりの密度を深くする手だてを施したり、合わせて環境学習や教育などについても配慮することが重要と考えられる。

このように、近年の水辺環境整備においては親水機能や環境保全機能を満足するとともに、人々が水辺と親しみたいとする欲求と自然生態系の生息育成に応えるなど、幅広い視点による水辺環境計画が要求されるようになっている。その一方で、「水辺の危険負担（リスク）」に対する安全管理面についても配慮することが重要である。

(2) 親水行動と安全性

人々が求める水辺に対する親水行動の表れは多様にあるが、その主たるものは比較的静的な行動が多い。これは親水希求を欲する時の人々の心理的な状態に起因している。通常、精神の安定ややすらぎを得たいとする場合はストレスや緊張感から解き放されたいとする欲求があり、そうした状態から精神を解放するためには自然の中に身を置いたり、静かな場所を訪れるといった行動を取り、その訪れる先として緑の多い公園や水辺といった場所が選定される。

そのため、近年、親水希求に対する水辺整備も進められてきており、自治体の長期構想などの施策の中で、「緑」と同様に「水」もまた整備対象となってきている。特に、こうした動向は都市化の進んでいる地域で積極的に進められてきている。このことは、過密化する都市の中で唯一自然（水面やその流れ）の残された場所としての認識が定着してきたからであろう。こうしたことによって親水公園や施設が整備されてきており、階段護岸やジャブジャブ池など水に接する空間が作られてきている。

しかしながら、一方ではこうした人工的に整備された水辺は頻繁に利用されているものの、自然の河川や海といった場所は比較的敬遠される向きがある。それは安全性に対する懸念からである。この場合の安全性とは施設に対するものではなく、水に触れることに対する危機意識からもたらされるものである。特に、最近の子供に対しては保護者が自然に対する認識が十分でなく、近づかず触れないことが安全で身を守ることと理解している節もあり、こうした傾向は危惧される。

その一方で、安全なところでは積極的に川と子供を触れさせたいとする意向が住民たちの間で垣間みられる。このことは、子供たちの自然認識にとって非常に重要な意味をもっていると思われる（写真6.1-1、6.1-2）。

6.1 親水行為と安全

写真6.1-1 どんな魚が捕まるかなとのぞきこむ子供たち

写真6.1-2 びしょぬれになって小魚を追っている

写真6.1-3 沈下橋から上流側へ飛び込む子供たち

　先のアジェンダ21の提言では、次世代を担う子供に本来の自然認識や自然界の中での遊びを奨励し、ありのままの自然を体験させたいとする意向が示された。こうしたことを受け、わが国では各地で親水空間や施設の整備が進んでいるが、整備されたものからは本来の姿を理解することは難しい。古くから川とつきあっている住民は、川遊びで万一注意を与えるとき、なぜ危険なのか、どうすれば危険を回避できるのか、長年培ってきた知恵を授けたり、子供たち側も遊びの中で危険回避のルールを体得してきていた（写真6.1-3）。
　こうした子供と自然のかかわりは既往調査などでも明らかにされてきている。例えば、子供の遊びの範囲内に自然が存在し日常的にかかわっていると、子供たちはその環境の隅々まで石ころの状態から草の生え方まで様々な状況を把握していた。しかし、こうした自然との触れ合いの少ない子供たちは、身の回りの環境把握についても漠然と概念的に捉えるだけであり、現在の子供の遊びを概観すると自然の中での遊びがルール化されたり、施設整備されたところでの遊びが多くなる傾向がみられる。

第6章　親水と安全性

　このことから考えるならば、親水行動に伴う安全管理は子供の自己意識も重要であるが、川とのかかわり方が重要であり、川の環境を良く知る、危険状態を知るなど、ありのままの自然と向き合うことによって予知力を身につけるものと思われる。その意味で、近年取り組まれてきている身近にある水辺を知ることや、身近にある水辺との触れ合いを増やすといった取り組みは非常に重要なことと思われる。また、身近から自然が消えていくとする意見も多いが、実はそうした環境に親たちが子供を近づけるのを避けさせているために活動範囲の中から遠ざかり、認識が薄らいでいるとも考えられる。いずれにせよ、自然を知るためにはリスクを伴うこともあり、このリスクをいかに軽減するか、その知恵を働かせることが重要と思われる。先に示した、経験から得たものを伝承できるようにしていくことが川とのつき合いを深め、親水行動を促していくことにつながっていくものと思われる。

(3) 安全管理

　住民の意識と近隣の水辺環境の関係については、親水施設の整備されてきている水辺がある場合は、水辺に対する人々の認識度や行動量が増え、日常生活での密着度が増す傾向がみられ、親水行動量の多い水辺ほどその水辺に対する評価は高くなる。また、利用者が増加することにより環境悪化の歯止めがなされ、利用者は満足感を享受でき、再度来訪するという好循環を形成する。利用者が近隣の水辺に求める第一の機能は、散歩・風景を観る、ぼんやりすることなどによる情緒安定機能である。このような希求は、都市化の進展にともなってますます増大する傾向にあり、それを満たす条件も都市化とともに減少しているにもかかわらず、環境の悪い水辺でも親水機能としての役割を果たすことになる。

　このように、水辺は今後より一層人々の生活空間と深くかかわってくるものと思われる。そのため、特に満足な親水施設の整備が施されていない箇所においても、様々なかたちでの利用要請が高まってくるものと思われる。そして、そのことによって先にも示したように「水辺の危険負担」も増えてくることが予想される。しかし、これまでの状況では、水辺に対する危機意識は薄いように感じられる。特に、「水に触れる」「水辺に近づく」といった親水性に対する欲求の高さがみられる反面、「水への危機意識」に関して認識は低いようだ。水辺の保有する環境特性は、人々の日常生活における意識を解き放するといっ

た潜在力を備えている。そのため、こうした場所は、突飛な行動や奇異な行動を起こさせやすい場所でもあることを認識しておく必要がある。

　一般的な利用としては、水辺では比較的静的な行動がみられるのだが、同行者が増えたり利用時間が深夜であったり、気温が上昇すると通常の行動を逸脱した享楽的、興味本位的な行動を取りやすく、予測しがたい危険な行動をとることもある。そのため、従来までの柵などの設置は効果がない場合もある。さらに、時として天候の急変による降雨や増水など起こることも予想される。こうした場合に事故に遭遇するケースが多くなってくる。

　また、利用上の迷惑行為にもかかわらず、当事者ははっきりした意識をもたずに周囲に迷惑や被害をもたらすものがある。たとえば、釣りでの釣り糸や餌の放置問題、犬の散歩や糞の始末、幼児の彷徨行動、花火や焚き火、自転車やバイクの乗り入れなどがある。加えて、最近増えてきているのがスプレーペイントでの落書きである。これらの行動も事故や他人への迷惑につながるものである。

　親水利用にともなう水辺での人々の活動や行為については、水に依存したものや水に関連したものがあるが、いずれにしてもその利用適性を検討し、その利用が適性に欠けた行動の場合は、極力規制することで利用者間の不快感を排除するなど、過剰な管理に陥ることを避けることが重要である。そのためには、安全施設等に対してデザイン面での工夫が大切となる。また、利用面では適切な世論づくりや規制しにくいものについては柔軟な対応を図るようにすることが必要と思われる。

引用・参考文献

(財)余暇開発センター(1997．1999)：河川の親水利用における安全対策の総合的研究．Ⅰ，Ⅱ
畔柳昭雄・石井史彦・渡辺秀俊(1999)：河川空間に対する児童の活動特性とイメージ特性に関する研究(その1)．日本建築学会計画系論文集、No.518．pp.45-51

第6章 親水と安全性

6.2 河川構造と安全管理

(1) 親水行為と事故の要因

　河川に対する関心が高まり、つり、カヌーなどの新しいアウトドアスポーツから伝統的な屋形船、船下りまで、そして身近な河畔での散歩とその癒し効果、水遊びなど河川利用のされ方が多様になってきた。特に、ラフティング、カヌーなどは自然への冒険心なども加わり利用人口も多く、自然志向の高まりの中で川は一層注目を浴びている。

　さて、川の利用人口が増加すれば川の事故、いわゆる水の事故も比例的に多くなるであろう。また、利用者同士のトラブル、河川管理者との行政トラブルなどが発生する。特に、幼児の事故では保護者（親）と河川管理者との間では裁判になったりする場合が多いが、成人の事故では殆ど問題にならない。これは近年、日本人の考え方の中には自己責任論が定着しつつあることによるものと考えられる。それでは、この事故が発生することにつながる要因といえるものを区分してみると「自己」と「他者」に大別される。前者は安全対策を怠った場合のまさに自己の「不注意」によるものであり、後者は自然的、偶発的ものであったり、河川構造や河川管理に由来するものである。「他者」による事故の場合はこれらが重複する場合も考えられる。

　そこで、河川の利用のされ方のうち親水行為と呼ばれる項目とこれらの事故要因の関係を表6.2-1に整理して示す。大雨による洪水の流出やダム放流による増水でつり人やキャンプのこどもが中州に取り残されることがある。1999年8月、丹沢山系の玄倉川で、集中豪雨のため中州にいた18人のキャンパーが流され、13人が亡くなる水難事故があったことは記憶に新しい。また、カヌーでは堰や落差工のバックウォッシュあるいは荒瀬で水死するなどの事例がある。

　今後、川が親水性の高い環境になればなるほど人を呼び込むことになるため、単なる治水や利水の河川施設として構造物を考えるだけでは不十分になるであろう。これらの親水行為を単なる自己責任だけにとどめず、事故を軽減するきめ細かなソフト、ハード面の安全対策も今後とられる必要があろう。

(2) バックウォッシュ対策

　親水行為のうちアウトドアで人気の高いカヌーなどでの水の事故と河川構造

表6.2-1　親水行為に関わる事故の要因

親水行為	他者 自然的要因 洪水	他者 人為的要因 ダム放流	他者 人為的要因 河川構造	自己 自然的要因 / 人為的要因 (不注意又は不可抗力)	
つり	○	○	○	○	
魚取り	○	○		○	
カヌー	○	○	○	○	
ボート	○	○		○	
ウィンドサーフィン	○	○		○	
水遊び・水泳	○	○	○	○	
屋形船	○	○		○	
渡し舟	○	○		○	
散歩			○	○	
沈下橋	○	○		○	

の問題を取り上げてみたい。アウトドアによる水の事故については、すでに、レスキュー3ジャパンのインストラクターである佐藤孝洋氏がパドルスポーツのレスキュー普及活動で取りあげているように、アメリカ、カナダなどではアウトドアスポーツを楽しむために川の呼び知識を啓蒙したり、事故に対する対処法を修得するためのインストラクターがいる（佐藤、1998）。また、河川のコースを理解させるためのリバーガイドブックも普及している（maine,1986）。

カヌーで川を下るとき、必ず堰や落差工に引っかかることが多い。水の流れが連続していても河道が急変するためボートをおりて、堰や落差工の下まで移動しなければならない。しかし、流れがあって少しくらい危険を覚悟で楽しんでいればこそ、堰や落差工など問題にしないのかもしれない。堰、落差工などの下流側の流れの多くはある角度を持ったコンクリート傾斜面水路であったりする場所がある。この堰の下流側ではバックウォッシュと呼ばれる逆流域が局所的に発生する（図6.2-1）。ここの流れは、水理学でいう射流から常流へ遷移する流れであり、空気の混入による白濁した跳水現象となってやがて下流に向かって常流へ移行していく。流量、落差高、水路傾斜角度、下流側の水深などによって絶えず変化した流れとなっている。特に、傾斜角と下流側水深が大きい場合、落差工の直下では大きな循環を伴った潜り込み流れとなることが知られている。このときの流れは高速で河床に沿って下流までつづき、水面では広範囲に逆流域が形成される。このような流れの中に転落した場合、ここに形成される循環流によってカヌー・ボートが脱出できず溺死することがある。

そこで、これらの構造物によってつくられる流れを改良し、逆流に巻き込ま

第6章 親水と安全性

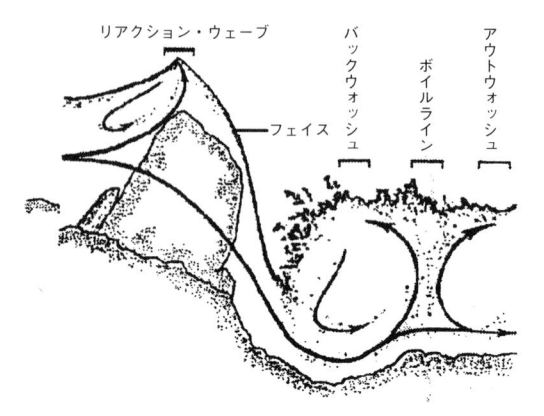

図6.2-1 バックウォッシュ（佐藤、1998）

れても素早く脱出できるようにすることが必要である。この問題の解決方法は、堰下流で形成される逆流域の長さを短くすることによって、カヌー・ボートが下流側の流れに乗れるようにすることである。逆流域の長さを短くするには、階段状水路を設置することによって改善できることが提案されている（安田・大津、1999）。特に、水路傾斜角 θ、相対落差高 H_D、相対下流水深 h_d が大きい場合、逆流域の長さは50%以上短縮されることが示されている（図6.2-2，図6.2-3）。また、ダムや堰堤のシュート下端に設置するバッフルブロックのようなものをつくるとともに、水辱池、あるいはS型の淵をつくるなどの方法が考えられる。

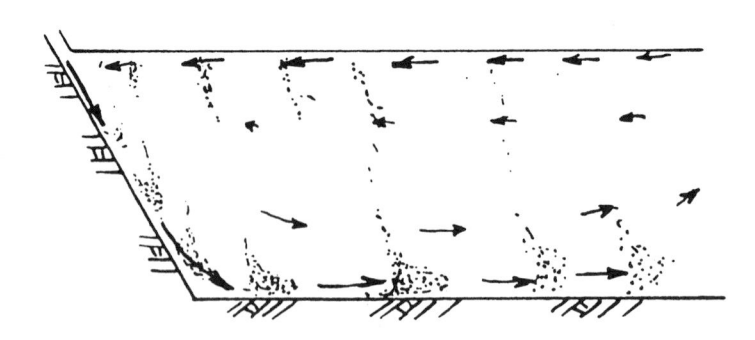

図6.2-2 滑面傾斜水路における潜りこみ流れ水路傾斜角および下流水深が大きい場合
（安田・大津、1999）

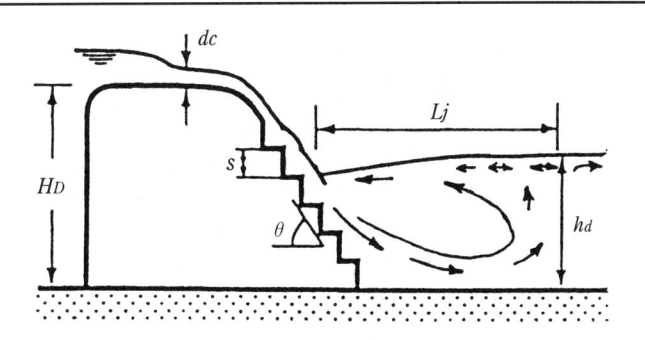

図6.2-3　階段状水路における潜りこみ流れの定義図(安田・大津、1999)

このような方法で逆流域の長さを短縮することによって、バックウォッシュ対策を構造上、図ることができる。

(3) 都市域の親水河川管理とその限界

前節で述べたように親水河川の安全管理は人々が川を経験し、情報量を多くもつことに帰結するとすれば、都市域などでの安全対策には限界がある。どんなにガードレール、転落防止柵を設置しても事故を防止することは難しい。都市住民、特に、子供たちが川を身近なものとして横浜市の侍従川(尾上、1998)のようにかかわりをもって、川を体験することなしには事故はなくならないことになる。したがって、一般的な河川の情報だけを知らせるだけでは意味をもたないことになる。すなわち、川とのかかわりをもってはじめて案内版や安全施設が意味をもつことになる。侍従川ではしっかりと防護柵が設置され、川の中に入ることは難しい。それでも梯子を用意してフェンスを乗り越えたりして川で遊ぶおもしろさを体得した地域の子供たちは事故なく利用することができている。そこで行政は、公園と川を一体とした小さな広場に防災という理由で川へのアクセスのため階段をつけた(写真6.2-1)。子供たちは、川の感潮区域の及ぶ深いところはどこまで続いているのかなど、川の状態をしっかり把握している。降雨のあるときは下水管からも大量の水が流入してくること、ヨシが繁茂して水鳥がくるところ、魚やエビがとれるところなど、川を遊びの場とすることによって情報を自分ものとしている。また、このような川体験を指導する遊びの達人、指導者がいることも重要な安全管理の要素となる。安全施設のある河川の方がいかにも安全対策が取られているように考えられがちであるが、

第6章　親水と安全性

写真6.2-1　横浜市侍従川

その対策が人を寄せ付けないというだけのことも多い。結局は川における経験を豊かにし、情報量を多くすることによって安全性は向上する。

　実際、都市域の河川では、フェンス、ガードレールなど転落防護柵で河道と歩行者を区分する安全対策が一様に図られ、転落事故防止の措置がとられている。しかし、それにもかかわらず事故は少なくない。したがって、河川の周辺地域を場所によっては自然度の高い状態にして川を体験させる機会を多くもたせた方が、事故の発生を低減できると考えられる。ハードな施設だけでは限界をもつということであろう。しかし、このような場所はどこでもできるものではなく、市民の自主性と協力なしには難しい。

　河川の利用者が体験と情報をもつことによって自らの責任において危険を未然に回避しながら行動がとれるところに本来の姿があるものと考えられる。現在、各地で実施されている自然復元型の河川、ビオトープとしての河川では、本来の自然河川ではなく人の手によって河川を自然の状態により近づけ復元を図ろうと試みられている。このような河川では利用者が自らの判断で危険を回避する措置をとるであろう。したがって、場所によってはフェンスで囲み、人工的で公園的な河川にするより、自然的な状態で自由利用させる方が事故はかえって少ないのではないかと考えられる。ただし、状況判断ができない幼児の場合は、安全対策がとられていれば保護者（親）の責任があり、行政の河川管理責任だけではないとする裁判事例が多いのは妥当なとこであろう。

(4) 川の安全は経験と情報量から

　親水と安全という二律背反した問題は、結論的には自己責任で川や水辺と賢くつき合うことであるとする考え方が支配的である。しかし、今日、河川を利水面の利用だけでなく、親水的利用を大いに歓迎し、かつ自然復元を図れば図るほど人の川とのつき合いは増加するであろう。四万十川のこどもを川に戻す委員会の報告では、川での水の事故の事例からわかったことは、地元の河川の詳細な河川情報を知らない不案内な地域外の人、あるいは水辺とかかわりが薄くなった子供たちに事故が多くみられるという。都市河川の侍従川では子供たちが川でよく遊ぶことによって事故がほとんど生じていない。これらのことからいえることは、河川関係者は今後の親水化にあたってソフト対応に力いれる必要があるということである。

　それでは、川で生業したり生活の舞台にしている地元の人たちは、なぜ事故なく安全に川とかかわってゆくことができるのだろうか。それは、川と昔から慣れ親しんできた経験を通じて四季の川の変化を時間的、場所的にもよく知っているということ。危険な場合はそれを回避することを心得ているからである。かつて、四万十川で取材したとき、釣りを教えたり川や地域を案内している西土佐村の芝輝男氏の話しでは、「安全なところは一つもないよ」「小さいときから川を経験すること」といっていた。全くそのとおりである。

　人々の自然指向の延長がアウトドアレジャー、観光化であっても自己責任というだけでは問題の解決にはならない。山のガイドと同様に、河川ガイド、河川キーパーといった人たちを養成して川の利用者に情報を伝え、講習することが現代社会では必要であろう。高知県の四万十川総合保全機構でその試みが始まっている。

　地元の人が経験を通して安全を確認できることはなぜか。これらの問題は統計的にも明らかにされている。安全の確信の度合いは情報投入量の関数式で示されている（松原、1988）。この式をグラフにしたものが図6.2-4である。いわ

$$Wn = 1 / (1 + b \cdot \exp^{-Ln})$$

　Wn：安全の確信度
　Ln：情報投入量
　　b：初期の確率で決まる定数

第6章 親水と安全性

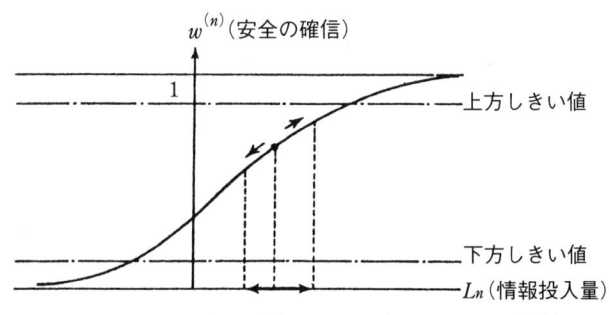

図6.2-4 安全の確信と情報量の関係（ロジステック曲線）

ゆる、ロジステック曲線と呼ばれているもので、生物統計学、社会学、心理学、医学でも用いられている正規分布の累積分布関数で示されることになる。その場合、グラフに示したように、その効果は情報量の増加によって安全の確信度が増大してゆくことになる。しかし、確信度は決して1にはならない。この曲線は成長曲線として知られ、確信のランダム・ウオークは曲線上を上、下してどちらかの「しきい値」に到達することを示している。上限、下限に「しきい値」があり、安全の確信には許容すべき限界をもつということである。

すなわち、地元の子供たちでも川とのかかわりが少なくなり、川に関する経験や情報量が少なくなれば安全の確信度は低下してゆくことになる。よって、川の事故に繋がる危険を常に内在させていることになる。

今後の親水と安全のための方向は川に遊び、川を利用する市民にきめ細かな情報量を多く与えることが、事故を軽減させることのできる第一歩である。

引用・参考文献

佐藤孝洋(1998)：パドルスポーツでのレスキュー普及に関して－海外事情を含めて－．河川の親水利用における安全対策の総合的研究、(財)余暇開発センター．pp.194-199,.5

Maine（1986）：Appalachian Mountain Club, Boston Massachusetts, MAC River Guide

安田陽一・大津岩夫(1999)：階段状水路設置による堰直下潜り込み流れの逆流域短縮効果．河川技術に関する論文集,土木学会第5巻、pp.141-146

尾上伸一(1998)：地域が支える子どもの河川利用．河川の親水利用における安全対策の総合的研究、(財)余暇開発センター．pp.178-184

松原 望(1988)：リスクの一般的概念について98災害研究フォーラム．災害科学研究会．損料保険料率算定会、pp.24-31

■■■ 6.3 親水利用の実態と安全対策の検討

「親水」を考えるとき、常に付随してくるのが「安全性」の問題である。河川管理上、河川は自然公物であり、人が水辺に近づけば、そこには常に「危険」が潜在していることはいうまでもない。

都市化以前のわが国では多くの人が川のほとりに育ち、川と親しい関係を結んで成長してきた。しかし、この数十年の間に、川そのもの、そして川と人との関係は大きく変わり、以前では考えられなかったような思いがけない事故も起こり得るようになっている。川と人とが身近であった時代には、自ずと体得できたような川の知識を知らない大人や子どもが増えた。その一方で、川に対する人々の思いは膨らみ、憩いやレジャーの場として訪れる人も少なくない。

毎年夏になると水の事故が報じられるが、とりわけ1999年8月に神奈川県の玄倉川や群馬県の湯檜曽川で起きた事故は、その犠牲者の多さや痛ましさによって、世に大きな衝撃を与えた。玄倉川では、親子連れなどのキャンパーが増水した河川の中州に取り残され13名もの命が失われた。また湯檜曽川では、少年団の一行が鉄砲水に襲われ引率者が亡くなるという惨事となった。これらの大きな犠牲は、アウトドア活動などで水に親しもうとする人々に強く警鐘を鳴らし、また河川管理者や保安関係者などに対し様々な課題を投げかけた。

玄倉川の事故の最大要因は、天候悪化が予想される中、川の中州にテントを張るという行動にあったと考えられている。平常時、この中州は浅い流れに囲まれた穏やかな場所で、川の特性を知らない犠牲者にとっては格好のキャンプサイトに見えたようである。また、事故直前、出水のため上流のダムから放流を行うにあたり、下流でキャンプしていた人々に再三避難を求めたにもかかわらず、聴き入れられなかったという背景もあった。地元警察による必死の救助活動も、結果として不成功に終わった。

これらの経緯のひとつひとつが、水の事故に対する私達の備えの脆弱さと今後取り組むべき多くの課題を浮かび上がらせる、貴重な教訓となっている。

本稿では、まず① 親水と安全に関わる統計等から現況を概観し、② 司法による水の事故に対する対応、③ 安全性についての考え方の整理と今後取り組むべき課題について述べる。

第6章 親水と安全性

(1) 水の事故の現状

　河川の親水利用において、現実にどのような「危険」が存在しているか。まず念頭に浮かぶのは、「溺死事故」であるが、「転落事故」「利用者相互の接触による事故」(水上バイクと遊泳者など)も起きている。また、「衛生上の事故(水質・疾病など)」や「治安上の事故」「廃棄物・放置危険物等による事故」なども想定される。河川管理者の所掌範囲を超える分野もあり、利用者・地域住民・教育関係者などと連携して取り組むべき事柄も含まれてくる。
　そこで、最も多く見られる水の事故について、現状をみてみたい。
　警察白書(2000年)によれば、1999年度に起こった水の事故のうち、警察が出動した件数は1,944件報告されている。そのうち、死亡・行方不明者は1,179人にのぼる。また救急車出動は3,076件と多い。(消防庁、「救難・救助の実態」、2000年)。山岳遭難では事故発生1,195件中、死亡・行方不明者が271人であるのに比べ、死亡に直結するケースが多いのが水の事故の特徴といえる。これらの死亡事故の発生箇所の内訳としては、51.0％が海、31.6％が河川、8.1％が用水路、7.3％が湖、沼地で発生しており、海とそれ以外とがほぼ同数という状況である(図6.3-1)。
　それでも、事故発生件数及び死者・行方不明者数は、ともに減少傾向にあり、1975年から1999年までの24年間に3,000人程度から1,180人程度と以前の4割程度に減少し、河川での死亡者数も半数以下に減少している。
　水の事故全般における発生時の状況は、「魚とり・釣り」が最も多く、次いで水泳中の事故である。そのほか通行中、水遊び中、遊戯中、ボート遊びなどでも発生している。また、「水難救助活動中」は事故にあっている者を助けようとして自分も溺れてしまう二次遭難であり、これも無視できない数である(図6.3-2)。
　救助関係者によると、事故原因の多くが、犠牲者が川や海の特性を理解していなかったこと、あるいは無謀と思われる行動によると指摘されており、子供の事故の場合は、保護者が近くにいながら監視や注意が不充分と思われるケースが多くみられるという。
　筆者が遭遇した事故では、カヌー教室の参加者が対岸にある集合場所に向かうため、川を泳いで横断しようとして溺れた。横断しないと、橋を経由して十数分の回り道をしなければならなかったからである。川幅は20ｍ程度で、本人

は泳ぎきれると判断したようであるが、流れに押されて予想以上に長い距離を泳がなければならなかったこと、川の中央部で冷たい水に包まれたことなどからパニック状態となったようである。気づいた人が助けを呼び、幸い近くにいたカヌーのインストラクターが救助して大事には至らなかった。

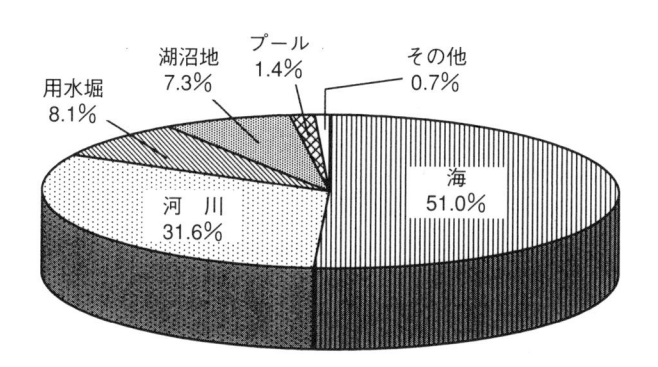

用水堀 8.1%
湖沼地 7.3%
プール 1.4%
その他 0.7%
海 51.0%
河川 31.6%

「平成12年度 警察白書」警察庁より作成

図6.3-1 水難事故の発生箇所(死亡・行方不明者)

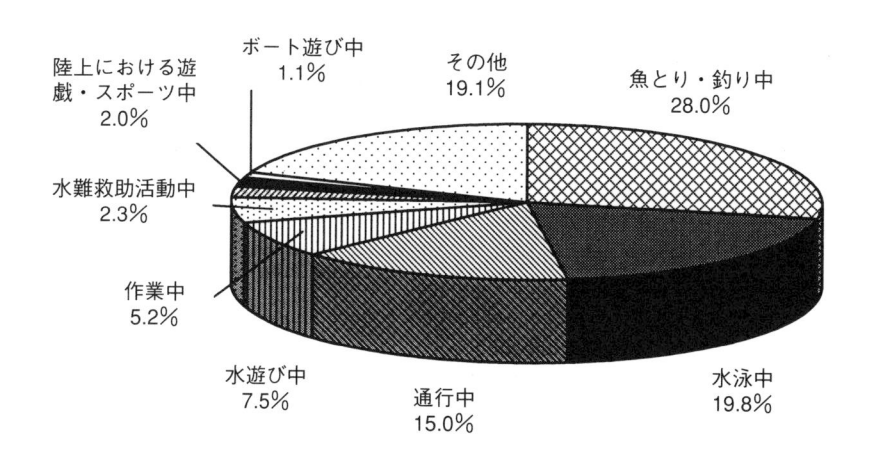

陸上における遊戯・スポーツ中 2.0%
ボート遊び中 1.1%
その他 19.1%
魚とり・釣り中 28.0%
水難救助活動中 2.3%
作業中 5.2%
水遊び中 7.5%
通行中 15.0%
水泳中 19.8%

「平成12年度 警察白書」警察庁より作成

図6.3-2 水難事故の発生時の状況(死者・行方不明者)

川に慣れている人であれば、流されることを計算して目的地より上流に向かって泳ぎ始めるか、流れに逆らわず下流に着いてそこから岸づたいに上流に向かうであろうが、この溺れた人にはその知識がなかったのかもしれない。しかしそれでも、少なくともライフジャケットを着けていれば、より冷静に対処できたはずである。水の事故は、ごく基本的な安全対策をとるだけで、かなり減らすことができると思わされる経験であった。

また、近年の傾向として、水上オートバイやボードセーリングなどレジャースポーツによる事故が増えているのも特徴である。水上オートバイでは、1999年だけで88件の事故が起こり、死者・行方不明者14人、負傷者85名にのぼっている。水上オートバイなどは利用している本人だけでなく、周囲の人に接触して事故になることも多い。水面利用上のルールが必要とされる所以である。

なお、河川の親水利用における安全性に関連して国土交通省は、かつて「河川管理研究会」を設けて検討を行い、「親水施設における安全対策の基本的考え方」（1996年）を発表している。その検討対象は、親水施設＝「通常の河川施設としての治水上の役割に加えて、水遊び、魚釣り、散策など人と川とのふれあいの場を創出することを目的として設置される施設」に限定されていた。親水施設は河川のなかで利用者が集中する箇所であり、まずはそこにおける安全確保が求められていたからである。

しかし、1999年の一連の河川における事故のあと、同省は「危険が内在する河川の自然性を踏まえた河川利用および安全確保のあり方に関する研究会」を立ち上げ、提言「恐さを知って川と親しむために」を発表した。これは人々の河川利用がもはや親水施設だけにとどまらず、自然の河川に不特定多数の人々がアクセスする頻度が高まった現状に対応したものであるといえよう。河川管理者だけでは安全性を担保できない部分は、利用者自身がまさに「恐さを知って」河川に対しなければならない。提言もまた、情報提供や教育などを重視する内容となっており、情勢の変化に対応したものといえよう。

（2）データにみる河川空間の利用意向と利用実態

1）水に親しむ場所

1994年に総理府が実施した「人と水のかかわりに関する世論調査」で、身近に水と親しむことのできる空間があると答えた人は全体の44.5％であったが、その場所は「河川」であるとした人が最も多く、「海」や「公園」を大きく上

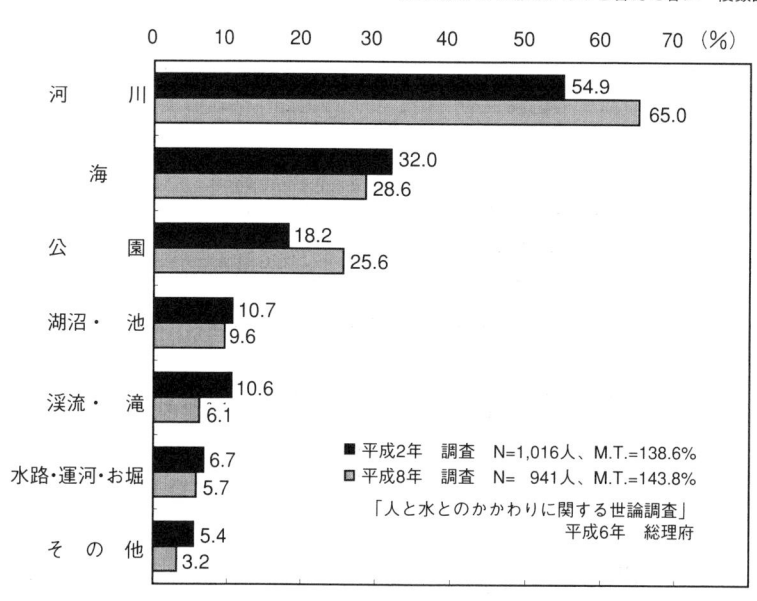

6.3 親水利用の実態と安全対策の検討

(水と親しめる場所があると答えた者に・複数回答)

```
                0   10   20   30   40   50   60   70 (％)
河   川                                54.9
                                          65.0
海                      32.0
                     28.6
公   園          18.2
                   25.6
湖沼・池      10.7
             9.6
渓流・滝      10.6
            6.1
水路・運河・お堀  6.7
              5.7
その他        5.4
             3.2
```

■ 平成2年　調査　N=1,016人、M.T.=138.6％
□ 平成8年　調査　N= 941人、M.T.=143.8％
「人と水とのかかわりに関する世論調査」
平成6年　総理府

図6.3-3　水と親しめる場所

回った。また、その水辺が気に入っている理由として7割近くの人が「自然を感じることができる」ことをあげている。

人口の多くが都市に集中する日本社会ではあるが、水に親しむ上で河川が最も身近な存在であり、しかもそこに自然を感じていることがうかがわれる（図6.3-3）。

2) 河川空間の利用内容と希望

河川空間における利用内容の希望については、「河川に関わる世論調査」（総理府、1996年実施）の結果がある。河川や河川敷でしたいことは、散策、自然観察が多数を占め、それぞれ約41％、約33％にのぼる。また、釣りやキャンプも、それぞれ30％前後、水泳・水遊びも約25％の希望率がある。これに比べ、野球・テニスなどのスポーツ、祭りや伝統行事、水辺のレストランでの食事などは10％内外と比較的希望が少ない（図6.3-4）。

こうしたニーズに対し、実際の利用内容はどうだろうか。別の調査ではあるが、河川水辺の国勢調査「河川空間利用実態調査」（建設省河川局、1997年実施）

第6章 親水と安全性

によれば、利用内容は、ゴールデンウィークにおける河川空間の利用者のうち、散策が54％、ついでスポーツが25％、釣りが13％となっている。調査時期（5月）の影響もあるが、水泳・水遊びは8％に過ぎない（図6.3-5）。

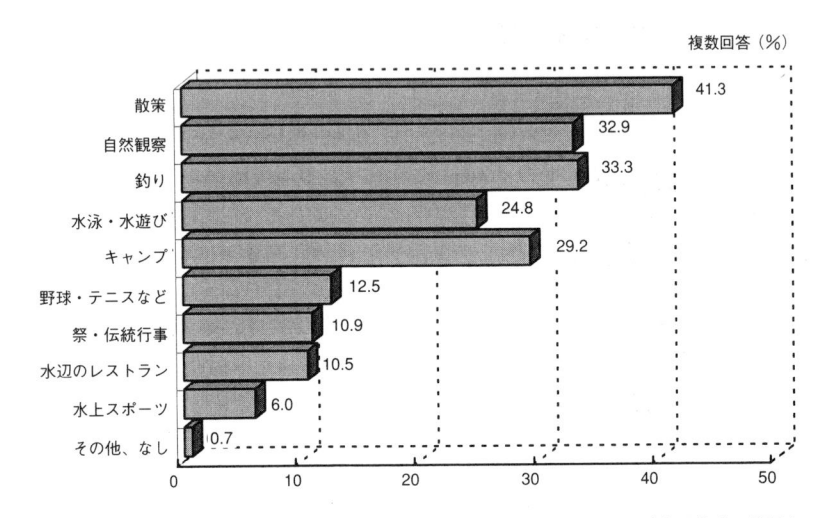

複数回答（％）

- 散策　41.3
- 自然観察　32.9
- 釣り　33.3
- 水泳・水遊び　24.8
- キャンプ　29.2
- 野球・テニスなど　12.5
- 祭・伝統行事　10.9
- 水辺のレストラン　10.5
- 水上スポーツ　6.0
- その他、なし　0.7

「河川に関する世論調査」平成8年　総理府

図6.3-4　河川や河川敷で行いたいこと

（％）

- スポーツ　25.0
- 釣り　13.0
- 水遊び　8.0
- 散策等　54.0

「河川空間利用実態調査」平成9年　建設省　河川局

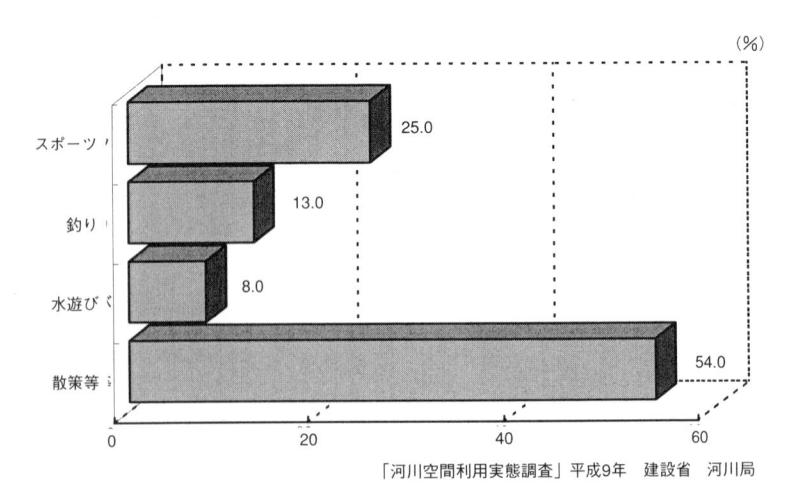

図6.3-5　利用形態別利用者内訳（春季）

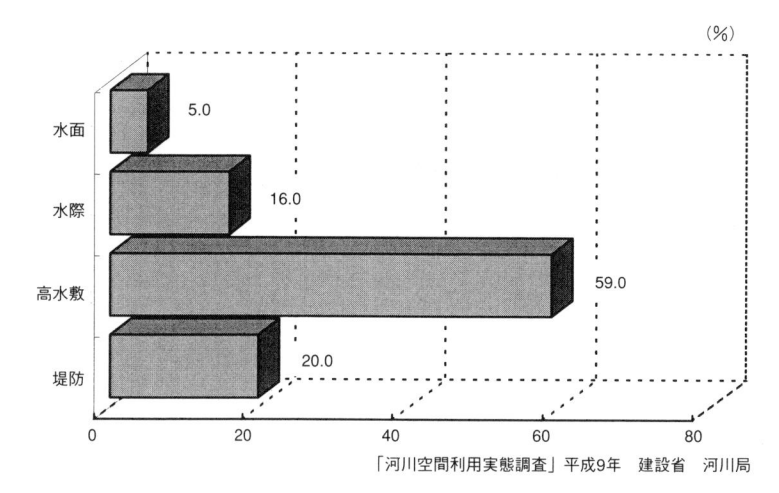

6.3 親水利用の実態と安全対策の検討

```
         (%)
水面  ┤ 5.0
水際  ┤ 16.0
高水敷 ┤ 59.0
堤防  ┤ 20.0
      └─┬───┬───┬───┬───┬
      0  20  40  60  80
```
「河川空間利用実態調査」平成9年　建設省　河川局

図6.3-6　利用場所別利用者内訳（春季）

　両調査の調査方法は異なるため単純比較はできないが、概して利用者の希望としては散策以外にも釣り、水遊びなどを通じて直接に水に触れたいのに、その割にはこうしたタイプの活動はやや不活発という傾向がみられる（図6.3-6）。

　また、河川空間の、どの部分を利用しているかをみると、高水敷が圧倒的に多く、水面や水際の利用は少数である。これらの結果から、河川の親水利用は現状としては高水敷における散策が主体である。しかしながら、今後希望する河川の利用形態として、「釣り」「自然観察」「キャンプ」「水遊び」などの、より水に接近する行為が多いことから、安全対策も水際・水面における対策に、より留意していく必要があるといえよう。

3）自然／人工空間としての河川空間への認識

　河川の整備が進められてきたとはいえ、わが国の河川の水際のおよそ8割強は自然の水際線であり、人工化された水際線は2割程度に留まる（「第3回自然環境保全基礎調査　河川調査」環境庁、1985年度実施）（図6.3-7）。

　親水利用上、実際に河川のどの部分が多く利用されているかは別の問題として、河川全体としては、その大半が自然空間であることが改めて認識される。親水上の安全対策は、このことを踏まえた上で検討する必要がある。

第6章 親水と安全性

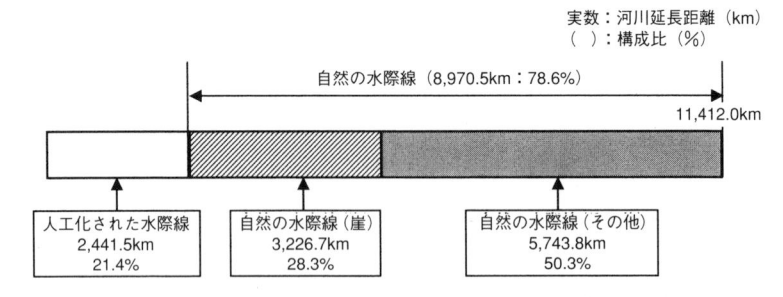

```
                      実数：河川延長距離（km）
                      （　）：構成比（%）
         自然の水際線（8,970.5km：78.6%）
                                              11,412.0km

人工化された水際線    自然の水際線（崖）    自然の水際線（その他）
   2,441.5km            3,226.7km              5,743.8km
    21.4%                 28.3%                  50.3%
```

（注）昭和60年度現在。水際線の改変状況は左右岸の平均で表されている。
　　　人工化された水際線：平水時に護岸等人工構造物と接している水際線
　　　調査対象：全国一級河川の幹線等　113河川
（資料）環境庁　第三回自然環境保全基礎調査　河川調査　昭和60年度実施

図6.3-7　河川水際線の状況

(3) 法律・判例などからみるリスク管理責任

　国家賠償法第2条1項は、「道路、河川その他の公の営造物の設置または管理に瑕疵(かし)があったために他人に損害を生じたときは、国または公共団体は、これを賠償する責めに任ずる」と定めている。
　この損害賠償責任の有無に関する過去の最高裁判例として以下のものがある。
　① 最高裁昭和53年（1978年）12月22日判決・判決時報916号24頁
　1歳7カ月の幼児が用水溝に転落して死亡した事故につき、用水溝の管理の瑕疵が否定された事例。
　「原判決は、要するに、本件事故現場の本件用水溝は原判示のような護岸壁の高さや水深からいって通常の幼児や成人にとってその生命、身体に危険を生じさせるようなものではなく、このような営造物の管理者は亡Aのような1歳7カ月程度の乳幼児が保護者の監護を離れたために生ずべき事故を予見して、その防止のための措置を講ずべき義務を負担しているとは解し難いとの理由により、本件用水溝に対する被上告人らの管理の瑕疵を否定する旨判断した。」のは正当であるとしている。
　② 最高裁昭和55年（1980年）7月17日判決・判決時報982号118頁
　6歳の男児が防護柵及びパラペット（余裕高）を乗り越えて堆積土から河川に転落水死した事故につき、営造物の管理の瑕疵を否定した事例。
　「原審が適法に確定した事実関係のもとにおいては、本件堆積土の存在自体

に危険性はなく、本件事故は河川管理者である京都府知事において通常予測することのできない上告人らの子Aの異常な行動によって発生したものであって、同知事による本件河川の管理に瑕疵があったものということはできないとした原審の判断は、正当として是認することができる。」としている。

以上の判決を踏まえて、高橋は、「以上の最高裁判例は、河川等の公の営造物の施設管理者の危険管理の程度や範囲のメルクマールとして、『通常の用法』『通常予測できる危険』をあげている。したがって、利用者の立場から上記の判例をみると、利用者側が『通常の用法』にのっとって利用しているか否か、あるいは、その行動が『通常予測することができる危険』の範囲内の行動か否かという点が重要であり、このような考え方を基礎に河川等の施設管理者と被害者の両親等の監護者との守備範囲の分配と危険管理責任の分担が判断されることになる。」とし、加えて、次の①〜⑤の点を指摘している。

こうした危険管理責任の判断において考慮される事項として、

① 河川等の施設の構造上の危険性－水深や周辺地形等の危険性。従前はあまり危険でなかったものに変更を加えたため危険な状態になったときは、施設管理者に危険防止措置を講ずる義務があるとされる。

② 場所的環境や現場の利用状況－人、特に子供が接近しやすい立地条件にあるか否かが問題となる。

③ 被害者の年齢－過去の判例では被害者が2歳から9歳までの幼児・児童の事故について施設管理者側の責任が肯定されている。これに対して、2歳以下の乳幼児については両親等の監護者の監護責任の範囲内にあるものとして、施設管理者の責任は否定される傾向にある。

④ 接近態様、事故態様－通常では考えられないような異常な行動か否かが問題となる。たとえば、防護柵やパラペットを乗り越えて進入する、遊泳禁止区域での水泳などである。

⑤ 危険防止措置－接近防止施設あるいは立ち入り禁止措置と転落防止施設の設置がある。これらには、立札、警告板のような心理的なもの（ソフト的対策）と、防護柵や蓋のような物理的なもの（ハード的対策）の二つがある。

わが国においては、河川はその自然公物としての性格から、万人がアクセスできる状況にある。親水施設のような人工公物としての性格をもつ空間は別として、河川の大部分は自由に利用できる開放的な空間である。しかし同時に、都市化する社会のなかで、人々が日常接する河川空間はより人工的な形状とな

第6章 親水と安全性

っていることも確かであり、自然物とはいい難い性格をも有している。そこに、河川管理者と利用者との間の危険管理責任の分担が生じてくるわけだが、以上の判例は、利用者、とくに幼児・児童の監護者の危険管理責任を重くみていることを示している。

(4) 安全対策の視点と課題

親水利用に関連する安全対策は大きく分けて三つの視点からみることができる。第一に河川自体の現況としての立地、構造、水環境、施設設備などのハードウェア、第二に安全に係わる社会規範、法律、河川の維持管理手法、情報などのソフトウェア、第三に河川につながる人材の育成、学習機会、住民参加等のヒューマンウェアと呼ぶべき領域である。

また、対策のタイプとしては、第一に未然防止のための対策、第二に発生時に備えた対策、第三に発生後にそれをフィードバックし、以後に活かしていくための対策が考えられる。

1）安全対策の検討1―ハードウェア

①立地・周辺環境

検討対象となる河川がどのような立地にあるか。山林・農地・市街地といった沿岸の土地利用形態等。立地によって河川の利用方法が異なり、また事故発生時の対応も異なってくる。

②川相および河川構造物の形状など

川幅、水深、流速、潮汐、また、河川敷の状況や植生など。河川構造物であるダム、堤防、水門、橋梁、水制、堰堤などは、親水利用を目的に設けられたものでなくても人の集まるポイントとなる。

③安全設備

柵、階段、はしご、照明、救命具、緊急通信設備など。利用者を危険箇所に近づけないためだけでなく、万一事故が発生した場合に、被害を最小限とすることを想定して敷設する必要がある。転落したり溺れた利用者が自力で脱出したり、他者が救助しやすくすることが目的である。

④水環境

水質、水量、水温など。水遊び、カヌー、生物観察など、水にじかに触れる行動においてはとくに重要となる。水質については、すでに「人の健康の保護に関する環境基準」、「生活環境の保全に関する環境基準」があるが、各種の親

水利用にあたり衛生上確保すべき水質レベルについて「親水水質」として研究が進められている。想定し得る問題としては、汚濁物質や有害物質との接触・摂取による衛生上の問題（ウィルス感染等）がある。もちろん利用者の感覚の上でも、水環境は親水性に多大な影響があることはいうまでもない。

⑤ 生　物

一般に、生物が豊かになると釣り、水遊び、自然観察などの親水利用を誘発する。日本の河川の場合は海と異なり、生命にかかわるような危険生物は存在しないが、衛生の点では注意が必要である。

⑥ その他危険物

生活ゴミや粗大ゴミの不法投棄、釣り人の残す糸やハリなどは水質や生物に悪影響を与えると同時に利用者にとっても危険物となる。

2）安全対策の検討2―ソフトウェア

① 公共空間の利用にかかわる社会通念および法

河川空間に限らず、公共空間の位置づけや利用にかかわる社会通念は、必ずしも定着していない。管理者への要求はときに過大なものとなる反面、責任範囲のあいまいさという問題を抱えている。

公共空間を利用者ないし地域住民が主体的に運営管理する観念は希薄であり、いわゆる自己責任原則も浸透していない。危険管理を含めて、公共空間における倫理、規範、マナーを人々の間に共通認識として育てていかないと、安全対策は結局対症療法に終始することになってしまう。

また法的な状況については、前項で触れたとおりであるが、利用者側にも危険への配慮や良識の範囲内での行動を求めるものとなっている。

② 利用方法

親水利用には、散策、水遊び、キャンプ、スポーツ、祭り・イベントなど様々な形態がある。個々の利用形態について安全な方法を、ハードウェア、ヒューマンウェアとの相関を含めて検討する必要がある。

これに加えて、異なる利用形態相互の調整が行われなければならない。一例として、同じ水域に水上バイクなど動力系船舶、カヌーなど非動力系の船舶、遊泳者が混在している状況や、四輪駆動車やマウンテンバイクなどの河川敷への無秩序な乗り入れなどである（これらは、生物へも影響が大きく、レクリエーション利用と環境保全との調整が求められる）。

③ 河川施設の運用・維持管理

維持管理の担い手はもちろん河川管理者であるが、親水利用を含めてとなると、そのすべてに河川管理者が対応することは現実的でない。地域住民、NGOをはじめ、地域の警察、消防、市町村などのセクションの協力を併せて検討する必要がある。

④ 救助システム

ハードウェアの項にある安全設備に加え、避難警報システム（河川管理者→利用者）、事故発生時の通報システム（利用者→関係機関）、関係機関相互の連絡体制などを含む速やかな救助システムを確立する必要がある。またその一環として、警察消防等の救助スキルのレベルアップが求められる。

さらには一般市民、児童生徒、レクリエーション利用者においても、基本的な救難救助のテクニックを必要度に応じて体得できるよう、学習機会やプログラムなどを整える必要がある。

⑤ 情報の蓄積・開示・広報

河川情報には、出水、ダム放流、水質など安全に直結するものが多く、これらが親水利用者に確実に伝わるような伝達手段が求められる。さらには、親水利用の促進につながる情報へのニーズも高まっている。

特に、親水利用に配慮した情報化の例として、a）水系毎の地図、b）水辺までのルートや出入口、c）釣魚、d）キャンプ適地、e）緊急連絡の可能な場所、などが考えられる。

これらの情報は、関係機関には蓄積され広報もされているが、必ずしも利用者からのニーズに応じて提供される仕組みは整っていない。現在、河川行政の高度情報化が進められているが、河川管理者からの一方向的な広報にとどまらず、双方向化および情報提供チャネルの多角化に留意する必要がある。

また、河川周辺の案内板やサイン類については、デザイン、品質の向上や共通仕様化などの課題があげられる。

3) 安全対策の検討3―ヒューマンウェア

ソフトウェアと重なる部分も多いが、ヒューマンウェアは特に河川利用者および地域社会を軸とする安全対策であり、人材育成の側面を持つ点において重要である。

① 環境学習・安全学習・その他啓発活動

安全に関する学習要素として「河川そのものに対する理解」「危険回避に対する自己責任意識」「危険に対応する知識・経験・技術」などを学ぶ機会を児童、

成人に対して提供するとともに、そのプログラムおよび教育者を育成することが課題である。

なおかつ、学習の過程で河川に対する関心、親しみ、愛情といったものが育てられることが望まれる。河川が常に地域の人々の意識の中にあり、親近感や畏怖の念をもって見守られ、必要な際はメンテナンスの手が入るような関係を回復することは、すなわち、「常に見守られている」「安全度の高い」川を創出することともなる。

② 地域社会と住民参加

計画段階からの流域住民の参加に対しての要請が高まっており、1997年の河川法改正により、河川整備計画の策定時における住民意見聴取の手続きの導入が定められた。現段階においては、河川管理者と住民との協働体制が実質的に取られているケースは少なく、その方法論も試行錯誤の段階にあるようである。

しかし、川づくりにおける地域住民の参加は、結果として河川のあり方を着実に変えていくと思われる。特に河川の安全にかかわる要素は関係分野が広く、また、河川の状況は時々刻々と変化するため、これを常時見守ることは河川管理者だけでは困難が伴う。そこに、地域に密着した住民が参加することにより、きめ細かく、かつ現実的なニーズに合った対応が期待される。

住民が河川改修の計画づくりに参加した事例のなかには、親水性の高いデザインを選択した場合に、かなりの危険も発生することも承知の上で、なおその計画案を採用し、官民のコンセンサスが得られたものもある。このようにしてつくられる河川空間は、改修後も住民に親しまれると同時に、危険への認知も徹底することとなる。住民参加の手法は、親水性と安全性をバランスさせる一つの有効な方法として注目される。

以上、安全対策の検討課題を概観したが、これらは安全対策上必要であると同時に河川の親水性を高める上でも有効であることを改めて強調したい。安全性を高めるとは、決して人々を河川から遠ざけるものではなく、むしろ近づけることになるはずである。河川は自然物である以上、絶対に安全ということはあり得ない。しかし、地域の人々に親しまれ、見守られ、愛される川づくりを目指すことが、なによりも安全性に大きく寄与するものといえよう。

引用・参考文献

渡会由美(1999)：親水行動における安全対策の枠組とデータにみる河川利用の特徴．河川の親水利用における安全対策の総合的研究、(財)余暇開発センター

高橋輝美(1999)：河川の親水利用とリスク管理．河川の親水利用における安全対策の総合的研究、(財)余暇開発センター

警察庁(2000)：警察白書

消防庁(2000)：救難・救助の実態

建設省(1996)：親水施設における安全対策の基本的考え方

建設省河川局(1997)：河川空間利用実態調査

総理府(1994)：人と水とのかかわりに関する世論調査

総理府(1996)：河川にかかわる世論調査

環境庁(1985)：第3回自然環境保全実態調査

恐さを知って川と親しむために．危険が内在する河川の自然性を踏まえた河川利用及び安全確保のあり方に関する研究会資料、建設省

第7章

親水における生きものと生態系

■|| 7.1 生きものの親水設計

　ここ数年の河川、湖沼、水路の環境整備は多自然型の川づくり、ビオトープづくりといわれる手法に大転換している。即ち、エコロジーの視点を抜きにしては河川などの整備はできない時代になった。

　かつて日本水環境学会親水グループが89年～90年にかけて行った全国の親水河川・公園の調査結果では創造型、復元型、および保全型の各親水公園のうち保全型親水公園に自然環境の保全、生態系との共存を考えた親水公園・河川がすでにあったことを指摘されている（土屋、1999）。しかし、親水公園づくりの初期には自然環境保全型のそれは少なく限られていた。

　今日、いきものの生息を考えたエコロジカルな視点から親水河川をデザインする場合、河川形態といきものの生息環境である生態系について把握することが重要である。流水形態と生物との関係は生物の生息条件を規定する重要な要因の一つであるため、親水工学におけるいきものを対象としたデザインを行うにあたって流水の水理現象やいきものと流水形態および維持流量に関する考察を行うことは意義あるものと考えられる。

（1）親水性にかかわる河川工学と生態学

　河川の流水形態の一つである瀬、淵は一体の環境単位である。この環境単位は魚類などの生息場としての重要な構成要素として可児藤吉、水野信彦らの河川生態学者によって論じられてきた（水野・御勢、1980）。また、地形・地理学の立場から、笹谷は釣り師による河川の地形・場所の認識から釣り場の地形環境を川相、渓相、流相などと呼ばれていることを明らかにしている（笹谷、1990）。この中で川相は一般的な名称として、渓相は山地河川における名称、流相はスケールの小さい部分の名称であり、釣り場の環境の総体をこのような言葉で定義づけている。さらに、釣り師によって認識されている水深、流速、底質、幅員比、水面の組み合わせなど物理的な認識区分として河川の地形環境の特徴を明らかにしている。

　一方、同じ研究フィールドであった河川は治水および利水工学の立場から交互砂州の洗掘深や河岸侵食など河床変動の問題として取り上げられてきた。安芸皎一は河相論の前文で「河相とは河川のあるままの状況をいい、改修、未改修を問わず、現在の河成り、河幅、水深、河床勾配および河床砂礫の構成状態を言うのであって、これらの間には一貫した勢力関係が成り立っている」と述べている（安芸、1966）。

　このように、従来、河川工学、水理学の立場からは流水形態は流体の物理的現象としてのみ扱い、生態系と自然環境の側面から流水形態について論じられたことはなかった。今後、親水工学がいきものの視点でデザインする場合、次に述べる河川生態学の目で見た河川形態分類はバイブルとしなければならないと考える。

　河川生態学では生物の生息環境を分類する立場から下記に示すA、Bとa、b、cの記号を組み合わせて、Aa、Bb、Bcの三つの河川形態型が使われている。図7.1-1、7.1-2には三つの河川形態の形と可児が示した瀬と淵の分布様式を示した（可児、1944）。

　A：一つの蛇行区間に多くの瀬と淵が交互に出現する。
　B：一つの蛇行区間に瀬と淵が一つずつしか出現しない。
　a：瀬から淵へ滝のように落ち込む。
　b：瀬から淵へ波立ちながら滑らかに流れ込む。
　c：瀬から淵へ波立たず滑らかに流れ込む。

7.1 生きものの親水設計

　瀬、淵のうち瀬について見ると部分的に河床勾配が大きい場所であり、大小の礫による複雑な配列によって局所的に水位面が変動し、それらが干渉し合い、多様な水面形を形成している流水形態を見ることができる。この変化に富んだ

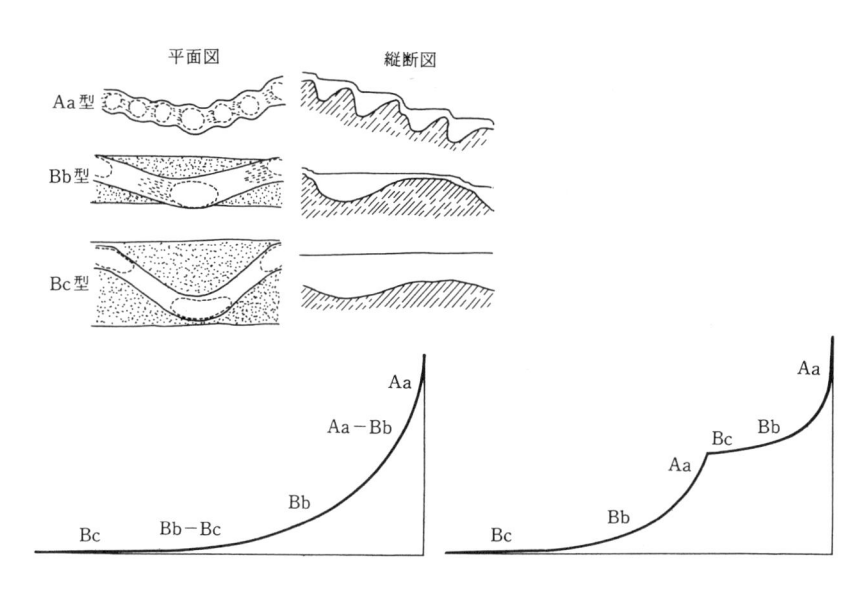

図7.1-1　河川形態の3つの型および河川形態の配列（可児、1944）
　　　　左：典型的な場合　　右：中流に大盆地が存在する場合

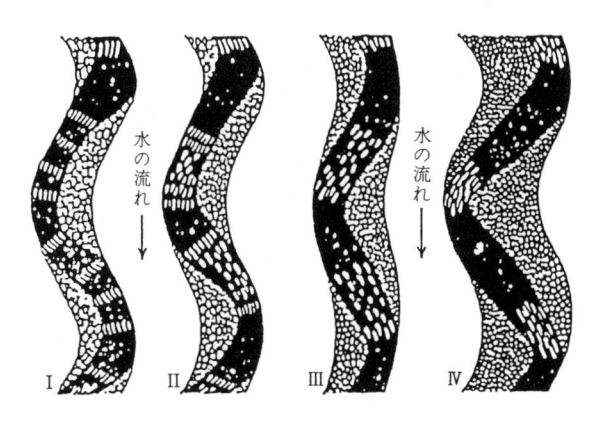

図7.1-2　瀬と淵の分布様式（可児、1944）
　Ⅰ：Aa（2）型、ⅡとⅢ：Aa-Bc移行型、Ⅳ：Bb型

第7章　親水における生きものと生態系

河道形態の中で魚類、水生昆虫の棲み分けが行われていることを可児、津田らの生態学者は1940年代から河川生態調査で明らかにしている。

(2) 流水形態の親水性と水理現象

1) 水理的現象

日本の河川の上・中流域に形成される瀬、淵の流水形態は「静・動感」、「清涼感」があり、景観的にも優れたものといえよう(写真7.1-1)。その挙動は空気に触れ自由水面を持つ流れであり、多様な流水面は常に変動することにその景観的面白さがある。この流れは基本的に流れの慣性力と粘性力および重力との相対的な効果に支配されている。

また、礫などがない滑らかな開水路では、慣性力に対して粘性の効果が大きいときは層流という状態となり、水の粒子は決まった流線経路を移動し、流れの薄い層がすぐ隣の層を滑るように流れる。平坦で滑らかな岩肌やガラス面をゆっくり流れる場合がこれに相当する。水の粘性力が慣性力に比べ小さいときの流れは乱流となり、この場合、水の粒子は滑らかでなく固定しない不規則な経路を通り移動する。乱流と層流の間には両者の混合した遷移状態が存在する。河川のほとんどの流れはこの乱流の状態にあるといえよう。私たちは水の様々な一瞬、一瞬の流れに親水性を見つけだすことができる。

細かい砂河床による実験から層流と乱流の区分をみると、慣性力と粘性力の

写真7.1-1　足助川

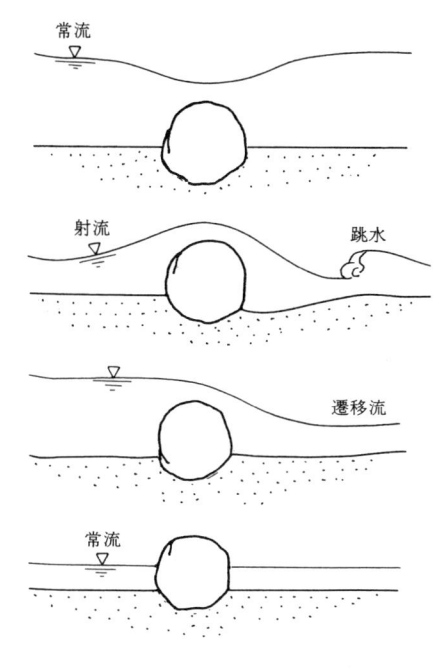

図7.1-3 一般的な流れの水面形

比であるレイノルズ数 $R = V\cdot h/\nu$（ここでは、V：流速、h：水深、ν：動粘性係数）で表し、$R<500$ の場合は層流、$500<R<2,000$ の間で遷移領域、$R>2,000$ 以上で乱流状態としている。開水路の代表スケールとして水深を取った場合、R は約500以上で乱流となる。

2） 流 相

流れの様を流相という。流相について局所的スケールでみると、突起物としての礫に衝突する流体の現象は上流側の水位の位置によって図7.1-3に示したように変化して流れる。一般的に、流れは常流と射流およびその中間の遷移流に区分している。常流と射流の区別は、流れの状態の重力に対する慣性力の比によって表されるフルード数 $F = V/\sqrt{gh}$（ここで、V：平均流速、g：重力加速度、h：水深）によって定義づけられている。すなわち、$F<1$ ならば重力の役割が支配的であり、流れは低速であり、常流と呼んでいる。$F>1$ ならば流れは慣性力が卓越し、流速は大きく通常、射流と呼んでいる。

水深の変化は水量の増減、河道内の撹乱や障害物によって引き起こされ、水

面は上下に変位し、重力が作用して波が発生する。この波は常流では上流方向に伝わるが、射流では上流に遡らない。

また、瀬といっても主に水深、流速、底質の状態の違いによって荒瀬、早瀬、平瀬、深瀬、そして浅瀬があり流相が異なる。大小の点在する浮き石や沈石の間を流れる瀬は小さなスケールで見ると常流、射流あるいは遷移流の状態が集まって形成されている。射流の流れが常流の流れに遷移する場合に起こる現象を跳水と呼び、跳水の先端では白濁し、景観的にも素晴らしい流水現象が見られる。

跳水はフルード数が1.7以下の場合は波状跳水と呼ばれ、表面には渦は形成されず水面は波状となって白濁は生じない。フルード数が1.7以上の場合は完全跳水となり、射流の流れが下流の流れに衝突し跳水の表面に水平軸をもつ一連の小さな渦が形成される。そこで水面が急上昇し、この流れにそって空気混入により濁り、白い泡沫が発生する。水面の急激な上昇、渦、それに伴い白濁する流体現象は、泡沫が光りを全反射することにより、清涼感ある景観をつくりだす。

(3) 生きものの生息環境と流水形態

1) 魚類の生息特性

河川の水環境を決定づけるものは水質と流量である。水質が生物にとっての水環境を生理的に決定づけるものであるとするならば、流量は主に物理的に決定づけるものと考えられる。洪水時の場合を除く平水時の維持流量は、むしろ直接生物の生活を規定するものではなく、河川の構造(形態)と流速という関連した要因を介して二次的に影響を及ぼすものであると考えられる。

水野らは、魚類が生息する一般的な条件として四つの必須条件を挙げている(水野ら、1983)。第一に食餌となる水棲生物が存在すること。第二に産卵し仔魚、稚魚が成長できる河床形態を有すること。第三に十分な溶存酸素があること。第四に河況が変化に富んでいること。都市河川の場合はこれらの条件を満足できる条件は極めて厳しい環境にある。一つには水質汚濁であり、自流量の低減であり、河川改修による河川構造の単純化であった。

表7.1-1には陸水生態学(津田、1974)から引用した水生生物と流速の関係を示す。これによると、魚類や水生昆虫の生態学的性質は産卵習性、食性等により、その種に適した環境に生息することがわかっている。河床形態と魚類の分

表7.1-1 流速によって水域をわける(Einsele,1960)

流速	水域の例	生物学的性質および水理学的性質	
0	排出口のない湖	プランクトン生息	十分な水深をもつ場合これらの水域は夏季に表水層・変水層・深水層・成層を形成する
0.01～0.5 mm/秒	地下水の流れ 出入水のごく少ない湖や池湖	水底に微細沈殿物が存在（色は淡灰色で粘土状ないし黒色泥状）	
0.5～10 mm/秒	とまりダム湖 池		
1～3 cm/秒	洪水のときの湖 ながれダム湖の中部地域 河状貯水池における堰堤より遠く離れた部分	甲殻類プランクトン発生の限界線 動物プランクトンが流される	
3～20 cm/秒	多くのながれダム湖の下部域 平地河川の河口域 平地の小さい川 水車用水路	ながれダム湖の泥底域 多量の有機残渣が沈積 底生動物（イトミミズ、マメシジミ、ユスリカ）がきわめて豊富 泥沈殿域と粘土沈殿域との境界 流水の掃蕩力の限界	
20～40 cm/秒	低地の小流 ながれダム湖の砂底の水域	動植物の相貧弱	
40～60 cm/秒	移行帯（中間帯） 低質は組砂ないし細礫	昆虫幼虫、とくにユスリカ科幼虫が増加	
60～120 cm/秒	(a) 丘陵地帯および山地地帯のマス域およびエッシェ域 (b) 落差の少ない、しかし断面はかなり大きい河川（バルベ域）	底質は小礫、中礫およびコブシ大の礫 カゲロウ、トビケラ、カワゲラの幼虫が優占的	
1.20～2 m/秒	(a) 山地渓流 (b) 大きい河川の中流	底質は粗礫ないし石である。山地渓流域では岩もある。流れを好む昆虫がすむ 大きい河川では底生昆虫は少ない	
2～3 m/秒	(a) 洪水時の山地流 (b) 洪水時の大河川	魚類（Nase.Barbe）の主餌料は石上の付着生物である	
3m/秒以上	(a) 滝 (b) 大洪水のときの川	石塊も流される 河岸が破壊される、川底は深くえぐられる	

布については、水野の研究（水野・御勢、1980）から同一河川の同一流程内でも各魚種間には明確な棲み分けが認められている。この棲み分けは流れに対する適応性の違い、餌料の選択性、マイクロハビタートの違いなど、魚種とその環境とのかかわりあいのほか、魚種間の相互関係の有無によっても大きく変動する。

例えば、上流域ではイワナ、ヤマメまたはアマゴの水域であり、イワナはより上流域に、ヤマメ、アマゴがやや下流域に分布を変えることがわかっている。中流域ではカワムツとオイカワとの関係がよく知られている。両者は混棲する水系ではカワムツの方がより上流に同一流程内では淵の淀みにカワムツ、やや浅い淵尻や瀬にオイカワが棲み分けている（水野・御勢、1980）。

2) 流水形態と水生生物

わが国は気象や地形条件から水害が多く、河川は治水事業が優先され画一的な技術、工法によって実施されてきた。洪水の排除のため蛇行より直線化の河川へ、伝統的な河川工法から単純でマニュアル化したコンクリート護岸構造の水路へと変えられてきた。その結果、生物の棲息には困難な環境をつくりだした。河川改修などに伴う流路形態の変更は生息環境を激変させ、水生生物の減少あるいは、貴重な動物・植物の減少、死滅を招くこともある。また、一旦手が加えられた場合、元の生態系には戻ることはなく、あるレベルの自然復元には相当の時間を必要とする。

本来、生態系は自己調節作用を持ち全体として安定を保っているが、この自己調節作用は系内に棲息する生物の種類が多いほど強く働き、安定した環境が維持されるといわれている。種はそれぞれ独自な生態を持ち、それぞれに対応する環境を要求する。そのため、多くの種を持ち安定した生態系は、同時に多くの複雑な環境条件を備えた系でもある。この生態系と河川形態については戦前から可児藤吉の研究がある（可児、1944）。

複雑な川の流水形態は瀬と淵に大別することができる。浅くて流れの早い瀬と、深くて流れのゆるい淵の部分が存在する。さらに、瀬には平瀬、早瀬があり、川釣りの分野ではこの2つの瀬の間にチャラ瀬、ザラ瀬と呼び水深の違いにより区分した呼び方をしている（笹谷、1990）。一般的に、瀬は水深が浅く、河底は岩や礫となり、流速は大きい。石の配列は浮き石となっている。一方、淵は水深が大きく、流速は小さくなり、河床の底質は砂、泥など細かいもので構成されている。表7.1-2に示すように、可児は陸水生態学の立場から水深、流速、底質などの状態から1蛇行区間を瀬と淵に区分し、そこに棲息し、指標となる水棲昆虫との関係を明らかにしている（可児、1944）。流速が速い早瀬では、水面に白波ができ、川底にはハナカゴブユ、フタバコカゲロウなどが棲息する。平瀬は河幅が大きく水底が見え、さざ波が立ちトビケラが棲息している。また、淵は水深が大きく、水面の波が消え、砂などが堆積し、モンカゲロウ、コオニヤンマなどが棲息する。一方、川岸にはカワカゲロウ、シタカワゲラなどが棲み分けている。

これらの水棲昆虫を餌とする魚類についてみると、ヤマメ、ウグイなどの遊泳魚の場合は瀬より淵が重要だと言われている。夜間は淵で体を休め、洪水時には淵に避難することができる。また、瀬から淵には絶えず餌が流入し、カワ

ムツ、ウグイなどには良好な棲息環境を与えている。付着藻類を餌とするアユ、オイカワは日中、浮き石、沈み石がある瀬で活動するが、淵もかれらにとっては不可欠な要素となっている。

ところで、津田によれば瀬と淵とでの生物群集構成の差異についてその原因は流速(大、小)、底質(石礫の多少、あるいは砂泥の多少)、水深(浅い、深い)、底の光量(多、少)の程度に応じて棲んでいるに過ぎないとし、「虫(昆虫)としては、それぞれがいくらいくらの流速で、どれどれの底質で、どの深さであれば棲める(niche)というだけのことである。」また、「瀬なり淵なりという場合のスケールは人間のスケールであって虫のための尺度ではない。」と述べてい

表7.1-2 川の形態と指標昆虫(可児、1944)

区分 項目	早瀬	平瀬	淵	川岸
水面の波立ち	白波	さざ波	波なし	白波、波なし
水底	見えない	見える	見える	―
石の大きさ	石	礫	砂、礫、石	石、砂
石の配列	浮石	沈石	沈石、浮石	沈石、浮石
流速	大	中	小	小
水深	浅	浅	深	浅
川幅	小	大	中	―
指標昆虫	ハナカクツブユ ツガタブユ フタバコカゲロウ ウエノヒラタカゲロウ	ヤマトビケラ	モンカゲロウ ハキサナエ コオニヤンマ	シロタニカワゲロウ タニガワカゲロウ シタカワゲラ
形状				

る(津田、1979)。しかし、瀬と淵は川の地理的環境の区分として有益かつ便利であり、水生昆虫学では一般的に瀬の方が淵よりも昆虫量が多く、また、浅くて流速の大きい瀬は深い瀬よりも水生昆虫の量が多いということが明らかにされている。このような瀬と淵は川の重要な構成要素となっている。

(4) 河川維持流量と生物相の関係

流量は河川環境の基本的な条件の一つである。しかし、河川の流量とそこに棲む生物相との相関は必ずしも明らかではない。河川の水量が完全に涸渇した状態を除いて生物相との関係は、直接生物の生活を支配的に規定するものではなく、流水形態(構造)と流速の二つの要因を介して、二次的に影響を及ぼすものであるとみられている。しかし、水量が生物環境としての河川流量を規定するものであることは明らかである。したがって、水量が多いほど、多種多様な生物が棲息できるものと思われるが、自流量が乏しい都市河川、ダム調節に伴う河川では量的に満足な水量を確保することは困難である。河川維持流量として必要最小限の水量の確保が問題となる。そこで、都市河川において生物相を考慮した河川計画を検討する場合、まず低水維持流量を決める方法について考えてみる。

ここでは、対象とする魚類による止水性、流水性など相の違いにもよるが、都市河川の場合、一応、止水性魚類を想定して水深、流速、流量および生物相との関係を整理検討するものである。平均水深と平均流速を下記のように与え、平均流水幅をB(m)とすれば、河川の維持流量としての必要量Qは次の値が目安となる。

$$平均水深: h = 0.1 \sim 0.5 \text{m} \qquad 平均流速: V = 0.5 \sim 0.1 \text{m/s}$$
$$Q = B \cdot h \cdot V = B \cdot (0.1 \sim 0.5) \cdot (0.5 \sim 0.1) = 0.05 \cdot B$$

ここで、流速は独立に与えられるものではなく、水深、河川勾配、河床粗度などの影響を受けるので、ある水深を与えたとき流速が常に期待する範囲内($V = 0.5 \sim 0.1$m/s)にあるとは限らない。そこで、都市河川では河床粗度として$n = 0.300$を与えることとし、平均水深、平均流速、河川維持流量との各関係について河床勾配をパラメータとしてManning式および連続の式から整理する。また同時に、主な止水性生物、流水性生物について流速と水質階級との関係から整理し、図7.1-4に示す。

この図の使い方として、河床勾配を$i = 1/500 \sim 1/300$とすると、$h = 0.1 \sim$

7.1 生きものの親水設計

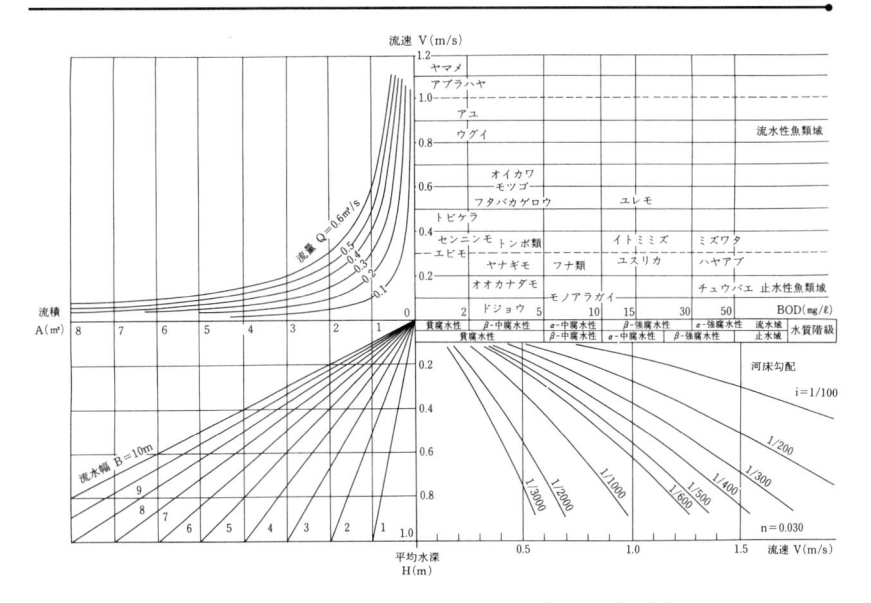

図7.1-4 河川維持流量と水深、流速、勾配及び生物相

0.5mに対して流速は概ね、$V=0.35 \sim 1.00$m/s程度となる。止水性魚類に対してはやや大きい流速となる。したがって、この場合には河床粗度または河床勾配の人為的な調整が必要となる。図7.1-4の使用の例として仮に、対象魚類をフナ、コイ（遊泳力に相当する流速0.3m/s程度）、河道内流水幅$B=5$mとする、したがって、$Q=0.05 \cdot B=0.25$m3/sとなり、水深$h=0.17$mのとき、河床勾配$i=1/1200$となる。また、逆に、実際の河床勾配が$i=1/600$であれば、流速Vを仮定し$V \to B \to h \to i \to V$の順序で試行錯誤により、水深$h=0.14$m、$V=0.37$m/sと決めることができる。

[注]

マイクロハビタート：同一水域内における微細な生態のことで、魚類の大規模の流程の生息利用のしかたの違いに対して、小さな区域で瀬と淵での棲み分け早瀬と平瀬での嗜好性の違いなどによって生態的な競合を避けていること。

引用・参考文献

土屋十圀（1999）：都市河川の総合親水計画、105pp.、信山社サイテック

第7章　親水における生きものと生態系

水野信彦、御勢久右衛門(1980)：河川の生態学．pp184-191、築地書館
笹谷康之(1990)：地形の意味に関する研究(博士論文)、pp131-143
安芸皎一(1966)：河相論．pp1-2、岩波書店
可児藤吉(1944)：渓流性昆虫の生態．研究社、東京
水野信彦、西村　登、日下部有信(1983)：円山川水系の生物生態‐河川改修工事と漁場確保の共存を求めて．pp474-495、兵庫県八鹿土木事務所
津田松苗(1979)：水生昆虫学．pp233-234、北隆館
津田松苗(1974)：陸水生態学、共立出版

7.2 都市の中の自然育成型親水設計

(1) 自然育成型親水施設への転換

1973年に東京都江戸川区において全国で初めて親水公園（古川）がつくられたのだが、コンクリート張りのいかにも人工的なもので、とても生物が生息できるような公園ではなかった。そこで今日、都市における新たな試みとして失われた自然を身近に呼び戻し、ふれあう場としての緑の空間づくりが進められている（若山ら、1994）。同区では、5番目の親水公園として1996年に誕生した自然育成型親水施設[注1]の一之江境川親水公園が、このような時代のニーズを受けてつくられている（写真7.2-1、写真7.2-2）。

自然の育成を目指したこの親水公園では、施設が完成した1996年度より具体的に生息する生きものについての調査を始めている。この調査により、魚・昆虫・野鳥など多くの生きものの生息が確認されており、これらの自然とふれあう多くの人々からも喜びの声が聞かれている。

その反面、一度身近から失われた自然の回復は、同時に市街地であるが故の「雑草の取扱い」など、いくつかの問題点も提起している。それは、都市化された中での自然と人間との共生を実現していく上で、避けては通れない問題でもある。

生態系については毎年調査を行っていて、開園以来既に4回目の調査を終えた。この調査では、単に生物の生息を確認するというだけでなく、自然と人間

写真7.2-1　親水公園改造前　　　写真7.2-2　親水公園完成後

とがいかに上手に共生していけるのかということをも探っている。そのための手法についても同時に模索しているところである。

既につくられている親水公園の改修も含め、これからはますます自然育成型親水施設のような空間が都市部においては増加していくことが予想されるが、今後、それらが抱えている問題・課題への対応策が求められようになってくるだろう。

(2) 一之江境川親水公園の概要

一之江境川親水公園（図7.2-1）は江戸川区の中心部に位置し、下水道の整備によって不要になった水路を親水公園として整備したもので、1992～95年度にかけて造成された。全線約3.2kmは自然とのふれあいをテーマとして、やすらぎのゾーン（上流部）、であいのゾーン（中流部）、にぎわいのゾーン（下流部）に分けられている。

水源は新中川本流より取水した原水をそのまま流している。水路幅は2～4m程度で、流速は0.1～0.3m/秒である。水深は概ね60cm程度となっているが、場所によって「浅瀬」や「深み」を設けている。

新中川に設置された取水口は、河口から約6kmと汽水域にあたり潮の干満の影響を受ける。そのために取水口の高さの関係で、新中川の水位が低いと本公園に原水を取り入れられないことがある。また、仮に原水が入ってきても塩分濃度が1％を越える場合は、本公園に生息する生物への影響を考慮して取り込みをしていない。よって、本公園の水循環は、原水を取り込み本水路を通過させる「通過モード」と、原水が入らない（あるいは入れない）時に上流・中流・下流の各区域で水が循環する「循環モード」の二通りの水循環により成り立っている。

この二通りの水循環の違いにより、流れる水質には若干の違いが現われてくる。「通過モード」の際は新中川原水の水質である。本公園上流部での1997年度の採水測定によると、SS（浮遊物質量）は8～35mg/l、BOD（生物化学的酸素要求量）は1～5mg/l、DO（溶存酸素量）は2.1～3.5mg/lとなっている。SSとBODは「通過モード」の時より「循環モード」の方が小さくなる傾向がある。また、DOはモードによらず上流部より下流部で大きくなる傾向がある。

一之江境川の整備にあたっては自然の育成を目指していることもあり、護岸には空石積や木杭を用いたり、川床は砂利敷にするなど、生物の生息しやすい

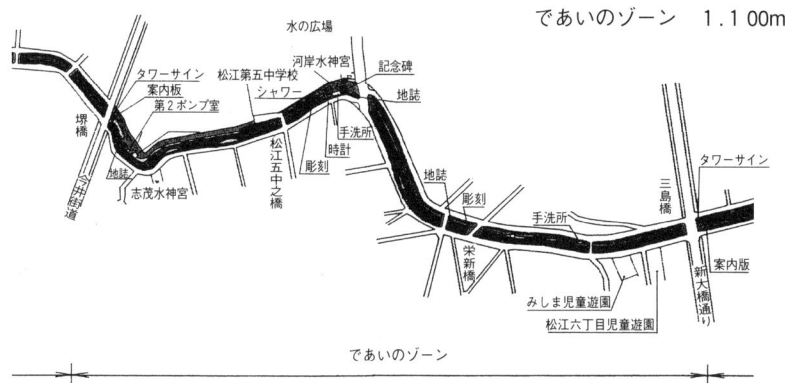

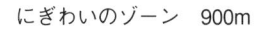

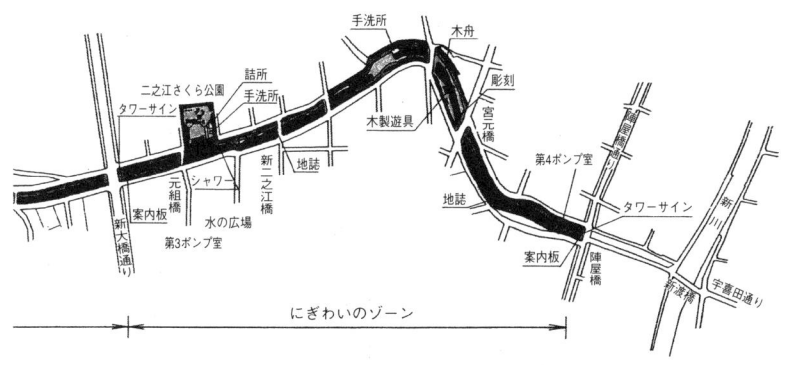

7.2 都市の中の自然育成型親水設計

図7.2-1 一之江境川親水公園配置図

水辺づくりを意識している（江戸川区環境促進事業団、1998）。

（3）生物の生息状況

一之江境川親水公園においては、1996年度より2000年度まで毎年（財）江戸川区環境促進事業団が生物調査を実施した（江戸川区環境促進事業団、1998）。この調査は、一之江境川親水公園に生息している生物を確認するとともに、より多くの生物が生息できる環境を創造、または維持するための基礎資料を得ることを目的としている[注2]。

それによると、この4年間に一之江境川親水公園で確認された生物（野草を除く）は175種類に及んでいる（表7.2-1）。なお、生物調査を開始した1996年6月以降は、本公園における行政による魚類などの生物の放流は一切していない。

以下、新たに記録された種とその生息状況に変化のみられた種を中心に概要を述べる。

1）魚　類

魚類はこれまでに26種が確認されている。1998年度調査では、オイカワ・ブルーギルの2種が確認されたが、オイカワはオープン時（1996年4月）に放流しているので、この生き残りの可能性が高い。

ブルーギルは3cm程度の幼魚であった。投棄されたものか、新中川から流入してきたかは不明であるが、幼魚であったことを考えると公園内に多くの個体の生息が推測される。また、マハゼ・チチブのハゼの仲間やセイゴ・ボラは新中川から多数流入してきていることが考えられる。

親水公園内で世代を繰り返している魚類もいる。メダカはオープン時に放流したものが、主に下流部に流れの穏やかな場所に少数がすみついており、夏に稚魚も確認されている。モツゴ・フナ・カダヤシも少数稚魚が確認されている。また、稚魚の確認はないが、上流部でオオフサモに卵を産みつけるコイが確認されている。

1998年度の調査では、タイリクバラタナゴ（写真7.2-3）の稚魚の群れ（20匹以上）も、中流部にある水の広場のよどみで確認されている。本種はオープン時に多数放流したが、卵を産みつけるドブガイなどが公園では確認されていないことから、徐々に本公園からは姿を消すものと考えていた。おそらく新中川から流入してきた可能性も否めないが、公園内で産まれた可能性の方が高い。今後、卵を産みつける二枚貝の生息の確認とともに、その動向を注目したい。

7.2 都市の中の自然育成型親水設計

表7.2-1 確認された生物一覧（野草は含まない）

	種類		数	生物名
1	魚類		26種	コイ、フナ、モツゴ（クチボソ）、タイリクバラタナゴ、メダカ、ドジョウ、ボラ、セイゴ、マハゼ、チチブ（タボハゼ）、ヨシノボリ、ワタカ、ウナギ、カダヤシ、アユ、アブラハヤ、ウグイ、グッピー、オオクチバス（ブラックバス）、キンギョ、エンゼルフィッシュ、ブルーギル、オイカワ、ナマズ、シマハゼ、タモロコ
2	昆虫類	①トンボ	11種	ギンヤンマ、シオカラトンボ、アキアカネ、ナツアカネ、イシメイトトンボ、ウスバキトンボ、コシアキトンボ、アジアイトトンボ、アオモンイトトンボ、モノサシトンボ、アオイトトンボ
		②チョウ・ガの仲間	23種	アオスジアゲハ、ナミアゲハ、キアゲハ、クロアゲハ、モンシロチョウ、キタテハ、ヤマトシジミ、ツバメシジミ、ベニシジミ、ヒメアカタテハ、イチモンジセセリ、オオスカシバ、オビカレハ、キノカワガ、アメリカシロヒトリ、オオイラガ、ホウオウジャク、フユシャク、タテカレハ、キチョウ、アカタテハ、アオイラガ、ミノガ
		③バッタ類	16種	ショクリョウバッタ、オンブバッタ、コバネイナゴ、クビキリギス、ツユムシ、アオマツムシ、エンマコオロギ、ミツカドコオロギ、ツヅレサセコオロギ、ハラオカメコオロギ、マダラスズ、クサヒバリ、カネタタキ、シバスズ、カンタン、クマコオロギ
		④その他	40種	ミズカマキリ、アメンボ、シマアメンボ、ヒメゲンゴロウ、キミズムシ、キマワリ、ギボシカミキリ、ドクガネブイブイ、ニジュクヤホシテントク、テントウムシ、ヨモギハムシ、アブラゼミ、ニイニイゼミ、ツクツクボウシ、オオカマキリ、チョウセンカマキリ、クザカゲロウ、シロテンハナムグリ、クマゼミ、クマバチ、フタモンアシナガバチ、ミドリイツツバセイボウ、サビキコリ、ミンミンゼミ、アオメアブ、ヤマトセンブリ、コカマキリ、イトアメンボ、アカビロードコガネ、キゴシアシナガバチ、セマダラコガネ、ホソヘリカメムシ、アオバハゴロモ、エサキモンキツノカメムシ、ゴミムシ、ハラビロカマキリ、ヒメアカホシテントウ、アカホシテントク、カドマルエンマコオロギ
		計	90種	―
3	クモの仲間		9種	コクサグモ、ギンメッキゴミグモ、ナガコガネグモ、ジョロウグモ、オニグモ、アリグモ、アシナガグモ、シロエリハエトリグモ、ヒメグモ
4	甲殻類		4種	テナガエビ、アメリカザリガニ、クロベンケイガニ、モクズガニ
5	貝類		5種	ヤマトシジミ、アサリ、ムラサキガイ、サカマキガイ、マルタニシ
6	両生類		5種	ウシガエル、アズマヒキガエル、トウキョウダルマガエル、ニホンアカガエル、アマガエル
7	爬虫類		4種	アオダイショウ、カナヘビ、ミシッシピアカミミガメ、クサガメ
8	捕乳類		2種	アブラコウモリ、ドブネズミ
9	鳥類		30種	アオサギ、カルガモ、コチドリ、キジバト、ツバメ、ハクセキレイ、ヒヨドリ、モズ、ジョウビタキ、ツグミ、ウグイス、ヤマガラ、シジュウカラ、メジロ、アオジ、カワラヒワ、シメ、スズメ、ムクドリ、オナガ、ハシボソガラス、ハシブトガラス、ドバト、ゴイサギ、エナガ、コサギ、コゲラ、チョウゲンボウ、シロハラ、ビンゴロハジロ
	合計		175種	―

【注】 1. 上記生物は1996年6月より2000年8月までに確認されたものである。
2. 太字生物は放流の記像があるもの。

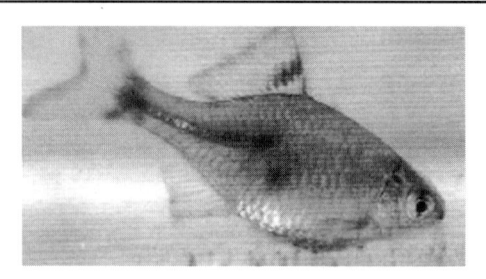

第7章　親水におけるいきものと生態系

写真7.2-3　タイリクバラタナゴ

　また、1997年度調査で1個体確認され、その生息について注目していたアユについては1998年度は確認されていないが、聞き込み調査によれば、その年の5月に10cm程度の稚アユが捕獲されたとの情報も得られている。なお、旧江戸川では稚アユの遡上が見られるので、新中川を経由して本公園に入り込んでいる可能性も高い。2000年度は確認することはできなかったが、将来は天然アユの生息の可能性もある。

2）昆虫類

　昆虫類は、調査方法によっては多くの種類を確認することが可能である。しかし、昆虫類については一之江境川親水公園に生息する全ての種を確認するというよりも、この公園を象徴するような昆虫類（例えば、トンボ類）や、馴染みのある昆虫類（バッタ・コオロギ・チョウなど）の確認を主としている。今までに90種が確認されている。

　① トンボ

　水辺の昆虫を代表するトンボは、一之江境川親水公園の生物を語る上で重要な種である。2000年度は、イトトンボ類を含めて11種が確認された。

　トンボは、その幼虫（ヤゴ）期を水中で過ごし、種によっては数年の水中生活をおくる。したがって、冬期に塩分濃度（最高1％）が増してくる一之江境川親水公園においては、継続的にトンボ類が発生するかどうか注意深く観察する必要がある。水辺の昆虫のシンボルであるトンボを多数発生させることは、本公園の重要な課題ともなっている。

　② チョウ・ガ

　チョウ・ガの仲間は23種類が確認された。アゲハについてはアオスジアゲハ・キアゲハ・マニアゲハ・クロアゲハは普通に観察されている。ヤマトシジミ（写真7.2-4）も多数確認されている。

7.2 都市の中の自然育成型親水設計

③ バッタ・コオロギ・キリギリスの仲間

野草をかなり残す管理をしているので、公園の規模、幅員からすると多くの種が生息している。オンブバッタ、ツユムシ（写真7.2-5）など、16種が確認されている。

④ その他

その他にも40種の昆虫類が確認されたが、水生の昆虫類としてはアメンボ類が全線にわたり多数生息している。ただし2000年度は、シマアメンボの生息は確認されなかった。したがって、シマアメンボはこの公園では稀な種ということになる。また、クマゼミの抜け殻が上流部で2個確認された。

3) クモ類

今までの調査で9種類が確認されている。水路に水平網をはるアシナガグモは数多く見られるなど、餌となる小昆虫が多い証拠ともいえる。

4) 甲殻類

カニ類2種、エビ類2種の4種が確認されている。テナガエビは新中川からかなりの個体数が流入してきているようである。最上流部（吐き出し部）で水を止めて調査を行った際に、4～5cmの個体が多数確認されている。ただし、中・下流部には少ない。

なお、アメリカザリガニはご多分にもれず公園で世代を繰り返していて、幼体も普通に確認されている。

クロベンケイガニは自然状態で流入してきたものが、徐々に中・下流部に分布を広げている。公園の護岸は空石積みや木杭を採用しており、隙間が多く本種の生息に適しているようであり、今後も増加が見込まれる。

5) 貝類

今までに5種確認されたが、最上部（吐き出し部）のヤマトシジミ（写真7.2-4）は毎年多く確認されている。また、それ以外の二枚貝も一個体確認したが、種を特定できなかった。2000年度には新たにマルタニシが確認された。

貝類については生息を確認することが難しく、タイリクバラタナゴの稚魚が確認されたことからも、この調査では確認されてない種が生息している可能性も高い。

6) 両生類

1998年度にニホンアカガエル（写真7.2-6）の幼体が確認されたことで、本公園で生息が確認されたカエル類は5種類となった。都市の中心部である本公園

第7章 親水におけるいきものと生態系

写真7.2-4(上)　ヤマトシジミ
写真7.2-5(中)　ツユムシ
写真7.2-6(下)　ニホンアカガエル

写真7.2-7　アオダイショウ

で5種類ものカエルが確認されたのは、特筆すべきことであろう。ただし、オタマジャクシが確認されているのはウシガエルのみである。

　7) 爬虫類

　1998年度調査においてアオダイショウ(写真7.2-7)、カナヘビ、ミシシッピアカミミガメ、クサガメの4種が確認されている。

　8) 哺乳類

　2種が確認されている。春から秋口までの夕方、園灯の回りを飛び回るアブラコウモリが多く見られる。

　最近目立っているのがドブネズミの増加である。中流部での目撃が最も多く、住民がコイに与えるパンくずなどに寄ってきて食べたりするなど、あまり人を

恐れる様子がない。近隣住民からの陳情もあり、ネズミ捕りによる捕獲を行っている。

9）鳥類

30種が確認されている。コゲラとエナガも確認されているが、区内では稀な鳥類である。また、中流部ではカルガモが秋から冬の早朝によく観察される。これらのカルガモは隣接する敷地の池と行き来していることが調査から判明している。1998年度調査では確認された個体数が8羽に増加した。近隣の住民が与えるパンなどに餌づいている。

（4）啓発事業の展開

自然育成型については、単につくるだけでなく啓発していくことが大切である。一之江境川親水公園の場合も、自然に親しむきっかけづくりなどの目的で啓発事業を毎年展開している。実施している啓発事業については次のとおりである。

1）自然観察会の実施

「一之江境川親水公園を愛する会（町会、自治会などの54団体で構成）」により、自然観察会を行っている。1998年度は8月にプロのナチュラリストを講師に招き、一之江境川親水公園の中流域の約1kmを約30名が参加して自然観察をしながら歩いた。

2）講演会の実施

自然観察会と同日に、同じく「一之江境川親水公園を愛する会」の主催により講演会を実施している。当日は地元町会・子ども会などから約200名の参加者があった。

3）写真・パネルなどの展示

一之江境川親水公園で確認された生きものたちの写真・パネル展示や魚などの生きものを水槽により展示するなどしている。

4）サインの設置

一之江境川親水公園では、生物の生息のために一部野草を意識的に残すという管理をしている。その目的について説明するために、サインを全線で6基設置している。また、一之江境川親水公園で観察できる生きものについても、写真やイラストにより紹介した解説板を上・中・下流部に各1箇所づつ夏編・冬編の2回設置している。近隣の住民により、「魚を捕らないで」などの看板が設

5）小冊子の作成・配布

「一之江境川親水公園に生息する生物」や「自然観察のしかた」を紹介した小冊子「身近な自然観察〜一之江境川親水公園のいきもの達〜」を作成し、自然観察会、講演会、地元行事の際に配布している。

(5) 一之江境川親水公園の成果・効果および問題点

1) 自然育成型親水施設としての成果・効果

一之江境川親水公園が全線オープンしてから5年が経過したが、この間にも多くの生物が確認されると共に、身近で人々が自然と触れ合う機会が増えた。

また、身近に自然（生きもの）が復活した結果、通常の公園では得がたい効果も現れている。その成果・効果は以下のとおりである。

① 親水施設における自然の育成

a) 新中川の源水を取り入れることにより多くの生物が入ってきた。

b) 本公園の環境に何処からともなく多くの生物が集まってきた。

② コミュニティの場としての親水施設

c) 多くの生物と出会うことにより、人々が発見・驚き・感動・期待感・季節感を体験できる機会が多くなった。

d) 自然（生物）を話題に公園利用者相互のコミュニケーションが世代を越えて自然に交わされている。

③ 環境教育の場としての親水施設

e) 自然観察会などを通して住民（特に子供たち）が自然を身近に感じ学べる場となった。

2) ビオトープとしての一之江境川親水公園の問題点

自然（生きもの）が復活する中で、いくつかの問題点も浮上している。これらの問題点を解決していくことが今後の課題となっている。

① 害・不快生物について

歓迎される生物もいる一方で、人々から忌み嫌われる生物もいる。蚊・ハエ・ネズミなどが代表的である。人によっては、「ヘビが嫌い」「カエルが嫌い」というのもあるが、これは問題外としても害・不快生物については苦情も多く対応に苦慮してる。

ヤブ蚊に対しては、発生場所として疑われる雨水桝の泥溜めに薬剤を投入し

て幼虫（ボウフラ）を駆除したり、ドブネズミについてはネズミ捕りを仕掛けたりするなどしているが、どちらにしても抜本的な解決策がないのが現実である。

その他、樹木の大敵であるアメリカシロヒトリも発生する。アメリカシロヒトリについては、フェロモンを利用した捕獲器を採用してその減少に努めているが、薬剤による消毒をせざるを得ない場合もある。その他にも、イラガ・ドクガ・ハチなど、野外において危険な（人にとって）生物も自然界では生息している。当然、これらの生物も自然を構成する一員である。一部が大量発生すると問題も多いが、自然なバランスの中で生息することは受け入れていかなくてはならない。

② 雑草（野草）の問題

野草は生物の生息にとって餌やかくれがなどとして重要な要素である。しかし、一般の都市公園においては、植栽された以外の植物は「駆除すべきもの＝雑草」として扱われているのが現状である。

一之江境川親水公園においては、生物の生息する環境の創造を目的としているので、なるべく野草についても残すように心がけている。その結果、公園の規模からするとバッタ類をはじめ多くの生物を確認することができた。しかしながら、このような野草を残すことは、一見すると「荒れている」、「管理していない」といった感じがするようで、住民からの苦情も少なからずある。公園では、野草を残す目的で知られるサインを現地に設置するとともに、野草管理のマニュアルづくりもしている。

(6) 今後の課題

一之江境川親水公園が完成してから現在までをふり返ると、都市の中の人々がいかに自然と共生していくのかということが今のところ大きな課題となっている。同時に、自然育成型親水公園という性質上、より多くの生物を復活させるとともに継続的に生息させることも大きな課題となる。その評価をする上でも、生物調査を継続的に実施していくことが必要不可欠である。

また、2年間の生物調査の基礎資料として、一之江境川親水公園をより生物豊かにするためのエコアップ工事を実施しているが、工事の対象箇所は人の立ち入りが激しく、植栽した植物が育たない裸地化した中之島や水辺地（水生護岸）を改良したものであった。このエコアップ工事の効果も生物調査の中で明らかにしていくとともに、今後もエコアップに取り組んでいく必要があろう。

第7章　親水におけるいきものと生態系

(注1)「多自然型」と呼ばれることもあり、「河川本来の姿である多様な生息環境としての場を保全・創出し、あわせて地域景観を創出していこうとする理念と具体的方法。」と定義されるが(三船康道＋まちづくりコラボレーション、「まちづくりキーワード事典」学芸出版社、1997.3、198頁)、江戸川区では「自然育成型」と呼んでいる。

(注2)(財)江戸川区環境促進事業団施設課が調査機関となり、調査協力を現地調査においてナチュラリストの佐々木洋氏、写真家の水晶亭文太氏、写真による種の同定を市川市立市川自然博物館の学芸員金子謙一氏に依頼している。

引用・参考文献

若山治憲・上山　肇・北原理雄(1994)：人工的な親水施設と自然的な親水施設—江戸川区の親水事業の転換．日本建築学会大会学術講演梗概集、pp.257-258

(財)江戸川区環境促進事業団(1998)：一之江境川親水公園生物調査報告書、pp1-2

上山　肇(2002)：市街地における自然育成型親水施設の生物生息状況．親水施設の周辺環境に関する研究．2001年度日本建築学会関東支部研究報告集、pp.337-340

7.3 海辺の生きものと親水性

(1) 海の生態系

生態系とは、様々な生物およびそれを取り巻く非生物環境がかかわり合ってつくっている一つの系をいう。

海には約16万種の生物が生存しているといわれるが、これを機能によって分類すると表7.3-1(a)のようになる。生産者とは、無機物から有機物を合成する機能(基礎生産力)をもつ生物のことで、光合成を行う植物プランクトンや海藻がその代表的なものである。生産者は消費者の餌となり、その後食物連鎖の段階に従って高次消費者に摂餌されていく。一方では、生物の排泄物や遺骸などの不要になった有機物を分解し、基礎生産に利用可能な無機物にする分解者が存在する。

また、生活様式によって海洋生物を分類すると表7.3-1(b)のようになり、海中を浮遊するプランクトン、自力で遊泳する魚類などの遊泳生物、海底に生息する底生生物に分類されるが、ひとつの種でも成長段階に応じて生活様式が変わっていく。

海洋生態系はこれらの生物とそれを取り巻く非生物的環境、すなわち海水、大気、海底土、光、酸素、二酸化炭素、栄養塩などによって構成されており、それぞれの環境要素が相互に影響を及ぼしながらひとつの系としてバランスしているわけである。

表7.3-1　海洋生物の分類(柳、1992)

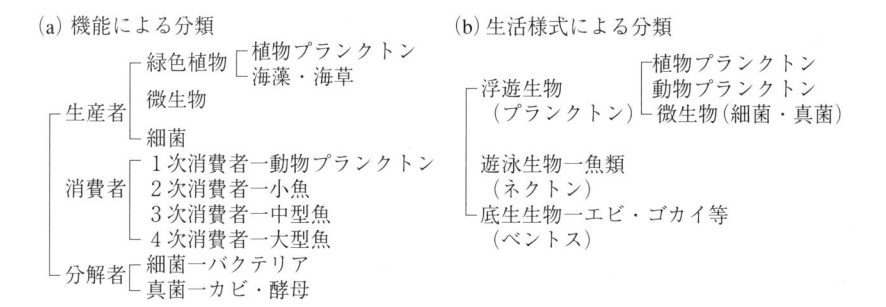

(a) 機能による分類

```
         ┌ 緑色植物 ┬ 植物プランクトン
         │         └ 海藻・海草
    ┌ 生産者 ┼ 微生物
    │    └ 細菌
    │    ┌ 1次消費者―動物プランクトン
    ├ 消費者 ┼ 2次消費者―小魚
    │    ├ 3次消費者―中型魚
    │    └ 4次消費者―大型魚
    └ 分解者 ┬ 細菌―バクテリア
          └ 真菌―カビ・酵母
```

(b) 生活様式による分類

```
 ┌ 浮遊生物  ┬ 植物プランクトン
 │ (プランクトン)├ 動物プランクトン
 │        └ 微生物(細菌・真菌)
 ├ 遊泳生物―魚類
 │ (ネクトン)
 └ 底生生物―エビ・ゴカイ等
   (ベントス)
```

第7章 親水における生きものと生態系

ところが、沿岸域ではこの系に人間による影響が介在し、さらに海浜や浅場の埋め立て、あるいは富栄養化や海洋汚染による水質悪化のために生物の生息環境が大きく損なわれ、海洋生態系が危機に瀕している海域も少なくない。具体的には干潟や藻場の喪失が著しく、最近では埋め立てに対しては慎重な声が多くなってきている。

(2) 生きものと親水性

海辺に多様な生物が生息していることは、生態系の保全・維持という観点から重要であることはいうまでもない。そして、そのことは海辺の環境が比較的良好であることをも意味している。

こうした生物の棲む海辺はまた、親水性という観点からも好ましい環境といえる。すなわち、人間にとって海辺の生物の存在はより親しみや楽しさ、あるいは自然との触れ合い感を促す大きな要素となるからである。例えば、魚が泳いでいる海辺、野鳥のいる干潟といった環境は、それらの生物にとっての生息場として重要であるだけでなく、それを見る人間にとっても好ましい風景となる。

図7.3-1は、東京都の大井ふ頭中央海浜公園の来訪者に対し、種々の水辺環境要素の満足度をアンケート調査した結果で、各項目に対し「満足」であると回答した人の割合を示している。

これを見ると、「魚が見える」「野鳥が見える」といった生物に関する項目が比較的上位に表れ、25％前後の来訪者が満足と答えている。もちろん、こうした評価は場所によって異なり、その場所の環境の現状を反映するのであるが、この一例を見ても、都市に住む人々の生物に対する関心の高いことがうかがわれる。

このように、海辺に棲む生物の活動を眺めることによって人々は自然の貴重な営みを学ぶことになり、無機質化しつつある都市環境の中で精神的やすらぎを感じることができる。そして、生物が生息している環境は、基本的に人間にとっても水との親しみをもちやすい場、すなわち親水機能の高い場となるのである。

特に自然の干潟や浅瀬は生息する生物も多く、産卵場や幼稚仔魚の育成場としての機能も備えている。そのため、鳥類の渡来地や採餌場としても重要な生息環境を形成し、そこに生息する生物の活動により汚染物質を吸収、分解、固定、同化、摂餌、濾過などによって減少させるため自然浄化能力も高く、水質浄化機能を有している。さらに、これらの場所はレクリエーション的空間とし

ての価値も高く、釣り、潮干狩り、バードウォッチングなど、人々が自然と触れ合うことのできる親水空間としての効果を合わせもっている。また、社会的、文化的な側面や景観的な価値も優れたものとなることが多い。

そこで、生態系の保全・回復と親水性という両観点から、近年では生物と親しめる施設の整備や人工的な干潟、磯場などの造成が盛んに行われるようになった。

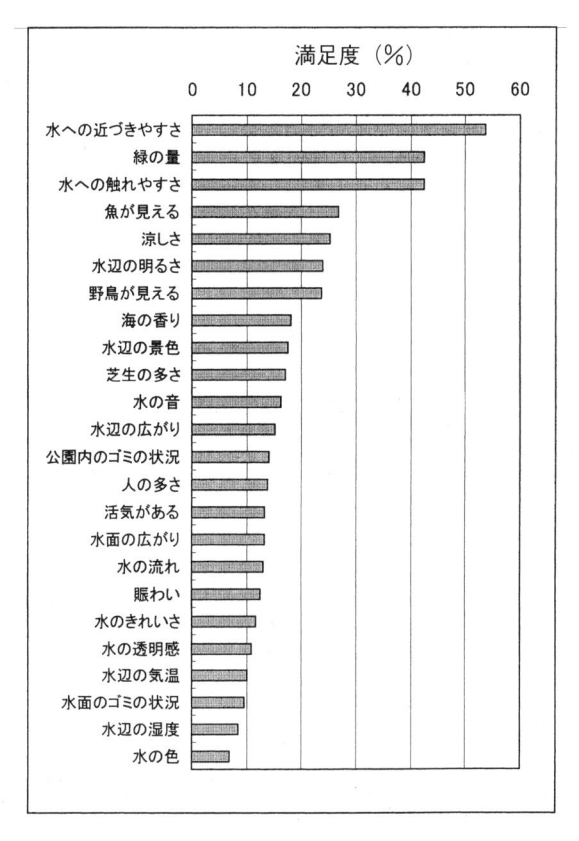

図7.3-1 大井ふ頭中央海浜公園における水辺環境への満足度

（3）干潟の多様な機能

人間と海とが接する具体的な海辺とは、干潟、海浜（砂浜）、磯場、浅場などである。これらの場所における環境要素の特徴は表7.3-2のように表される。それぞれの代表的な親水利用形態として、干潟では野鳥観察、潮干狩り、散策、

表7.3-2 干潟・海浜・磯場・浅場の特徴分類（今村・木村、1998）

特徴項目	区分		干潟			海浜（砂浜）	磯場（岩礁域）	浅場（浅瀬）
			潟湖	河口	前浜			
					泥 / 砂			
地形	平面		河川隣接内湾域	河道部河川隣接	内湾域	不特定	外海域にも存在	不特定
	鉛直	潮汐 潮上帯	従構成			主構成	従構成	従構成
		潮間帯	主構成			従構成	主構成	
		潮下帯	従構成					主構成
	勾配（オーダー）		極緩（1/100～1/1000以上）			緩（1/10）	急	緩（1/10）
	微地形		澪，クリーク，タイドプール			バー，カスプ	タイドプール	リップル
底質	粒径組成	岩 75mm以上	極少			少	極多	不特定
		礫 2～75mm	少				少	
		砂 2～0.074mm	少	多	少 / 極多	極多		
		泥 0.074mm以下	極多	（変化に富む）	極多 / 少	少	極少	
	中央粒径（mm）		0.2前後（以下もあり）		0.2～0.7	0.2以上		不特定
	有機物量		多い（1～15%程度）		限定なし	少ない	少ない	
水質	塩分濃度		限定なし	低い	高い	高い	高い	高い
	有機物量		多い		限定なし	少ない	限定なし	不特定
外力	潮汐		大（1～5m）			不特定	小～大	不特定
	波浪		極小		小	大	極大	大
生物	動物	底生動物 種構成	単調（20種以下が多い）	やや単調（40種以下）	多様（40～60種程）	ナミノコガイ ハマグリ（二枚貝類） ハマトビムシ など	フジツボ イガイ ヒトデ ヤドカリ類 など	ウニ アワビ サザエ など
		現存量（g/m²）	少（10以下が多い）	中（300～500程度）	多（500以上）			
		主要種（系統分類）	（甲殻類、多毛類）	（多毛類、二枚貝）	（二枚貝、腹足類）			
		魚類	満潮時：ボラ、サッパ、スズキ			ヒイラギ 稚仔魚	メバル カサゴ	カレイ ヒラメ類
			干潮時：ハゼ類、カレイ類（稚魚）					
		鳥類	シギ・チドリ類、ガンカモ類、サギ類、アジサシ類			ウ、カモメ、カイツブリ類		
		植物	葦原・アマモ、ノリ、アオサ			アマモ、ハマユウ、マツ林	ガラモ場 海中林	
主な利用形態			水産（漁場、育成場） 親水（野鳥観察、潮干狩り、散策） 自然保護（教育、研究）			親水（海水浴、散策、釣り）	水産（漁場、育成場） 親水（釣り） 研究、教育	水産（漁場、育成場） 親水（釣り）
代表的な事例（自然○、半自然△、人工＊）			サロマ湖○ 蒲生△ 東京港野鳥公園＊	揖斐川＊ （小櫃川）盤洲○	三枚洲、富津 前浜 八景 船橋、葛西＊ 五日市＊ 有明海○	九十九里浜 湘南海岸 幕張、稲毛 万座ビーチ	油壺、天草 種市△ 相馬、若洲 淡輪	三番瀬 羽田沖＊ 横須賀沖＊

海浜では海水浴、散策、釣り、磯場や浅場では釣りなどがあげられる。

この中でも、前述したように干潟は特に多様な機能を有することが認知され、保全、あるいは再生することの重要性に関心が集まるようになった。

干潟のもつ多様な機能とは具体的には次のようなものである（今村・木村、1998）。

① 自然環境保全機能

干潟域には、種々の底生生物、魚介類、鳥類、昆虫類、水生植物、海浜植物など多様な生物が生息し、自然環境の場を形成している。

② 生物生産機能

干潟には二枚貝などの水産有用種が生息しており、これらの漁獲・増殖の場、あるいはノリ養殖や産卵、稚仔魚の生育の場として干潟の価値は高い。

③ 親水機能

都市の臨海部に存在する干潟は、都市住民にとっては自然と触れ合うことのできる貴重な場である。潮干狩り、干潟に生息する生物や渡り鳥の観察、散策などの親水活動を通じて自然的な環境を享受できる。

④ 水質浄化機能

干潟には水質の浄化作用があり、干潟の重要性が注目される最も大きな要因である。この浄化機能は更に以下のように分類できる。

a. 微生物などによる有機物の分解・無機化
b. 生物体への取り込みによる窒素、リン、二酸化炭素などの固定化
c. 生物体による沈降・堆積の促進
d. 化学的作用による汚濁物質の不活性化
e. 波浪による曝気作用
f. 潮流・波浪による汚濁物の流出
g. 野鳥による捕食、漁獲などによる有機物の搬出

中でも底生生物による取り込みは、浄化量が大きくかつ持続的であることから最も重要な要素と考えられている。

⑤ その他

その他の機能として、沖合からの来襲波を緩衝することによる安全・防災機能、海域と陸域の間に広い潮間帯域が存在することによる微気候調節機能、造成干潟においては建設副産物の有効利用の場となることなどがあげられる。

以上に列挙した干潟の機能は必ずしも独立した機能ではなく、生物を介在し

第7章　親水における生きものと生態系

て相互に関連性がある。

　ただ、これらの中では水質浄化や生物生産機能が干潟の機能として特に重要と考えられており、親水機能は二義的な機能と捉えられているように思われる。しかし、磯場に比べて誰でも比較的容易に立ち入ることができる点で、海浜から干潟にかけての沿岸部は最も人間が海辺の生きものと接しやすい場となっている。

　また、人々が水辺において感じる清涼感やうるおいは、淀みや濁りが少なく、透明感のある水質、輝きのある水面の存在に由来している部分が大きい。逆に水質の悪化は景観の悪化を招き、人々の水辺に対する関心を低下させることにもつながる。したがって、水質の保全・浄化は親水性という視点からみても欠かすことのできない課題である。

(4) 生態系と親水性に配慮した海浜整備の事例

　先述したような多様な機能を併せもつ自然干潟は、都市の近傍では極めて希少な存在となっている。そこで、自然干潟の環境悪化や消失がこれ以上進まないように配慮するとともに、人工的な負荷が浄化能力を超えて環境の悪化した干潟を修復したり、海岸埋め立ての補償として人工干潟を造成する試みが盛ん

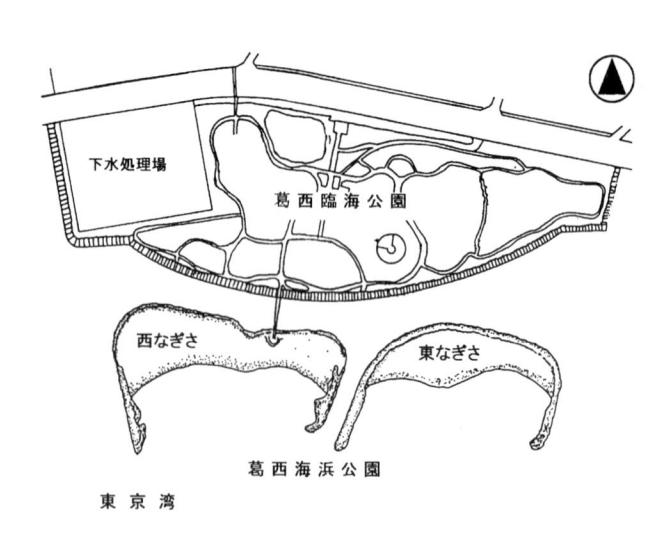

図7.3-2　葛西海浜公園（亀山・樋渡、1993より改変）

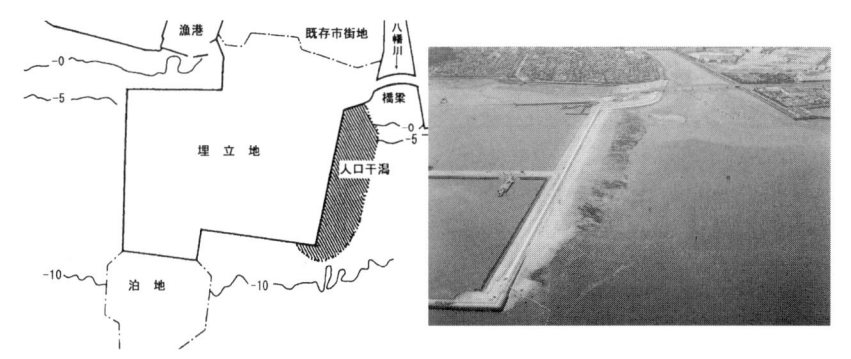

図7.3-3　五日市干潟（杉山、2000）　　写真7.3-1　五日市干潟（広島県、1996）

に行われるようになってきた。

その中でも、生態系の保全と親水性の双方を意識した代表的な事例として以下のような整備例があげられる。

1) 東京都・葛西海浜公園

葛西海浜公園（図7.3-2）は東京都海上公園のひとつとして1989年に開園した。U字型の石積式導流堤に囲まれた東西2つの人工干潟が陸地から独立して造成されており、「東なぎさ」では水生生物や野鳥保護のため人の立ち入りを禁止して自然保護区となっている。一方、「西なぎさ」は海浜レクリエーションの場として供用されており、年間約140万人の利用者が訪れている。

2) 広島湾・五日市干潟

五日市干潟（図7.3-3、写真7.3-1）は、広島湾に注ぐ八幡川河口の埋め立てに伴い干潟が分断・消滅することから、その代替として埋立地に隣接して新たに造成された干潟である。1990年に完成し、わが国におけるミチゲーションの事例として著名である。

造成後、約2ヶ月でアサリなどの干潟生物が回復し、その後も増加しているという。また、鳥類も造成1年後には造成前を上回る数が確認され、その後若干減少しつつも造成前と同程度を維持していることが報告されている（広島県、1996）。

3) 仙台湾・蒲生干潟

蒲生干潟（図7.3-4、写真7.3-2）は、七北田川の河口部が1960年代後半に行われた仙台新港の建設と河口導流堤の設置によって潟湖として取り残されたも

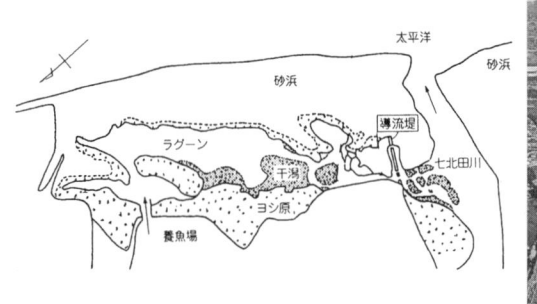

第7章　親水における生きものと生態系

図7.3-4　蒲生干潟（杉山、2000）　　　写真7.3-2　蒲生干潟（運輸省、1998）

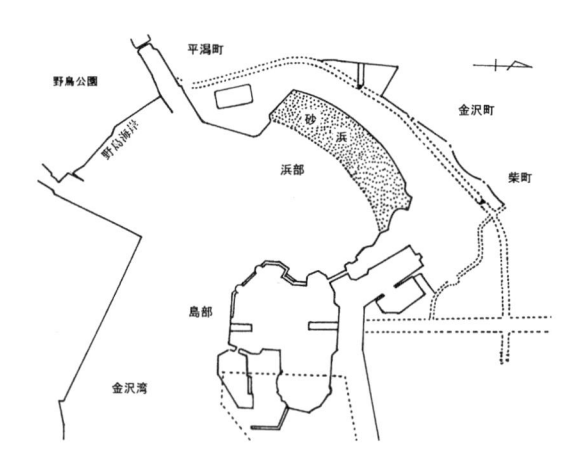

図7.3-5　横浜港・海の公園（運輸省、1998）

のである。その後、潟内の水交換を促すため潟湖入口に通水用の管路が敷設された。多くの鳥類が見られることで知られ、これは同時に餌となる底生生物が豊富であることも示している。

4）横浜港・海の公園

海の公園（図7.3-5）は、1979年から1993年にかけて人工海浜の造成が行われ、潮干狩り場や海水浴場として賑わっている。砂浜の造成に際しては底生生物、特にアサリの生息環境を保持するよう配慮して水深、波高、断面形状などの設計条件が決定された。追跡調査の結果では造成後1年でアサリの稚貝が見られるようになり、最近では800〜1,000g/m²の生息密度を保っている（港湾環境創

7.3 海辺の生きものと親水性

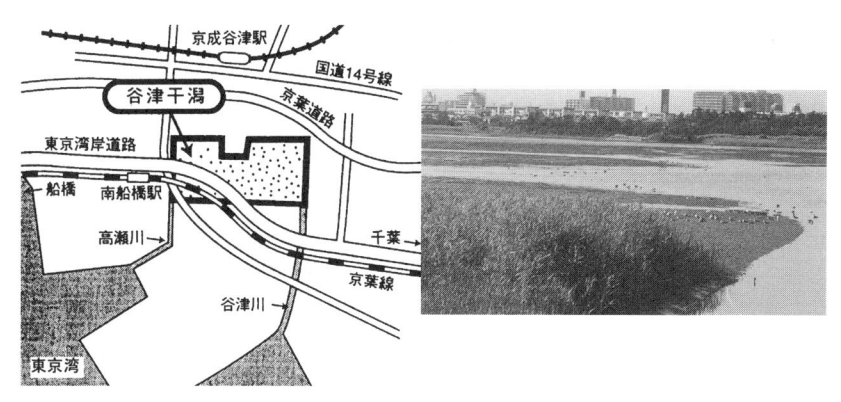

図7.3-6 谷津干潟の位置
(港湾環境創造研究会、1998)

写真7.3-3 谷津干潟(運輸省、1998)

造研究会、1998)。

5) 千葉県・谷津干潟

谷津干潟(図7.3-6、写真7.3-3)は、元来は東京湾奥部の前浜干潟であったものが周囲の埋め立てによって取り残され、現在では東西両端にある川によってかろうじて東京湾とつながっている珍しい形態の干潟である。ラムサール条約登録地として知られ、底生生物および渡り鳥を中心とした鳥類が豊富に生息している。ここでは自然観察センターが設けられており、観察だけでなく環境教育にも力が入れられている。

(5) 親水活動と生態系・環境保全の課題

生態系のバランスが維持され、かつ人間にとっても生きものや自然と触れ合い親水性を享受できるような水辺・海辺が理想的であることはいうまでもない。しかし、自然環境の保全・維持と人間の関与は、ともすれば背反する結果を招く。すなわち、人間が立ち入ることは、一般に自然環境の破壊を招くものである。実際、自然環境が損なわれ、海の環境が悪化し、生態系の危機が顕在化するようになったのは都市に密集した人間活動の結果にほかならない。農村や漁村のように、生業や生活が自然と密着していれば環境に対し過度に負荷を与える行為はある程度抑制されるであろうが、わが国の社会経済が今後一次産業にシフトしていくとは考え難い。

このため、海辺・水辺を望ましい姿に回復あるいは創造するためには人間の

227

立ち入りを適度に制限することも必要であろうし、あるいは東京都の葛西海浜公園に見られるように、人間のレクリエーションの場と生物の生息場を明確に分離するといった設計思想も重要である。

　また、生態系を重視した整備を行った後は適切な維持管理を続ける必要がある。しかし、管理については人の手が加わる程度を最小限に抑え、できるだけ自然の原理に任せることが望ましい。どの程度、どのように人の手を入れていくかという維持管理の手法は、各地の自然条件・社会条件によって当然異なってくるであろうが、計画時点で維持管理方法まで考慮できるような仕組づくりが早期に確立すべき課題である。

　このように安定した生態系の維持がある程度保証された上で、可能であればアクセス路を整備して水辺に接近しやすくしたり、あるいは親水テラスやデッキ、プロムナードや親水護岸などによって人々が水辺に立ち入りやすくすれば、海や生きものとの触れ合いを感じさせ、心理的なやすらぎや潤いを積極的に与えることになり、水辺に対する人々の関心を一層高めることにもなるであろう。

　一方で、水辺の整備によりやむをえず生態系を消滅させたり、周辺の生態系の価値を著しく損なうようなことが生じる場合には代替措置を検討し、従前の自然環境の再現や新たな環境創造を図るなど、ミチゲーション的措置に努めることが望ましい。

　ミチゲーションとは、開発の自然環境に対する影響を緩和する措置であり、「回避」「最小化」「修復・修正」「軽減」「代償」という優先順位で考えられている。しかし、ミチゲーションによる代償的な海岸・海浜整備を理由に、むやみに開発を進めることは避けなくてはならない。たとえ新たな場所に人工干潟を整備しても、それは開発行為によって消滅した自然干潟と全く同等の機能をもつとは必ずしもいえないからである。人工的な整備は、あくまで負荷のかかりすぎた自然環境が自身の力で回復・維持できるよう手助けするという姿勢が基本である。その意味で、河川で行われている「近自然工法」の考え方や手法、あるいはビオトープづくりの視点、ノウハウを海辺にも取り入れていくことが望まれる。

　また今後は、既に一部で試みられているように、地域住民やNPOが主体となった環境の再生・創出・保全・維持活動がますます一般化し、海辺の環境整備においても定着していくことが期待される。

引用・参考文献

柳哲雄(1992)：海の科学．恒星社厚生閣、pp.79-86

今村均・木村賢史(1998)：沿岸の環境圏・第2編・第4章・第2節．人口干潟造成の現状と課題・第3節・水質浄化場としての人口干潟(海浜)の設計．フジ・テクノシステム、pp.1112-1136

亀山章・樋渡達也(1993)：水辺のリハビリテーション．ソフトサイエンス社、pp.190-191

杉山恵一監修・自然環境復元研究会編(2000)：海辺ビオトープ入門・基礎編．信山社サイテック、pp.79-101

広島県(1996)：広島港五日市地区人口干潟工事誌

運輸省港湾局監修・エコポート(海域)技術WG編集(1998)：港湾における干潟との共生マニュアル．財団法人港湾空間高度化センター．港湾・海域環境研究所、pp.138

港湾環境創造研究会(1997)：よみがえる海辺・環境創造21．山海堂、pp.27-93

第8章

これからの親水施設の展望

■■■ 8.1 都市における親水水路

　現在、人との関わりが稀薄となった都市内河川や水路は、新しく親水という概念を導入することによって、従来からの治水、利水の概念とは異なった新しい役割を担うことになった。

　人が水に親しみ、水に触れ、水辺を歩き、憩い、休む、その他各種レクリエーションに対応するためには、護岸をはじめ、植栽を含めた水辺の環境整備が必要であり、当然、水質、水量も重要な要素となる。特に、魚類をはじめ水辺に生息する生物との共存を考慮するなら、彼らが持続して生息できる環境を確保しなければならない。

　また、河川、水路の流域には永い歴史を通して育まれてきた社会的文化（祭り、行事や歴史的建造物、史跡、モニュメント等）がある。かつての河川、水路はこのような文化の伝達経路となったように、親水水路においても遊歩道や水上バス等により、互いの文化を有機的に結ぶネットワークとしての役割も考えられる。

　ここに紹介する構想は、社団法人大都市圏研究開発協会（2001年3月31日解散）川の手部会の一研究委員会として発足した「リバーループ21東京研究委員会（委員長：波多江健郎）」によって、1991年9月にまとめられたものである。

第8章　これからの親水施設の展望

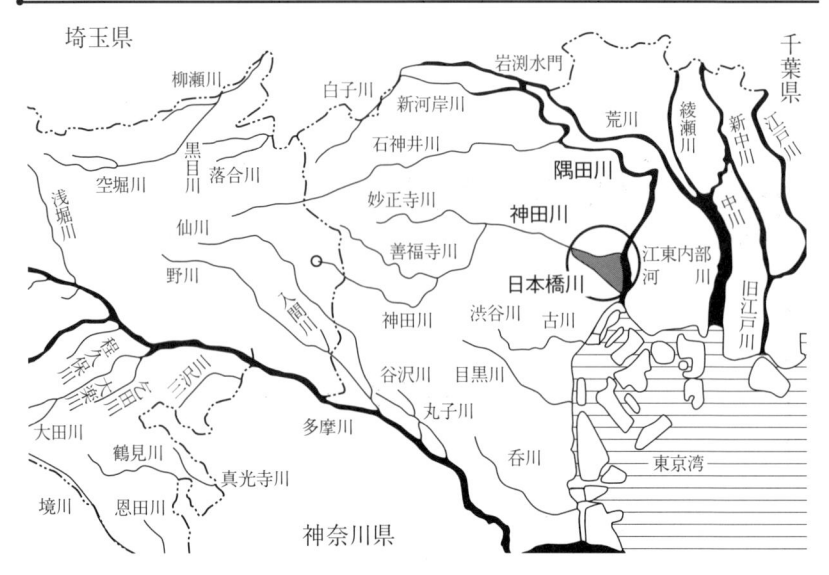

図8.1-1　三河川に囲まれた地域の位置

　これは、東京における代表的河川の神田川(注1)、日本橋川(注2)、隅田川(注3)がループ状（環状）に結ばれ、都心を取り囲んでいることに着目し、回遊性のある親水水路として復活させようという発想である（図8.1-1）。いわば、都市におけるこれからの親水水路づくりのひとつのケーススタディである。
　以上三つの河川に対する治水事業は、主に洪水対策と高潮対策の二つがあげられる。
　隅田川では荒川放水路の開削、岩淵水門の完成により、洪水時、荒川から隅田川への流入量が零となった。神田川は現在1時間あたり50mmの降雨に対処できるように、日本橋川が分流する地点を境に下流部では高潮防止施設整備事業、上流部では調節池や分水路、雨水流出抑制施設等の整備を進めている。

(1) 理　念

　十数回にわたる三川ルートの船からの観察を通して、今まで高速道路の橋脚により街のレベルからほとんど意識できなかった日本橋川では、橋を通して眺められる景観が恰も走馬灯のように映り、新たなる感動を覚えた。
　考えてみれば、江戸東京発祥の日本橋や両岸の美しい石積、形の美しい常盤橋、錦橋、そして両岸にある洋風建築の佇まい等は、当時の人々が川や街づく

8.1　都市における親水水路

りに対していかにきめ細かな配慮をしながら造り上げていったかを示している。その上、それぞれの橋詰には小さな空間があり、樹々の緑が水面に接するところも見られた。

このような貴重な資源を現在のように放置するのではなく、生活の中に川を貴重な空間として復活させたいというのが発想の原点である。特に、日本橋川、神田川、隅田川に囲まれた周辺地域は東京の歴史的遺産の宝庫である。このような文化遺産をそれぞれの川を通してネットワーク化させ、人々が都市レベルから自由に緑と潤いのある川辺に出られることを想像していただきたい。

ここ数年、神田川ではアユの遡上が見られるなど、隅田川や日本橋川でも水質が改善され淡水魚類の回復が見られるようになった（表8.1-1）。また、東京の歴史的環境が川を通して歩行レベルとなり、船を介して楽しめるという、まさしく人間性復活のまちづくりになることが考えられる。

(2) 構想の背景

かつて、日本建築学会水景小委員会では、「水景の街づくり－歴史の見える街づくり」としてシンポジウムを開催し、長谷川堯氏には日本橋およびその周辺について、鈴木理生氏には東京の水景について話をうかがった。その長谷川氏の話の中で特に興味を惹かれたのは、「明治の終わりから大正初めにかけて、当時の芸術家や作家、詩人、政治家等による独特の文化が生まれた」といわれ、

表8.1-1　三河川の水質、魚類調査

調査地点	水質	平成8年	平成9年	平成10年	平成11年	平成12年	魚類の種類
隅田川 両国橋	BOD DO	3.0	2.7	2.5	2.6	2.6 4.8 （平均）	サッパ、コノシロ スズキ
神田川 柳　橋	BOD DO	3.0 4.4	3.4 4.9	2.3 4.7	2.1 4.5	2.6 5.0	サッパ、ムツゴ コイ、マハゼ
日本橋川 西河岸橋	BOD DO		3.4 3.7	2.6 3.1	2.5 3.9	2.7 3.6	ボラ、コトヒキ

備考）　BOD：水中の汚物を酸化して有害なものにするために必要な酸素の量、
　　　　　　　5mg/l以下が望ましい。
　　　　DO：水中に解けている酸素量のこと―最低2mg/lが必要。
　　　　NH_4^-N：遊離アンモニア、5mg/l以下が望ましい．三川では概ねクリアーしている．

東京都環境局環境評価部による水中生物調査報告書2001（平13.3）

その溜まり場となったのが日本橋川にかかる鎧橋辺りの、「鴻の巣」というレストランであったそうである。川の魅力が人々を川辺に集めたのであろうか。これはちょうど、地域計画家ベントン・マッケイやルイス・マンフォードが、自然の人間に与える影響について語っているのと同じであろう（ベントン・マッケイ、1971）。

例えば、ワーズ・ワースやホィットマンが春の早朝の不思議な美しさに感動して詩をつくり、ショパンやパデレフスキィは美しい森の中で曲を作ったのと同じであろう。言い換えれば、人間を包む環境が主役となって人間に芸術的感動を与え、創造を生み出させたのであろう。同様に東京の川辺が当時の独特の文化をつくらせたといっても過言ではない。

また同氏の話によれば、日本橋川にかかる鎧橋と亀島川の合流地点を、中村鎮は「東京のヴェニス」として計画したが、その中で彼は川に面した住宅群と同時に、人々の集まる広場、商店、レストラン、集会所等を計画し、当時の雑誌に発表したそうである。また、日本橋の設計者である妻木頼黄は橋のデザインにあたり、陸地よりはむしろ川面から眺められるようにデザインしたといわれているが、筆者が船から眺めた橋に感動をしたのも当然と思われる。この橋に対して佐藤功一は、陸から眺めた者の批判として橋の裏側に高価な石を使用したことをあげていたが、川を上下する船にとって橋は東京への門である。門である以上、橋のデザインは水面からなさるべきものと思われる。また、佐藤春夫が小説の中で触れているように、当時の日本橋川の中州を中心にした新しいまちづくりとして、ウィリアム・モリスが影響を受けた中世都市をイメージしたものを題材としたようである。

このように、日本橋川に対するイメージがすでに存在していたわけである。したがって、標題にある構想はかつての構想の延長上にあるものと思われる。

(3) 基本構想

1）拠点構想

三川連結構想を活かすためには、まずはじめに現状把握をしなければならない。調査を通して分かったことは、三つの河川流域地域がある程度の広がりの中で特徴ある地区特性を持っていることであった。各地区ごとに史蹟、遺構、歴史的建造物、公園、空地、樹木等を調べていく中で、水辺と関連づける上で環境ストックにそれぞれ特徴のあることが把握でき、地区特性によっておおま

8.1 都市における親水水路

かに九つ(A～J)の地区に分けられた(図8.1-2)。また、各拠点の地区特性に対応した整備構想を提案するために、都心に勤める人々に休み時間を利用して、川に何を期待するかを尋ねた。答えは概ね、水辺を歩く、休憩する、水に触れたい、軽飲食、読書、イベント広場等々の順序であった。

そこで、リバーループ全体にわたって、次のような空間を地区特性との関連において可能性を探りながら散りばめたわけである。それらは憩いの空間・イベント空間・軽飲食のスペースである。これらの空間を川辺周辺地区にある史跡、建造物等のルートと水辺の散歩道を結び、文学の道、哲学の道等の回遊ルートを設ける。水辺の道のレベルは水面にできるだけ近いことが望ましい。ただし、安全性も考慮して幅は2～3mとする。

さらに、重点的に整備を進める地区に整備評価表(図8.1-3)を設け、各地区の一覧表を作った(表8.1-2)。その中で、特に重点地区として考えられたのは日本橋川流域ではB地区である。日本橋を中心とした常盤橋公園一帯の整備である。東京で最古の石橋、常盤橋を含めて、江戸城趾の石積、川辺護岸の石積、そして周辺には日本銀行、三井本館、三越等があり、将来は銀座ショッピング街と結ぶことも考えられる。特に、この地区には東京駅や地下鉄日本橋駅からのアクセスも容易である。水辺と一体となった、秀れた整備が期待できる(写真8.1-1)。

他の地区では神田川流域のF地区、いわゆるお茶の水地区である。有名な聖橋を枠にして船上より眺められる渓谷美は、しばし東京の都心を忘れさせる魅

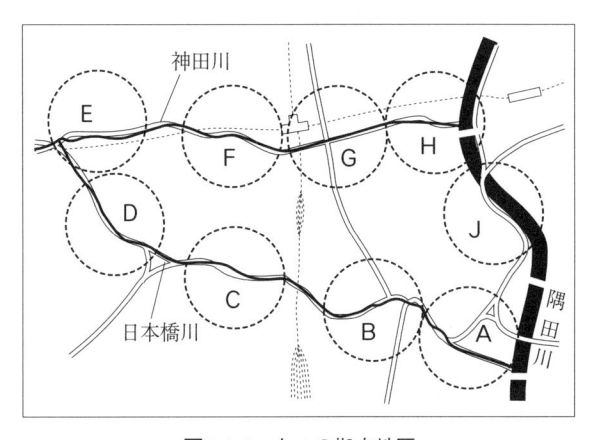

図8.1-2 九つの拠点地区

第8章 これからの親水施設の展望

点数	緑の量 高木	歩行可能 歩道レベル	護岸処理 修景	駅からのアクセス・徒歩	建物による閉鎖	高速道による閉鎖	公園	ランドマーク
4	10本以上	可能	良好	1分以内	開放	開放	公園＋橋詰	4ケ以上
3	10本	概ね可能	概ね良好	3分以内	概ね開放	概ね開放	公園	3ケ以上
2	5本	50％可能	50％良好	5分以内	50％開放	50％開放	小公園	2ケ以上
1	3本以内	一部可能	一部良好	5分以上	閉鎖	閉鎖	小空地	1ケ以上

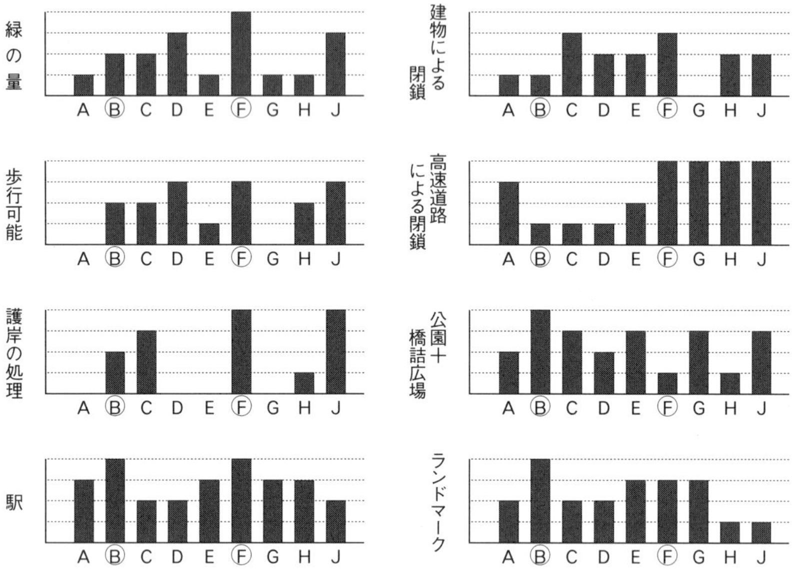

地区	A	B	C	D	E	F	G	H	J
点数	12	20	18	15	15	26	18	15	22
マーク	△	◎	○	△	△	◎	○	△	○

図8.1-3　各地区に於ける整備のための評価表

力がある。聖橋は東洋の学問の殿堂としての湯島聖堂と西洋を代表するニコライ堂とを結ぶ橋ということで聖の名が冠せられた。お茶の水はもともと湧水の豊富なところで、江戸城のお茶の水を汲まれたことで名が由来するとか。また、この界隈は多くの大学が立地し、文教地区として独特の雰囲気をかもし出している。神社では湯島天神、神田明神があり季節を通して賑わいを呈している。

　そこで、この地区には文教地区として渓谷と共に哲学の道、散策路などの計画をすすめたい。また、渓谷美と水辺、地上とが一体となった計画が期待される（写真8.1-2）。

8.1 都市における親水水路

表8.1-2　3河川流域の各拠点地区の地域特性と整備構想

拠点エリアとおおまかなゾーニング		地区特性	主な回遊地点	総合的整備構想	整備評価表
A地区	日本橋川のゲートゾーンで霊岸島の入口	全体的に個人住宅や集合住宅が多くみられる．下町の雰囲気がある．また一方では証券会社や金融機関も多く，オフィス街となっている．	水天宮，日枝神社，東京証券取引所から広がる証券会社	亀島川，霊岸島を取り込んだ江戸文明開化散策コースを構成	(図8.1-3) ○
B地区	江戸の起点＋世界の金融ビジネス中心ゾーン	東京の発祥の地であり，五街道の起点である日本橋をはじめ，東京で最古の石橋，常盤橋がある．証券会社や金融機関が多く，我が国のウォール街の観がある．川辺に接して常盤橋公園があり，水辺環境にとって最もポテンシャルの高い地区である．	東京駅を含めて周辺のオフィス街．日本橋，三越をはじめとする銀座につながるショッピング街，日本銀行，東京証券取引所	東京証券取引所としての機能充実，同時に銀座高級ショッピングエリアと結び，回遊路をつくる．	◎
C地区	右岸：主要企業中心地区 左岸：文教ゾーン	川を挟んで北側は区画割りが小さく，商業施設が多い．南側は区画割りが大きく，官公庁をはじめとするオフィス街となっている．	大手町の官庁街，オフィス街，皇居，通信総合博物館	神田橋公園を開放，周辺の川岸を結んで，オフィス街の憩いの空間づくり．	△
D地区	美術館ゾーン＋文教ゾーン	神田界隈の商業地を中心に学生の街の延長としてとらえられる地域	日本武道館，靖国神社，科学技術館，国立近代美術館，専修大学，共立女子大学をはじめとする学生街．	外濠，北の丸公園等のオープンスペースと近代美術館，科学技術館ミュージアムめぐり．学生をはじめとする若者のための散策路	△
E地区	レジャー，アミューズメントゾーン	日本橋川と神田川の合流地点で後楽園遊園地をはじめとする娯楽施設が多い	後楽園遊園地，東京ドーム，小石川後楽園，日本大学等の学生街，神田上水懸桶跡	高齢者就業センターをつなぐジョギングコースづくり．若者達の散策路，たまり場	△
F地区	文教ゾーン，若者のまち	お茶の水を中心に大学街を形成，神田川は本郷台地の切り通しを流れるため，両岸が渓谷美を見せる神田川で最もポテンシャルの高い所	神田明神，ニコライ堂，湯島聖堂，交通博物館及び明治大学を始めとする学生街	渓谷美を活かしてリバーサイドグリーンテラスづくり若者達の快い散策路（哲学の道づくり）	◎
G地区	特化されたショッピングゾーン	秋葉原を中心に電気街が広がり，倉庫も多い．電気関係の流通では世界有数．山手線の東側は衣料品の問屋街になっている．	交通博物館，秋葉原電気街，柳森神社	国際的な電気街ゾーンにすると共に再開発をからめてのウォーターフロントづくり	○
E地区	江戸情緒復元ゾーン	神田川と隅田川の接点で個人住宅が多い．浅草橋駅から馬喰町駅にかけて問屋が並び，浅草橋と柳橋の間には屋形船や釣船が係留され，下町情緒に溢れた地区である．	問屋街，屋形船，釣船	水上都市の特性を活かし，江戸情緒を復元したまちづくり	○
J地区	水上都市ゾーン	川沿いは緑豊かな浜町公園や隅田川水上ラインの船着場がある．	明治座，浜町公園，水天宮	隅田川リバーサイドテラスと浜町公園をつなぐ"すみだリバーパーク計画"	○

• 各地区（A～J）の水辺プロムナード整備にとって必要と思われる要素8項目についてフィールドサーヴェイを行った（平5.8～9）．主に，視覚的調査によるそれぞれ4段方式で点数の高い順に◎，○，△のマークで表示．

第8章　これからの親水施設の展望

左：日本橋B地区（左上：船上より日本橋を望む・左下：船上より常磐橋を望む）
上：模型による整備手法（常磐橋公園）

写真8.1-1　日本橋地区

左：神田川下地区（左上：船上より聖橋を望む・左下：船上よりランドマークタワーを望む）
上：模型による整備手法（聖橋を通してお茶の水橋を見る）

写真8.1-2　神田川地区

2）線的構想

　それぞれの地区特性に基づいて整備された各拠点は、次に互いに線で結ばれ、全体として都市空間を有機的に結ぶネットワークに成長することが望ましい。そこに到達するために次の三つの段階を提案する。

　① 水辺へのアプローチ計画

　周辺の駅からのアプローチや散策のルートとなる川周辺の歩道を整備する。標識や照明、ベンチや吸い殻入れなどのストリートファニチャーで川へのアプローチを明確にし、安全で楽しく歩けるアプローチ道路を計画する。同時に橋は対岸を結ぶ重要なアクセスであり、橋詰は人の出会いと共に歩道と水辺を結ぶ重要な空間である。従って、橋のデザインとともに橋詰の計画は魅力あるものにしたい。

　② 緑と水辺のネットワーク

　川の周辺には橋詰公園、緑、空地が多い。川を軸とした緑のネットワークをつくり、周辺の貴重な文化遺産である史蹟等を結んで潤いのある川辺を提案したい。例えば、次のような工夫を施す。

　　a）季節感あふれる植樹計画－春は隅田川のさくら、夏は柳橋の柳、秋はお茶の水の紅葉、冬は常盤橋公園の松（図8.1-4）。
　　b）川辺護岸を草花、蔦（ツタ）で覆う、ただし江戸城跡の石積は残す。
　　c）高速道路の天井裏は仕上げを考慮する。
　　d）高速道路支柱は石積などによって蔽う。
　　e）歩道と水辺へのアクセスを考慮する（図8.1-5）。
　　f）水辺と遊歩道のレベル差はできるだけ少なくする（洪水コントロールを考慮）
　　g）水面、橋をライトアップする。
　　h）魚類、昆虫等の生物の生息環境を配慮し、人間を含めて共生の考え方が重要である
　　i）花火、祭り、イベントに対応できる水辺の広場をつくる（写真8.1-3）。
　　j）水と光－水面の反射の美しさを表現
　　k）水の流れ－水車など
　　l）湧き水の美しい表現としての瀧
　　m）案内板、道しるべ看板の形、色彩等を考慮する
　　n）屑入れ、灰皿スタンドなどの材質、形、色彩に十分配慮する

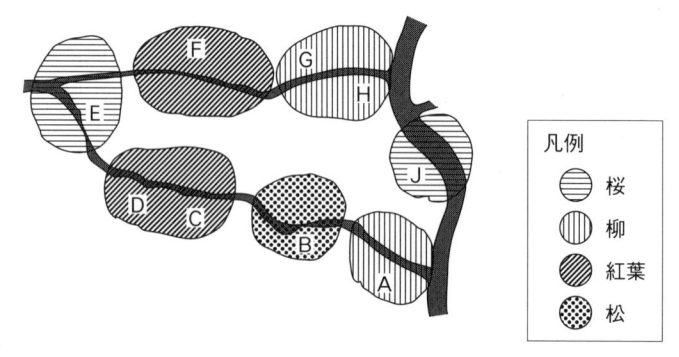

第8章 これからの親水施設の展望

凡例
- 桜
- 柳
- 紅葉
- 松

春：隅田川：川辺は春がふさわしい桜並木、その他、後楽園、飯田橋、靖国神社、九段下の周辺
夏：神田川：日本橋川と隅田川との接点は、釣舟、遊覧船をはじめ下町情緒がいまだに存在する、夏にふさわしい柳並木
秋：お茶の水：聖橋、万世橋間は渓谷美と大学のまちを考慮して、秋にふさわしい紅葉並木
冬：日本橋：常盤橋間は江戸城趾の石積など昔日の面影を残すので、冬にふさわしい松並木

図8.1-4　春夏秋冬植栽図

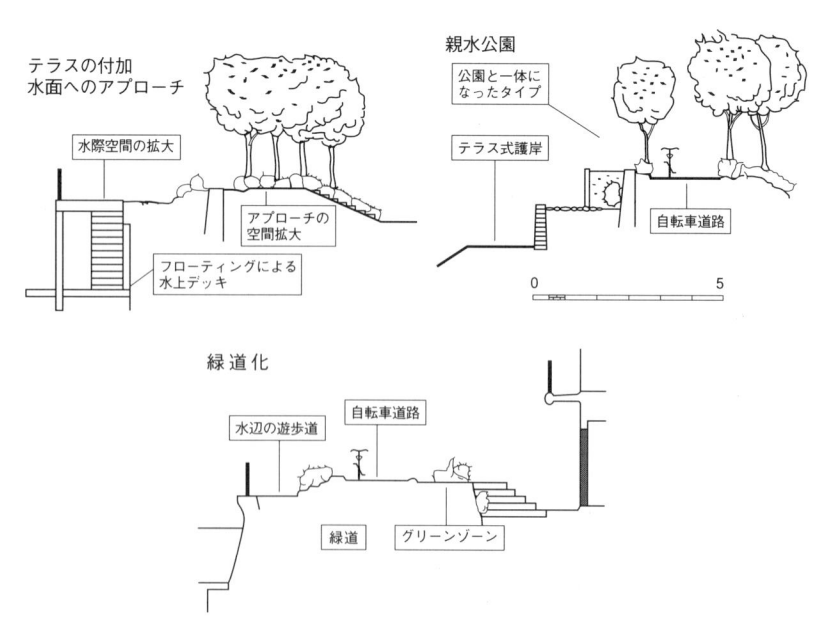

図8.1-5　親水環境護岸の整備プランスケッチ（江東区企画部"江東の水"報告書(1983)）

8.1 都市における親水水路

写真8.1-3 模型写真

o）洪水に対する十分な安全性の確保

③ 水上バスネットワーク

ループのメリットを活かし、回遊性をさらに強調するために船を就航させる。かつての阪神・淡路の震災時、消火、物質輸送は唯一海上からであったことを考えれば、船を就航させる意味は大きい。コース設計の基本条件としては、次の三点が重要である（図8.1-6）。

a）川幅、干満の差、水深など、船舶通行上の物理的条件のチェック

b）周辺住民をはじめ、水上バス利用者の足としての交通システム（コースと船着場の設定）

c）既存周辺交通との連携と整合性（地下鉄、バス等）

これらの条件を考慮するとリバーループ内を時計回り、反時計回りに環状に走るコースを設定するのが最適であると考える。そして、起終点は現存する隅田川沿いの浜町の水上バス乗船場を利用したい。途中の船着場については、基本的には各拠点に一つの方針をとり、合計九ヵ所の船着場を設ける。なお、船着場設置の際の基本方針は下記の通りである。

a）水上交通だけでは需要が見込めないため、道路や鉄道駅とのアクセスの良い場所を選ぶ。特に、日本橋川、神田川流域では鉄道、地下鉄などの駅の近くに船着場を設ける。

b）後楽園遊園地、皇居など観光資源があるところや、通勤、通学などの補助のような場所。

c）橋詰公園、河岸場跡などオープンスペースのある場所。

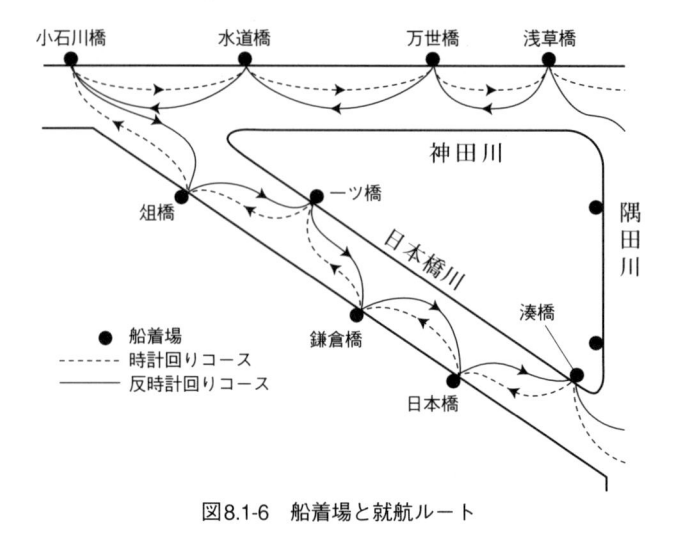

第8章 これからの親水施設の展望

図8.1-6 船着場と就航ルート

d）船舶は他の水面利用活動や自船の安全が確保される速度で航行しなければならない。

なお日本橋川、神田川においては河川状況、水面利用状況、他船とのすれ違いを考慮し、適切な速度で航行することが必要である。このため、リバーループ内では6～7ノット（時速11～13km）で航行するのが望ましいと考えられる。リバーループの1周が10.71kmであるから、おおよそ1周60分となる。停車時間を3分強と仮定すると、乗場が九カ所あるので1周100分程度となる。また、河川の現状から船の全長は6～7m、定員20名程度の水上バスとなる。

3）面的構想（エコ・ミュージアム）

拠点がリング状に結ばれ、各拠点毎の面は三川に囲まれた地域を包んでひとつの大きな面となる。これを面的構想と言い、エコ・ミュージアムの考えかたを導入する。

エコ・ミュージアムとは、約35年前にフランスの博物学者アンリ・リビエールによって考えられた概念である。人々の生活とその自然、文化及び社会環境の発達過程を歴史的に探求し、自然、文化遺産などを保存、育成、展示することを通して地域社会の発展に寄与することを目的とした、未来指向の地域住民の生活に根ざした総合的地区博物館を指す。また、そのような発想に基づいたまち全体をいう場合もある。

8.1 都市における親水水路

　このエコ・ミュージアムは、テリトリーとコア（拠点）・サテライト（駅、船着場）・ディスカバリートレイル（散策路、水路等の動線）で構成される。これが近年、新しいまちづくりの考え方として日本に導入されている。

　都心リバーループにおける面的エコ・ミュージアム計画は、九つの地区ごとに策定される。その際、それぞれの地区特性と環境、歴史、文化的資源を調査、発掘する必要があるが、その項目は次の通りである。

a）水面の現況
b）橋の現況
c）浮世絵、名所図絵に描かれた地区と風景
d）主要な歴史的建築物、建造物の遺構
e）水に関する祭り、イベント
f）水を媒体とした生物環境
g）水環境システム

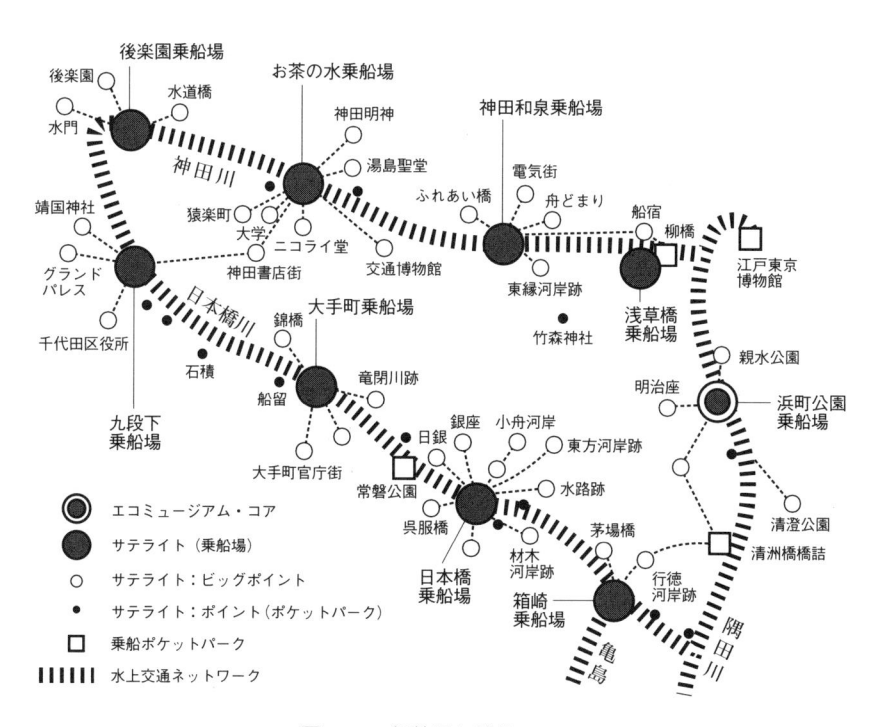

図8.1-7　船着場と就航ルート

h) 川に関わる文学など

　以上の諸ポイントをふまえて都心リバーループの九つの拠点につき、ネットワークシステム図を作成した(図8.1-7)。図示のとおり、各拠点の博物館が互いに結ばれて全体としての総合博物館となる。

(4) これからの親水施設

　これからの親水施設として都心を取り巻くループ状河川の復活再生を述べてきたが、ルイス・マンフォードの言葉を想い出した。「一杯のポタージュを得るために貴重な個有性を失ってしまった」と。20世紀後半以来続けられた、アメリカの多くの都市におけるスラムクリアランスによる開発の状況を見つめての言葉であった。変革、改変の激しい都市の中で次から次と失われてゆく貴重な固有性の中で、水路も僅かに残された固有性のシンボルである。むしろ、このような河川水路を都市環境の中で活かすことによって、昔日の面影とともに新しい固有性のある都市環境が生まれることが期待される。人は水辺を歩き、憩い、船で回遊する。ある時は季節感を味わい、水面に映る史蹟やランドマークによって往時を忍ぶ。さらに、各地区に開かれた地区博物館(エコ・ミュージアム)は人々の日常生活を豊かにするに違いない。特に、子供にとっての水辺の充実は社会教育の一貫としての意味は大きい。彼等が大人になった時、自己の地区における生活環境の大切さを実践することが期待されるからである。

(注1) 神田川はその源を三鷹市井之頭池に発し、善福寺側川、妙正寺川を合わせて新宿、豊島文京の区境を流下しながらJR水道橋駅付近で日本橋川を分流し、さらに東流して台東区柳橋下流で隅田川に注いでいる。流路延長は24.6km、流域面積は約105km^2。また河川の幅員は河口で約45m、上流部分は約15m。東京都区部の中小河川としては最大の規模をもつ一級河川である。

(注2) 日本橋川はもともと平川の流れそのものであり、その流路延長は4.8km、幅員は約45〜15mで神田川と比較すると蛇行が大きく、河川勾配はさらに小さい。

(注3) 隅田川は荒川と接する岩淵水門から河口までの区間を指し、それより上流は荒川である。隅田川の総延長は23.5km、流域面積は134.0km^{2}である。

引用・参考文献

リバーループ21東京研究会(1991)：リバーループ21東京構想、(社)大都市圏研究開

発協会
ベントン・マッケイ・波多江健郎訳(1971)：地域計画の哲学、彰国社
東京都(2001)：水中生物調査報告書、東京都環境局環境評価部
江東区 (1983)："江東の水"報告書、江東区企画部

8.2 欧米に見られる河川レクリエーション

1992～2000年にかけて、河川や運河の親水利用を先駆的に促進しているイギリス、フランスや北米の「親水整備の社会的背景」「親水利用行為の種類と空間」「リスク管理」について、現地調査およびヒアリング調査を実施した。そこでは、実に上手く河川レクリエーションを日常や休暇に取り入れて楽しんでいると、訪れる度に感心するのが常だった。

本節では、欧米での河川レクリエーションの現状を通して、わが国のこれからの川とのつき合い方や親水ビジョン策定の方向性を探ってみることとする。

(1) 欧米での親水空間整備

1) イギリス

イギリスでは、1790年代末の産業革命による運河開発、いわゆる「キャナル・マニア」時代に運河や河川が産業利用の目的で開発された。しかし、その後は鉄道が物流の主役にとって代わり、運河の舟運機能や水循環機能が衰退して20世紀前半には荒廃してしまった。

1950年代に入り、トラストや市民団体が中心となって荒廃状態の運河や河川の再生活動が始まり、1960年代には英国水路局による運河再生事業と並行して、市民と行政とのパートナーシップ事業が展開されるようになった。近年において、政府は河川・運河を都市公園として位置づけ、レクリエーション施設としての河川および空間整備を展開している。

リージェンツ運河は、1812年に整備着手され、1820年にグランド・ユニオン運河とロンドンのテムズ川のライムハウスを結ぶ延長13.8kmの運河が完成した。当時は、大都市ロンドンで消費する物資（石や木材、石炭など）を郊外から運ぶのに利用された。

また、1830年にはテムズ川を通らずに、リー川とリージェンツ運河を結ぶハートフォード・ユニオン運河がつくられた（図8.2-1）。この運河は単に舟運のためだけではなく、ロンドン市民のアメニティ向上の目的で計画された。当初の計画では、リージェント公園の中央を通す予定であったが、工場や倉庫の配置が障害となり、公園の脇を流すこととなった。その後、鉄道の発達による舟運の衰退とともに利用されなくなったが、1932年に政府の援助で運河の再生プロ

8.2 欧米にみられる河川レクリエーション

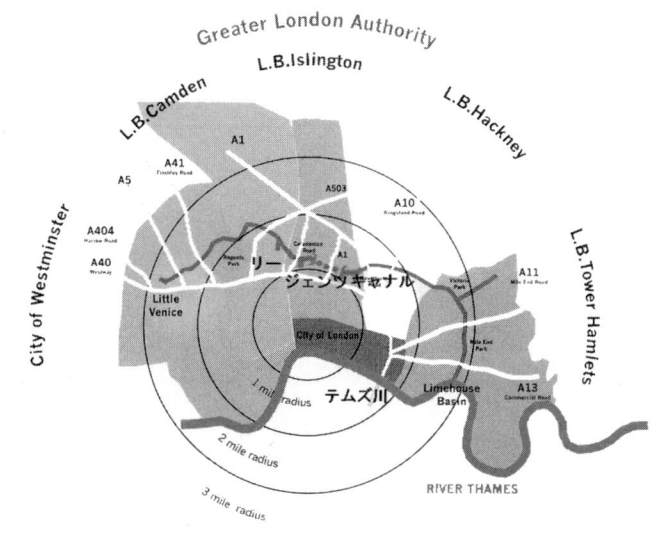

図8.2-1 テムズ川とリージェンツキャナル(運河)位置図

グラムが作成され、浚渫したり護岸やロック(水門)が整備された。そして、現在のようなレクリエーション利用が可能な親水空間となった。

2) フランス・ベルギー

ミディ運河は、パリを流れるセーヌ川・マルヌ川・ローヌ川からボルドーへつながるフランスの代表的な運河である(図8.2-2)。1661〜1681年に、パリに君臨するルイ14世にボルドー赤ワインを運搬するため、ピエール・ポール・リケにより建設された。ミディ運河建設は、ボルドー地方や南フランスとパリおよび周辺の河川・運河による舟運発展のきっかけとなり、フランス全土における大量物資輸送交通路の発展に貢献した。

1990年初頭には、フランス西部の二大交通路であるミディ運河とドゥメール高速道路の交差位置ポート・ローラジーに、船と自動車で訪れることのできる休憩施設や博物館、キャンプ場を含む総合文化施設であるハイウェー・オアシスが整備された。ミディ運河は道路建設時の資材運搬に利用され、その時に掘削された調整池にポート・ローラジーは位置している。

このように、現在は河川や運河を利用した物流や観光は、フランスはもとより、ベルギーやオランダにおいても盛んである。EU統合後も巨大な舟運用リフト(高低差73m)がストレピテュー(セントラル運河)に建設され、内陸舟運

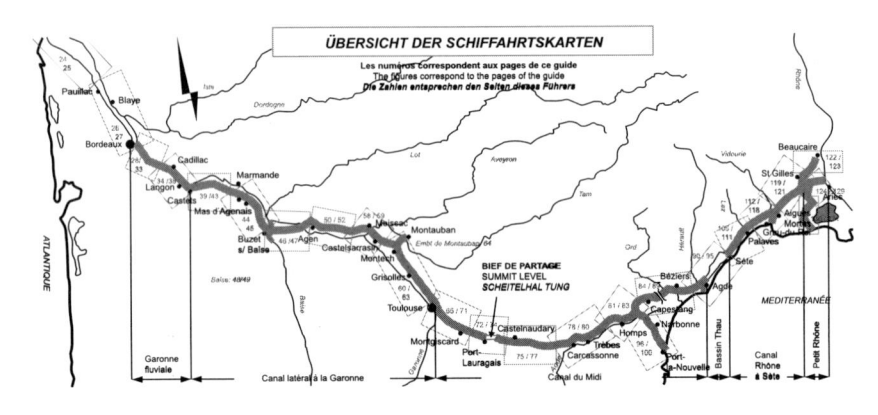

第8章 これからの親水施設の展望

図8.2-2 ミディ運河位置図

は日々活性化されている。
　1996年にはミディ運河は世界遺産に指定され、長い歴史をもつプレジャーボートや観光船による親水利用も現代風にアレンジされ人気を高めている。
　ベルギーでは、自然指向の高まりとともに、工業地帯の多い海浜部に代ってディナンの水辺リゾートが最も人気があり、清流レッセ川やミューズ川は親水拠点として利用者が多い。

3）北米
　北米の河川は一般に空間の規模が大きく、親水利用においては積極的に手を加えるというより、むしろ自然環境そのものにアクセスすること、例えば、カヌーやキャンプ、釣り、観光船が多く見られる。
　また、軍事物資輸送の目的で河川に並行して運河が開削され、現在はこれらが機能転換し、親水空間として位置づけられている。
　リドー運河は、カナダ東部に位置し、オンタリオ湖からオタワ川へ抜ける全長202kmの運河で、47のロックが設置され、その内の27カ所にロックステーション施設がある（図8.2-3）。このステーションを拠点にした遊覧やプレジャーボート、釣りなどの利用が盛んである。
　この運河は、1826～1832年にイギリス軍によって築造された。築造の目的は、アメリカ軍の攻撃を避ける軍事物質輸送ルートの確保であった。
　オタワ市内はリドー川と運河が北から南に走り、西から東に流下するオタワ川沿いの河岸段丘にはリドー滝を始めとする滝見のスポットが多数存在し、展

248

8.2 欧米にみられる河川レクリエーション

図8.2-3 リドー川、リドーキャナル位置図

望台には見学者が多い。リドー川や運河は、川自体がフィールドミュージアムとして位置づけられ、川沿いはカナダ環境省の野外案内板が設置されるなど、レクリエーションだけでなく環境学習のルートとしても賑わっている。また、ゲート水門をつくらずに「角落とし」システムにより水位調整するなど、河川景観だけでなく自然への配慮もみられる整備となっている。

(2) 親水空間利用の実際

1) イギリス

① リージェンツ運河

グランド・ユニオン運河とリージェンツ運河の合流点であるリトル・ベニスから4km下流のカムデン・ロックまで、約1時間で結ぶ「リージェンツ運河のツアー」が親水利用の代表例である(写真8.2-1)。

コースは、旅行者専用の桟橋から住宅地、倉庫地帯、リージェント公園、ロンドン動物園、カムデン・ロックとカムデン・タウンに至るツアーで、運河の機能や風景を楽しむことができる手ごろなコースである。また、船内にはテーブル、椅子、バーなどが設置され、心地よい水辺観光を楽しんでいる。

② テムズ川

小説家ディケンズ(1812-1870)がボート漕ぎのメッカと称したヘンリー・オン・テムズは、現在は最も親水利用の盛んなまちとなっており、ロイヤルレガッタ競技の街として観光客も多い。ロイヤルレガッタ競技は町おこしのため

第8章 これからの親水施設の展望

写真8.2-1　リージェンツ運河、ツアー船内

写真8.2-2　ヘンリーのロイヤルレガッタ、木製デッキレストラン

1839年に町会議で計画され、1851年アルバート王子の後援により王立競技となった。競技を見物するための水辺のパブや川に張り出した木製デッキ上のレストラン、船着場や桟橋と一体となった家屋など、河川と一体になった生活空間が沿川に展開している（写真8.2-2）。

2）フランス・ベルギー

① フランス

前述のポート・ローラジーにおいて中心的な施設として建設されたリケ記念館には、ミディ運河建設の歴史を説明するパネル展示館やレストランがある。さらに、屋外にはミニチュア水路、運河沿いにはウッディウォーク（木製遊歩道）や係留施設、船の燃料供給施設やホテル、物産館が設けられている。また、広大なパーキング施設は緑が多く、キャンピングカーの駐車も多い。

② ベルギー

ベルギーのディナンは歴史的な水辺リゾート都市であり、各種の親水利用が

8.2 欧米にみられる河川レクリエーション

写真8.2-3 ポートローラジー、ディナンの親水利用

盛んである(写真8.2-3)。特に、ミューズ川の観光船や上流部のレッセ川の渓谷と城塞など、歴史的な風景を眺める観光カヌーが知られている。観光カヌーは、インストラクターの指導により訪問者各自のレベルごとにコースを選択でき、カヌーの休憩施設は利用者の交流の場となり活気がある。

観光利用のほか、釣りや散歩、ベンチに腰掛け川を眺め、川沿いのレストランで食事や水鳥と戯れるなど、住人や長期滞在者による日常的な親水活動が盛んである。また、川沿いの転落防止柵に捉まりながら歩行エクササイズをする老人も見られる。

カヌーによる水面利用のアクティヴィティに関連して、リフトによるカヌーの搬入・搬出の光景も見物となっているほか、カヌー休憩施設はスクーリング拠点としても利用者が多い。高水敷は散策路として利用されている。

3) 北米

リドー川とそれに平行する運河に展開するアクティヴィティは、釣りやカヌー、モーターボートなどの自然指向のものが多い(写真8.2-4)。オタワ市内のリ

写真8.2-4 リドーキャナル、リドー川沿いの河川レクリエーション

251

ドー滝には、展望台や屋外型パビリオンなどが整備されている。

オタワ市内から南へ約60km地点のリドー川の狭窄部は、「猪の背」と呼ばれた猪の背に似た岩が水中から突き出し、岩の間を流れ落ちる滝のような部分は「猪の背滝」と名づけられている。これらはフィールドミュージアムとして位置づけられ、川沿いに設置された案内板には、視野に入る地層・地殻の解説のほかに、困難を究めた運河開削や水門建設の技術史、今日の印象的な景観が形成されるに至った景観形成史など、歴史的な背景が描かれている。

また、樹林がつながるロングアイランド付近の水門周辺は、レクリエーションの舟やキャンプの利用が多い。ちなみに、水門の開閉はカナダ公園省のアルバイト学生たちが手伝っている。

(3) 親水利用の比較

欧米3地域における親水利用の特徴をまとめ、表8.2-1に示す。

1) イギリス

都市河川・運河の特徴的な利用として、散策系にショッピングが含まれている。陸上のアクティヴィティが充実し、眺望、飲食、スポーツなど内容も多岐にわたる。川沿いでの舟の修理とその見物も特徴的である。

アクティヴィティは、水際線の釣りや水門の開閉、ボートの搬出入など、3地域の中で最も種類に富んでいる。さらに、舟遊び系では水上スポーツの種類が多く、環境教育においても様々な利用がある。

2) フランス・ベルギー

陸上から水面まで総合的な利用項目数が最も多く、ハイウェーから運河や河川へのアクセスが整備されている。

高齢者から若者、子供と幅広い年齢層が利用するため、陸上利用の種類は豊富で、歩行エクササイズを含む散策系やレクリエーション利用が充実している。自然河川でのカヌー・スクーリングなど、舟遊び系は特に充実し、清流での水泳や水遊びも特徴的である。

3) 北　米

自然河川とその運河は、都会的なショッピングや散策利用の場は少ないが、ピクニックや飲食系の利用が多い。水面アクティヴィティではスポーツ系の舟の利用は少なく、一方でプレジャーボートや観光船、カヌーの利用が多い。

運河に隣接した運河博物館の整備、河川空間そのもののミュージアムとしての

8.2　欧米にみられる河川レクリエーション

表8.2-1　欧米3地域の事例における親水利用のまとめ

	利用項目		イギリスの事例	フランス・ベルギーの事例	北米の事例
陸上アクティヴィティ	散策系	散策	●	●	●
		ウィンドウショッピング	●		
		物産巡り		●	
		歩行エクササイズ		●	
	レクリエーション系	観光		●	
		ピクニック		●	
	アクセス系	ハイウェーからのアクセス		●	
	眺望系	船の修理見物	●		
		船遊びの見物	●	●	●
	飲食系	カフェテリア	●	●	●
		レストラン	●	●	●
	スポーツ系	ジョギング	●	●	●
		レガッタ見物	●		
		川沿いの乗馬	●	●	●
		サイクリング	●	●	●
	宿泊系	ホテル宿泊	●	●	●
		キャンプ		●	●
水際アクティヴィティ	船遊び系	ロック開閉		●	●
		ボートの搬入搬出	●	●	●
	釣り系	釣り	●	●	●
水面アクティヴィティ	船遊び系	カヌー	●	●	●
		観光船	●	●	●
		ナローボート	●		
		手漕ボート	●	●	●
		プレジャーボート	●	●	●
		カヌースクール	●	●	
	船スポーツ系	レガッタ	●	●	
		カヤック	●		
	水遊び系	水泳		●	
環境教育		環境教育	●		●
		バードウォッチング	●	●	●
		歴史探索	●	●	●
		博物館	●	●	●
		親水・治水教育	●	●	●

位置づけと環境教育の実行など、新たな親水利用が実施されている(写真8.2-5)。

(4) リスク管理形態

1) イギリス

① リージェンツ運河

第8章 これからの親水施設の展望

写真8.2-5　北米の運河博物館のフィールド

リージェンツ運河の両岸には、かつて馬で舟を曳いたトゥーイングパスがあり、釣り人や散歩客が多数訪れている。この散策路沿いには、転落した人の救命用に200m間隔で浮輪が設置されている。

② テムズ川

テムズ川は、かつてNRA（National River Authority）がレクリエーション利用の便宜を図る際に、これを保証する措置としてリスク管理システムを発達させた。例えば、1960年代に施工されたコンクリート三面張り護岸部分に、アクセス用歩道として小段を設けるなどの施設整備を行っている。

また、護岸をコンクリート製から柳枝工法に替えることより、自然生態系の豊かな環境を創造する事業を行っている。これは、護岸保護や船の衝突時のクッションとして機能させる目的も兼ねているものと考えられる。同様の目的でコンクリート土嚢を積んだ護岸も設置されている（写真8.2-6）。

さらに、ビクトリア・エンバンクメントなど、都市部においては転落時救出用の階段、ロープ付浮輪などが施されているが、これらが全て船の係留や乗降施設と一体的になっている点に特徴がある。

2）フランス、ベルギー

フランス、ベルギーではいずれも舟運や水面利用が盛んで、桟橋が所々にあるため、万一転落しても自力で岸辺に到達することが可能である（写真8.2-7）。このほか、緩傾斜法面や階段が設置されるなど、リスク管理への配慮が施されている場所もある。

3）北米

運河や河川には適度な間隔でロックステーションが設けられるなど、川や運河での乗組員を対象とした様々なサービス施設が整備されている。カナダ公園

8.2 欧米にみられる河川レクリエーション

写真8.2-6　テムズ川の柳枝工法護岸、コンクリート土嚢

写真8.2-7　桟橋のある護岸、階段のある緩傾斜法面

省などの行政機関が、これら施設の内容を一覧にしたパンフレットをナビゲーションマップとともに無料配付している。

これらサービス施設には、利用者の快適性を考慮した13種類の施設がある（図8.2-4）。①船利用者のキャンプサイト、②トイレ（身障者用）、③バーベキュー施設、④公衆電話、⑤飲料水（ロックステーションに携帯用を常時設置）、⑥進水用の斜路、⑦船着場、⑧航路図、⑨ピクニック・テーブル、⑩展示場・博物館、⑪映像・体験、⑫計画の解説、⑬セルフガイドの遊歩道などが整備されている。

これらサービス施設の万全な整備によって、安全なクルージングと快適な親水利用が享受できる仕組みとなっている。

(5) これからの親水施設とレクリエーション

これら3地域における親水の社会的な背景や現地調査・ヒアリング調査をとおして得た親水利用とリスクマネジメントの現状の把握から、これからの親水施設とレクリエーションのあり方を整理してみる。

Lockstations Écluses

◇ Heritage Lockstations
○ Available Off-site

Écluses historiques ◇
Disponible à proximité ○

SERVICES	Ottawa 1 - 8 ◇	Hartwells 9 - 10	Hogs Back 11 - 12	Black Rapids 13	Long Island 14 - 16	Burritts Rapids 17	Lower Nicholsons 18	Upper Nicholsons 19	Clowes 20	Merrickville 21 - 23	Kilmarnock 24	Edmonds 25	Old Slys 26 - 27	Smith Falls 29a* ◇	Smith Falls 31*	Poonamalie 32	Upper Beveridges 33	Lower Beveridges 34	Ile Col. By Island	Narrows 35	Newboro 36	Chaffeys 37 ◇	Davis 38	Jones Falls 39 - 42 ◇	Upper Brewers 43 - 44	Lower Brewers 45	Kingston Mills 46 - 49 ◇	SERVICES
Boater Camping		●	●	●	●	●	●	●	●	●	●	●	●	●	○	●	●	●	●	●	●	●	●	●	●	●	●	Camping pour plaisanciers
Washrooms (all stations)	♿	♿	♿	♿	♿	♿	●	♿	●	●	♿	♿	♿	♿	●	●	♿	♿	●	♿	♿	♿	♿	♿	●	♿	♿	Toilettes (toutes les écluses)
Barbecue Grills		●	●	●	●	●	●	●	●				●	●	●	●		●	●	●	●	●	●	●	●	●	●	Grils
Public Telephone	○				●					○				○										●			●	Téléphone public
Water**	●	●	●	●	●	●	●	●	●	●	●	●	●	●	●	●	●	●	●	●	●	●	●	●	●	●	●	**Eau
Boat Launch												●			●	●		●			●	●						Rampe de mise à l'eau
Day-use Docking	●	●	●	●	●	●	●		●	●	●			●	●	●	●	●	●	●	●	●	●	●	●	●	●	Amarrage diurne
Nautical Charts	●		●		●	●				●				●	●	●	●	●		●	●	●		●			●	Cartes nautiques
Picnic Tables	●	●	●	●	●	●	●	●	●	●	●	●	●	●	●	●	●	●	●	●	●	●	●	●	●	●	●	Tables de pique-nique
Indoor Exhibit / Museum	●/●	●/								●/●				/●								/●		●/			●/	Exposition intérieure / Musée
Self-guiding Trail		●	●			●								●			●		●					●				Sentier autoguidé

* 29a (Combined) replaces 28, 29, 30 / L'écluse 29a (Combinée) remplace les écluses 28, 29 et 30; 31 – Detached / Détachées

** Check with lockstaff for potability
Vérifier avec le personnel si l'eau est potable

図8.2-4　リドーキャナルのロックステーションとサービス施設一覧表

フランスやイギリスでは、過去および現在において発達した舟運に付帯する施設が、親水・リスク管理施設として転用されている。それに対して、河川規模が大きく自然河川の多い北米においては、自然指向型の利用傾向が強く、各種施設も自然に溶け込むよう景観に配慮した整備が多い。また、リスク管理形態もハード整備に加え、情報発信などソフト面での整備が充実している。

近年、新河川法が施行され自然環境の重視や市民の参加がうたわれている日本においても、河川ミュージアム構想をはじめ、様々な観点から河川親水空間整備が始まっている。そこには、それぞれの流域のビジョンと事情に応じた親水利用計画や、利用者の快適性と自然指向へ基づいた施設整備が必要であろう。

例えば、人工物が視覚に入らないよう景観に配慮した河川空間整備や、地場の自然石や材料を使用しディテールにこだわることも風景を美しくする要因である。また、親水施設やリスク管理施設にしても、これまでの構造物主義から脱した本物指向・自然との調和、新たな親水ビジョンへの観点からの整備思想など、それぞれの流域に対応した親水システムおよびリスク管理システムの整備の検討が望まれる。

引用・参考文献

長屋静子(1995)：川の親水プランとデザイン、(財)リバーフロント整備センター編著、山海堂

建設省河川局監修(1997)：新しい河川制度の構築
長屋静子(1993)：フランスにおける河川環境とリゾート利用に関する研究、笹川日仏財団・河川リゾート研究会編
長屋静子(1993)：イギリスの都市・河川・景観、みず・まちネット編
長屋静子(1996)：アメリカ・カナダの自然・河川・都市・環境調査、みず・まちネット編

第8章 これからの親水施設の展望

8.3 川づくりにおけるパートナーシップと市民参加

　これからの「親水」は、市民とNPO、企業、専門家、行政などのパートナーシップによる事業の策定や管理・運営が欠かせない。これまでの行政主導の一方的な展開とは異なる、様々な立場からの川づくり・まちづくりによる層の厚い地域活性化が求められている。21世紀、地球環境と水危機の問題を解決するために、大前提となる個々の河川環境保全が必要となっている。また、1997年の河川法改正による河川環境の整備と保全重視の趨勢から、各河川の具体的整備計画の作成には市民と行政との連携のあり方も問われている。

　1999年に日本のNPO（特定非営利活動法人）法が施行され、その認証団体数は2001年11月30日現在で5,448団体ある。日本におけるボランティア団体・市民活動団体の法的認知は世界の趨勢から遅れていたが、1996年の阪神・淡路大震災を機に、公益的な市民活動団体の法的認知の必要性から、市民活動を推進する非営利団体という意味でNPOという用語が広く使用され始めた。

　海外では、英国のチャリティ団体や米国の内国歳入法IRC501（C）に該当する組織が広義のNPOに該当し、それらの組織がこれまでの地域社会や行政の事業のあり方に新しい息吹を吹き込んでいる。その数や事業内容、社会的な支援体制、各組織の財政基盤など、どの角度から見ても日本のNPOや市民活動は、ボトムアップや行政も含めた地域ごとのパートナーシップのあり方など検討の必要があり、今後の組織体制の整備・充実を期待したい。

　わが国の都市河川はオープンスペースとしての利用が高く、1990,91年に実施された国土交通省の河川水辺の国勢調査「河川水辺利用実態」によれば、河川利用者は年間1億3千万人と国民的ニーズが高い。

　そこで、パートナーシップによる市民やNPOの活動を実践している「多摩川センター」の設立の背景や現在の活動を例に、いくつかの課題を紹介する（写真8.3-1）。さらに、パートナーシップによる川や水路の再生整備、市民参加による地域おこしやミュージアム運営に関して、ケネット＆エイボン運河トラスト（英国）と二ヶ領せせらぎ館（川崎・水と緑のネットワーク）を紹介する。これら三つの例を、これからの川づくりのパートナーシップと市民参加のあり方を検討する礎としたい。

8.3 川づくりにおけるパートナーシップと市民参加

写真8.3-1　多摩川センターの活動：多摩川ふれあい教室の開催

(1) NPO法人多摩川センターの実状

　河川や流域のNPOは、昨今日本全国に成立し始めているが、首都圏を流下する代表的な河川である多摩川で、先駆的かつ包括的な活動を展開する多摩川センターの実情を紹介する。

1) 設立の経緯

　多摩川センター設立のきっかけは、多摩地区の東京移管100周年事業「TAMAらいふ21」である。多摩川の復権をテーマとする官・民・学による「多摩川研究会」の提言で、多摩川流域の活動拠点づくりが謳われた。その後、多摩川研究会に参加した市民や学識者などが設立の準備に入り、1994年に任意団体として多摩川センターが発足した。さらに、「みずとみどり研究会」や全国の海岸や水辺のゴミ問題に取り組む「クリーンアップ全国事務局」が参加し、3者による共同事務所となった。そして、2001年に特定非営利活動法人（NPO）として新たにスタートした。

2) 活動概要

　1970年代、多摩川流域では自然保護団体や清掃、歴史・文化をテーマとする団体など、多くの市民団体やボランティアが活発に活動を行っていた。近年は、福祉活動や環境学習を行う団体も加わり多様な活動を展開している。

多摩川センターは現在活動中の各団体や個人の交流を促進し、市民・行政・企業などとのパイプ役としても、さらには多摩川以外の全国の川に関わるグループと情報の受発信を行う、いわばコーディネーター機能を目指している。したがって会員制をとらず、自立した拠点の中空に浮く衛星といった存在を指向している。情報やヒトの交流、民間機関として多摩川流域の情報を継続的にストックし、市民の視点での調査や研究活動など、独自の事業展開を行っている。

　また、自立した存在として継続的な運営を図るために、専従スタッフらの活動運営資金獲得のための事業受託を行っている。この新たな試みに対し、運営委員や国土交通省、民間機関などからも支援提供を受け、資金不足に見舞われながらも今日まで活動を継続している。

3）事業内容

　現在、多摩川センターは、国分寺市の共同事務所の中に本部を置き、ここを拠点に、人材（リバーインストラクター）育成講座や市民団体の支援事業、各種調査・研究、刊行物の発行等を行っている。また、「府中市郷土の森」内に多摩川流域協議会の経年委託事業である「多摩川ふれあい教室」を置き、学童や親子連れを中心に多摩川の紹介や河原での観察会などを実施している。なお、多摩川センターの専従スタッフは20代の若者3名のみで、アルバイトやボランティアの協力で運営している。主な事業は次の四つである。

　① 自主事業：設立の目的に沿う（自分たちがやりたいと思う）事業。
例：「多摩川市民研究論集」の発行、「多摩川流域研究所」の運営、「多摩川　学校」の開催、「多摩川クリーンエイド」記録集の作成など
　② 受託事業：運営費捻出事業でありスタッフが企画、提案する事業。
例：「多摩川ふれあい教室」や「多摩川流域懇談会」運営、「多摩川環境調査カルテ」作成、市民参加型環境マップづくりなど
　③ ボランティア支援・協力事業：市民団体やネットワーク活動支援のために、事務局運営の協力事業。
例：「多摩川市民フォーラム」の事務局運営協力など
　④ その他の事業：公益法人などへの研究・活動助成への応募、寄付、環境リーダーとしての人材派遣などによる収入を運営に充てる事業。

4）活動上の問題点

　専門的な調査や研究は周囲に頼っているのが実状である。つまり、現在の理

事や設立発起人の学識者、環境コンサルタントや行政がその役割を担うが、こうした専門家はほとんど無償協力である。しかし、その依存にも限界があるため、法人設立時に新たに「多摩川流域研究所」を設け、登録研究制度による専門家集団を形成するための活動を始めている。この研究所は、専門的な課題への対応や若手の育成などを兼ね、様々な分野、レベルの人たちがプロジェクトを組み、お互いに啓発し合うことを目指している。

ここでの課題は、長期的な受託事業の確保や新たな事業展開などによる安定した運営資金の確保であるが、その前提としてNPOに対する税制上の問題が存在している。そもそも、NPOに対する税法の優遇処置が充分ではなく、決算で残った資金は収益と見なされ、営利企業と同じ扱いで課税されることになっている。つまり、次年度に繰り越すことができないのである。これを繰越金として非課税の処置がされることが望まれる。また、金融機関からの融資も厳しい状況にあり、活動の意義は理解されているものの、現実として安定した運営資金の確保が目下の課題といえる。

制度ができてまだ日も浅く、またNPO自身も初めての試みばかりであるため、多くの問題点を抱えているのが現状だが、こうした多くの課題も他の多くのNPOの今後の試金石になるものと考えている。

(2) トラストによる河川・運河の再生

英国における河川環境パートナーシップ事業において、最も地域経済に貢献した事例としてケネット＆エイボン運河トラストがある。ここでは、舟運の衰退で放置された運河とともにさびれていた地域が、運河の再生とともに町や村の顔となっている。雇用促進の場として、福祉やアメニティ、ビオトープや環境教育、ボランティアやパートナーシップの場として再生し、複合的な豊かさを地域にもたらした事例である。今では、年間1,100万人の利用者があり、州だけでなく英国を代表する観光名所となっている。

この協働の仕組み「トラスト」は、市民主導により行政とのパートナーシップで展開されている。

1) 運河再生とトラスト設立の経緯

ケネット＆エイボン運河は、テムズ川のレディングから水路を連続させてバースのエイボン川、大西洋のブリストルに至る運河で、三つの水路により構成されている（図8.3-1、写真8.3-2）。ケネット航路は1723年に開通していたが、

第8章 これからの親水施設の展望

1781年に「ケネット&エイボン運河計画」が策定され、1794年から建設が始まり1810年に全川開通した。

この運河開通により舟運が活発になり、運河会社は多くの収益をあげた。また、ロンドン周辺の市民の舟によるバースの温泉保養や観光の小旅行が可能となり、川や運河のレクリエーション利用も盛んになった。しかし、19世紀の半ばになると鉄道の発展により運河が衰退し、鉄道会社に買収されてしまった。その後、トラック輸送の発展もかさなり、ますます運河の存続が困難となった。

1948年には、運河は国の管理となり閉鎖されたのだが、市民の間に「運河にはアメニティがある」という理由で反対運動が起こり議会を動かした。それでも、1950年には閉鎖された運河の一部は農地となった。

その後、閉鎖されたケネット&エイボン運河を公共のアメニティ空間として航行可能な状態に再生させるため、1962年に市民の専門家が集まりトラストが設立された。翌年には、新たに形成されたBW（英国水路公社）評議委員会が運

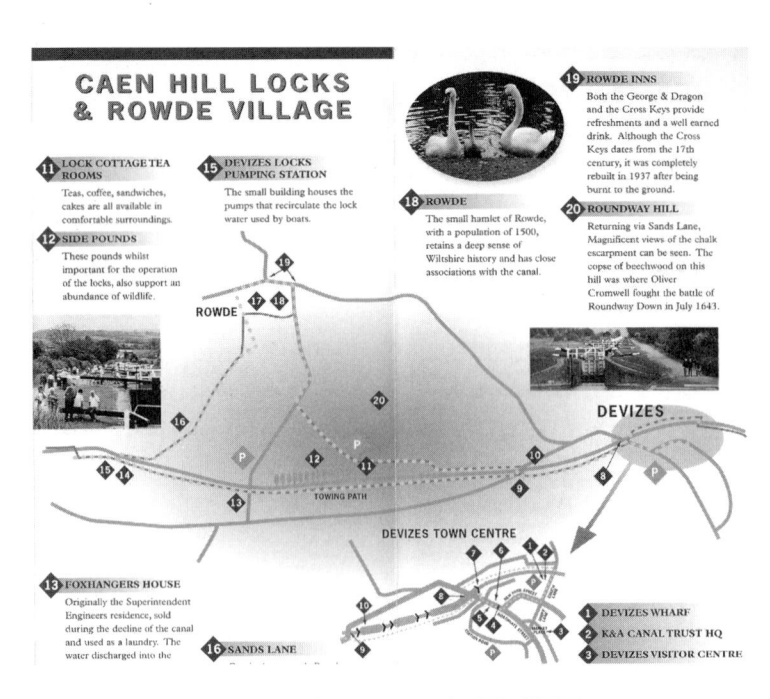

図8.3-1　ケネット・エイボン運河位置図

8.3 川づくりにおけるパートナーシップと市民参加

写真8.3-2　上空からの眺め：連続する堰と対応する遊水池

河への責任を引き継ぎ、多くの再生プロジェクトがトラストの協力で始められた。そして、運河を水路以下の排水溝として扱うという輸送条例を受けて、トラストは運河復興のための基金を起こし活動を開始した。

　1990年、エリザベス女王がこの運河の再開通式を行うことになり、長期間のキャンペーンや基金の設立、ボランティア活動がようやく報われたのであった。現在は、EU遺産宝くじ基金からの支援資金2,500万ポンド（42億5,000万円）が、農地の買い戻しや再生の整備事業費に充てられている。

2）トラストのパートナーシップにおける役割と運営事業

　行政との関係は、ケネット＆エイボン運河トラストが仲介役・調整役を務めることによって、市民・行政・企業の三者のパートナーシップが果たされている。

　一般的に、行政側は一、二の団体では「あなたの団体だけに特別に支援するわけにはいかない、支援すると他の団体から文句が出て公平の原則に反するから難しい。」と門前払いされてしまう。そこで、「トラスト」という専門組織が三者の協調関係をとりながら、問題解決のために知恵を出し合うシステムを創出している。

第8章 これからの親水施設の展望

パートナーシップの構成とトラストによる運営事業は次のようになる。
・パートナーシップのメンバーは、ケネット＆エイボン運河トラスト、周辺地域の九つの自治体、地域の商業施設オーナーにより構成。
・申し込みすればだれでも加入でき、運河を航行可能な状態に再生させるための活動を行う。その他、会費や寄付、ボランティア活動、専門家としての幅広い活動が可能。
・運河博物館のほか、運河を航行する3種類の旅船と商店や埠頭を運営（写真8.3-3）。
・運河施設のポンプステーションや水車の操作。
・レンタルボートによる収益事業（1週間で1,000ポンド（約17万円）の収益）。

3）民間企業や行政とのパートナーシップ

ケネット＆エイボン運河トラスト、パートナーシップ関係の地方行政、ACE（運河事業協会）とBWは、水路構造の保全改修や堤防の構造的な問題などの解決すべき課題のために、以下のような方策を実行した。

① EU遺産くじ基金

1995年以降、毎年2,500万ポンド（約42億5,000万円）の交付を受け、水路の構造保全・改修を実施。

写真8.3-3　トラストの人も参加し船の通過を手伝う

② 地方行政のマッチングファンドの適用

　トラストの運河再生事業推進の一環として、地方行政はEU遺産宝くじ基金の取得にあたりマッチング・ファンドを用意し、財政的支援を行う（遺産宝くじ基金と同額の事業費を地方行政が用意）。

③ 水資源

　100万ポンド（約1億7,000万円）をかけ、バックポンプ計画（デビジェズ29段のフライト改修工事、写真8.3-4）を実施して大量の水を輸送し、周辺地域の水不足問題を解消。

　そこで、この方策がもたらした成果を列記してみると、

a）主要な国家遺産の資産として安定した持続性のある未来。

b）例年の2,800万ポンド（約47億6,000万円）の地域経済への導入は、その地域のコミュニティ利益を安定的に維持。

c）案内施設や駐車場などの新しいアクセスポイントにより、身体障害者も含めて全コミュニティがアメニティを享受。

写真8.3-4　壊れたフライトを再生（トラストの再生事業）

第8章　これからの親水施設の展望

d）施設案内・運河遺産・環境の解説やマネジメントに関する地域社会との連携。
e）運河「コリダー遺産」のユニークな資質を保護する環境と遺産保護へ向けた作戦の実施。
f）環境やレクリエーションで年間1,100万人のビジターを迎えた。
g）6年間の建設で487人が従事し、4,200万ポンド（71億4,000万円）の民間資本が投資。
h）既存の700部門の職を保護し、さらに1,900部門の新しい職の創出。

このように、国家や地域の遺産である運河再生は地域経済やコミュニティに多大な効果をもたらした。

ここに紹介したケネット＆エイボン運河トラストはほんの一例であり、現在英国全土でこのような専門家集団による各種の水辺再生・再開発プロジェクトが推進され、次々とリニューアルされた水辺は地域に賑わいや新たな自然環境を取り戻している。

（3）川崎・水と緑のネットワークによる二ヶ領せせらぎ館の市民運営

1）設立の経緯

1994年、川崎市制70周年記念事業の一環として「夢発進かわさき－地球市民のまちづくり」という基本テーマに「地球市民会議」が設置された。翌年開かれた会議は、9分科会やパネルディスカッション、まちづくり宣言の4部構成で開催され、各界から個人・団体・企業を含めて多数の参加者があった。

分科会は「地域福祉」・「市民文化」・「水と緑」の三つのテーマからなり、特に「水と緑」は、市民にとって母なる川とされている多摩川に関して話し合いが行われた。そこでは、多摩川への関心は高いが、その地理的・都市計画的立地条件で多摩川への安全なアクセスが確保されていないため、以下の改善策が提言された。a）道路構造の改善、b）適切な信号設置、c）堤防へのアクセス、d）サイクリングロードの規格向上、e）堤防から河川敷、水辺へのアクセス、f）早急な改善の要する場所。

この提言に関係した約20の市民団体は、70周年記念事業から次回80周年に向けた多摩川を中心としたまちづくりの連続性を構築するため、団体間の情報交換と人的交流を図る目的で、ゆるやかなネットワークづくりを開始した。

1996年には《川崎―水と緑のネットワーク》が結成された。以来、これまで市域に限定される傾向にあった市民活動は、多摩川という代表的河川を対象に

飛躍的な展開をし、新たな情報と交流の波が寄せる中、今や多摩川右岸を代表する団体に成長しつつある。

このような市民の動向に呼応する形で、分科会の「水と緑」の提言を受けた川崎市は、1995年に"多摩川エコミュージアム構想"を事業計画化した。同事業の交流紙創刊号には、「多摩川は、市民が気軽に訪れることのできる〈いこいの場、レクリエーションの場〉として、また精神的な安らぎや潤いを与える〈自然との調和の場〉として貴重な都市空間であり、市民にさまざまな恩恵をもたらしている。」と明言され、「"多摩川エコミュージアム構想"を策定する」と掲載された。この構想を具体化するため川崎市を事務局に、構想研究会・関係市民団体懇談会・関係事業者および団体懇談会が組織された。

その結果、1997年に発行された交流誌第4号に「多摩川エコミュージアム構想」の成案が発表された。「多摩川エコミュージアム」は、多摩川を始め市内各地にある自然や歴史・文化・産業遺産などのふるさと資産・遺産を現地にて展示・保全・継承し、それらに関わる様々な取り組みや市民活動を含め、地域の人々や訪れる人々と共に楽しみながら学び、これらを将来へ引き継ぎ、そして、市民・企業・行政のパートナーシップにより計画・管理・運営されるものとしている。同時に構想推進委員会も設立され、市民による5つのプロジェクトチームが結成された。

1999年、二ヶ領宿河原堰の改築工事にあわせて竣工した管理所施設の一部が市民に開放され、"せせらぎ館"という愛称を得てエコミュージアムの運営拠点・情報センターの役割を担った。この施設はパートナー方式で運営され、企画や計画が充実すれば川に関わる市民活動にとって比類なき機能を備えるものとして期待されている（写真8.3-5）。

ところで、2000年に5年目を迎えたエコミュージアム構想は、前年にプロジェクトチームを再編し、新たに市民団体の代表者会議も発足して基本計画案の策定に取り組んでいる。さらに、国土交通省の提唱する河川整備計画の市民参加もますます活発化しており、多摩川を取り巻く活動は、近年、国民運動的な高まりを見せている。このエネルギーは、川の国であるわが国の自然と社会にとって、新たなる確かな未来を築く契機となるものでなければならない。

2) 活動の概要

二ヶ領宿河原堰の改築工事は1994年に発表された。それに対して左右両岸の関係市民団体が相互に連携し、発注者である京浜工事事務所所長に同堰の管理

写真8.3-5　せせらぎ館からエクスカーションに出発
（2000年流域交流国際シンポジウムより）

所建設に関して環境や景観の保存の観点から要望を出した。これを受けて、同事務所では工事の進捗に伴い、1996年に管理所の建設計画が市民団体に打診された。

　右岸の市民側からは、国土交通省の"パートナーシップによる〈いい川〉づくり"と川崎市の"多摩川エコミュージアム構想"の情報・交流センターとしてのモデル的役割をこの管理所が担い、一部を展示・会議・資料室として市民に開放し、身体障害者対応の屋外トイレの設置などや、多摩川の河口から源流に至る航空写真を床面に設置するなどの要望が出され実施された。

　1999年、市民と行政から合同イベントを企画・実施するという提案に沿って、公共工事の竣工式としては前例がない改築工事全体の竣工式典が挙行された。"二ヶ領せせらぎ館"という名称は公募によって最適案が選定された。また、当日開催された"多摩川シンポジウム"のテーマ「多摩川21世紀の贈り物」が、当館の未来を占うキーワードであることも付け加えておく。

3）パートナーシップによる運営

　せせらぎ館は、京浜工事事務所長と川崎市長との覚書に基づき、パートナーシップによる運営委員会（委員長：井田安弘、委員：地元町会関係者・市民関係者・行政職員など）がその管理運営業務を行うという初のケースとなり、

1999年に本格的な活動業務がスタートした。

運営委員会は早速、博覧会や写真展、特別展示や環境学習セミナーなどの企画を実施し、多摩川の源流から東京湾までの距離138kmにちなんだ13,800人目の入館者が早や2001年9月22日に誕生し、運営も市民に親しまれる施設として軌道にのっている。また、会議室は、エコミュージアム関連の市民活動にかかわる集会場・会議室として定着し、多摩川を広く見渡せる好立地条件と相まって、市民活動の拠点となりつつある。今後は、多摩川にかかわる様々な活動の拠点施設として設備をさらに充実させ、市民活動の支援的機能も果たせるよう、ソフト・ハードにわたって創造的な企画に取り組むことが期待されている。そのためにも、特に市民フォーラムや流域懇談会で活発に実施されている河川整備計画の作成作業にも積極的に協力することが望まれる。

4) 運営委員会

せせらぎ館は、"多摩川エコミュージアム構想"の趣旨に賛同する市民団体の代表を始め、地域町内会や漁協など、幅広い市民の支援・協力により運営されている。実際の運営は、代表による運営委員会を組織し川崎市や京浜工事事務所と連携を図り、日々の管理・運営、自主活動などについて合意を経ている。この運営委員会の活動は単なる管理・運営に止まらず、館で催される企画展示の提案や広報誌の発行、さらに自主事業の企画・実施など多岐にわたり、まさにせせらぎ館活動の中枢機関でもある。

(4) これからの親水へ、なぜパートナーシップが重要なのか

現在、日本のNPOは5,500団体であるのに対し、英国のチャリティ委員会に認定され自動的に優遇措置を受ける団体は19万団体以上、米国は内国歳入法IRC501(C)に該当する団体は147万団体あり、数の差は歴然としている。

また、米国においては河川環境パートナーシップにおいても、日本ではあまり知られていない中間組織などが様々な支援体制のサポートを行っている。例えば、日本でいうところの助成団体あるいは募金団体といえるUnited Wayは、年間に単独で数兆円の資金を集めている。したがって、日本の国家予算とほぼ同額の費用を米国ではNPO関連が動かしているといわれている。豊富な資金が活用できる要因と思われる英・米のそれぞれの優遇税制や優遇措置、システムは次のとおりである。

a) NPOへの寄付を給料から天引きの場合、寄付者に所得控除などを与えられ

る有利な税制。
b) マッチング・ファンドなど企業のサポートシステムがある：例えば、個人がNPOへ寄付する場合、寄付の何％かを企業も上乗せするシステム等。
c) 社会貢献活動に関する実費（交通費、通信費等）は、寄付と同じ扱い等。
d) NPOは、営利子会社の設立が認められ、また寄付は損益算入できる等。
e) 寄付に関する優遇措置等。

　これらの歴史的な優遇措置やシステムにより、社会貢献組織は英・米ともに資金力も豊かな活動を行い、地域行政によるサポート体制によって財政的な支援を受け、行政や企業と協働で事業にあたるなどの体制が整備されている。これからの日本の親水事業や川づくりを推進するにあたっても、市民団体やNPOの運営資金確保は重要な課題であり、資金の流れの体制整備は必須である。

　また、米国ではNPOの活動資金や人材などの支援を主な事業とする中間組織といわれる市民団体・NPOが多数存在し、NPOをサポートする点が繁栄の理由である。したがって、市民団体やNPOは行政とのパートナーシップ事業の中身だけに専念し、運営はその専門の外部組織に相談できる。仕事環境が良ければ、質の良い社会貢献事業もはかどるので、米国に見られる層の厚い行き届いたサポートシステムは、特に多摩川センターのような組織に限らず、日本の各種の市民組織に是非とも必要と思われる。

　さらに、英国の運河トラストにも見られるような、プロジェクトに対し地域行政が資金を用意する支援方法について日本も検討する価値があるだろう。すなわち、そのプロジェクトに対してマッチング・ファンドを中央の資金と地方がタイアップして行うということである。多摩川や二ヶ領用水を始めとして、日本各地の流域で育ちつつあるパートナーシップに対しても、マッチング・ファンドなどが適用される事業政策が望まれる。

　その他、昨今は日本においても携帯電話による個人や企業からの寄付がNPO・NGO活動に対して始まっていて、こちらの利用効果も期待したい。

　河川法改正から5年、NPO法施行から3年、国際社会の至るところで成熟度やオリジナリティを求められている私たちは、この親水においても成熟度のある民間・市民・NPO・行政などとのパートナーシップによる、新たなビジョンでの手法を実践する時代が来たといえるだろう。

引用・参考文献

山道省三・上田大志編著(2000)：多摩川センターのめざすもの、より抜粋
シーズ 市民活動を支える制度を作る会(2000、2001)：NPOWEB Mail Magazine
河川・運河・水辺再生研究会(2000)：「川と街をつなぐ方法－第2回流域交流国際シンポジウム」、第2回流域交流国際シンポジウム実行委員会編
D.ガウリング編(2000)：英国の水路管理とパートナーシップ、IWAAC
井田安弘(2000)：二ヶ領せせらぎ館の市民運営
長屋静子(1995)：「生態系保全を目指した水辺と河川の開発と設計」－レクリエーションからの川づくり－、工業技術会
赤塚和俊(2000)：NPO法人の税務、花伝社
みず・まちネット編(2001)：イギリス・オランダにおける水環境調査報告
長屋静子(2001)：パートナーシップによる再生─ケネット＆エイボン運河─、みず・まちネット編
長屋静子編著(2002)：日・英・米河川環境パートナーシップ調査、(株)アルゴ都市設計

索　引

ACE（運河事業協会） 264
BOD 208
BW（英国水路公社） 262
DO 208
EU 247
EU遺産宝くじ基金 263
MDプレーヤー 86
NGO .... 192、270
NPO .... 228、258
NRA 254
OAP（大阪アメニティパーク） ... 108
PSO（パリの都市計画） 133
RIVER THAMES 109
SS 208
S型の淵 176
TAMAらいふ21 259
Unitary Development Plan 109
United Way 269
Waterfront Center 53
Westminster City Council 109

［ア］

アールデコ 57
アウトドアスポーツ 174
明石海峡大橋 85
赤レンガ倉庫 96
赤レンガパーク 96
悪水路 55
浅草・吾妻橋地区 129
浅草川 12
浅瀬 .... 63、208
浅野川 69
朝日新聞社 113
天ヶ瀬ダム 9
阿弥陀堂 7
網野善彦 107
アメニティ .... 3、108、261
アメニティ施設 111
荒川 .... 12、127
荒瀬 174
有明海 70
アルバート王子 250
安全貸付水害防御関連施設資金 ... 133
安全性 181

アンリ・リビェール 242
育成場 220
池・湖沼 6
維持管理 228
石積式導流堤 225
伊勢湾台風 127
磯遊び 77
一次産業 227
一時避難広場 121
一之江境川親水公園 .... 113、208
五日市干潟 225
稲村ヶ崎 70
インフラストラクチャー 137
ウィリアム・モリス 234
ウォーターフロント 101
浮世絵 12
宇治川 7
宇治平等院 7
雨水の敷地内貯留 22
雨水枡 216
雨水流出抑制施設 232
海の公園 226
埋立代償植生 65
埋め立て都市 99
運河開削 100
英国水路局 246
栄養塩 219
エージング 51
エコ・ミュージアム 242
エコアップ工事 217
エコロジカルパーク 65
越流水 51
（財）江戸川区環境促進事業団 ... 210
エリザベス女王 263
延焼遮断帯 121
塩田 78
塩分濃度 208
大磯海水浴場 77
大井ふ頭中央海浜公園 220
大川端 108
大阪マリンフェスティバル 84
鴻の巣 234
オープンスペース .... 17、105、126
大山参り 15

273

索　引

阿国	107
奥行きのある開発	82
お台場	15
オタワ	248
音無親水公園	116
お花見	14
オンタリオ湖	248

[カ]

ガードレール	178
海域	63
外郭堤防	127
海岸域	63
海岸景観	64
海岸構造物	66
海岸環境整備事業	84
回帰式	40
解釈的アクセス	53
海水浴	66、223
開設年代	143
解説板	215
海藻	219
階段状護岸	80
階段状水路	176
海底土	219
快適環境都市	123
快適性	138
海浜公園	77
海浜植物園	84
開閉橋	57
解放空間	131
解放性	138
海遊館	101
海洋汚染	220
海洋生態系	219
海洋性レクリエーション	80
確信度	180
河口導流堤	225
葛西海浜公園	15、225
火山噴火対策	19
瑕疵	188
河川環境の整備と保全	20
河川環境パートナーシップ事業	261
河川管理	126
河川管理研究会	184
河川管理者	181
河川キーパー	179
河川空間整備	50
河川空間利用実態調査	185
河川景観	19、36
河川舟運の再構築	19
河川情報	192
河川審議会	18、127
河川整備	19
河川部	46
河川幅員	37
河川法	20、122
河川水辺利用実態	258
河川ミュージアム構想	256
潟湖	225
渇水	18
桂川	70
カナダ環境省	249
カナダ公園省	252
カヌー	174
蒲生干潟	225
鴨川	10
空石積み	213
からっぽの空間	80
河内潟	103
河内湖	102
川床	10
川文化	7
河原者	10
潅木	81
環境アセスメント	22
環境改善機能	64
環境基本法	1
環境教育	227
環境共生型開発	101
環境コンサルタント	261
環境資源	65
環境ストック	234
環境創造	228
環境保全型	4
環境保全機能	17、63
環境保全的評価	23
緩傾斜型堤防	127
緩衝緑地	78
勧進興行	10
神田川	232
神田明神	236
感潮区域	177
観音堂	9
寛文新堤	10
緩傾斜護岸テラス整備	129

索　引

緩傾斜護岸	94
換地分合	90
危機管理対応型社会	19
希求行動	67
木杭	213
危険管理責任	189
汽車道	96
規準容積率	131
汽水域	14、208
基礎生産力	219
砧公園	141
機能主義	126
逆流域	175
キャナル・マニア	246
給水・給湯設備計画	22
旧三菱重工横浜1号ドック	96
旧横浜税関	96
仰瞰景	105
巨石	4
巨大ダム	53
金魚すくい大会	118
銀座ショッピング街	235
近自然工法	228
空間・場	6
空間量	145
倉敷川	70
グランド・ユニオン運河	246
クリーンアップ全国事務局	259
玄倉川	174、181
計画居住人口	90
計画就業人口	90
計画親水水質	1
計画親水流量	1
計画高水流量	1
景観形成機能	3
景観構成要素	37
景観資源	37
警察白書	182
形態の単純化	51
係留施設	90
下水道化	113
ケネット＆エイボン運河トラスト	258
権原	131
源氏物語	8
現象分析	21
建設副産物	223
建築基準法	89、130
現地調査	246

広域土地利用計画	109
公園機能	2
公界	10、106
公開空地	131
公害克服・開発型	4
公害対策基本法	1
光学的刺激	35
公共空間	191
公共駐車場	123
光合成	219
高次消費者	219
向上への熱意	55
高水敷	25、187
洪水対策	21
江東デルタ地帯	127
行動量指数（UQI）	143
広幅員	39
広幅員道路	83
港湾空間	78
港湾計画	88
港湾整備事業	90
港湾中枢機能	92
港湾法	89
港湾緑地	78、90
古川親水公園	2、111
護岸高	127
古庄内川	55
五大堂	9
国庫補助	56
個別指標	23
小松川境川親水公園	113
コミュニケーション空間	106
固有性	41
根拠法令	92
コンクリート傾斜面水路	175
コンクリート護岸	34
コンクリート三面張り	53
コンセプトデザイン	139

[サ]

犀川	70
再開発事業	123
サイクリングロード	25
採餌場	220
再生能力	65
斎藤月岑	12
西方極楽浄土	7
材木座	73

275

索　引

相模川	25
左近川親水緑地	120
雑草の取り扱い	207
佐藤春夫	234
里海	84
里山	84
産業遺産	55
産業構造の変化	78
サンクチュアリー	82
サンフランシスコ	109
産卵場	220
潮干狩り	221
市街地環境改善	111
視覚的アクセス	52
視覚的印象	34
しきい値	180
自己	174
自己責任論	174
シジミ捕り	14
侍従川	177
地震・防災対策	127
自然育成型親水施設	207
自然公物	181
自然回帰策	50
自然観察会	118
自然観察センター	227
自然共存型社会	19
自然循環系	140
自然浄化能力	220
自然石	25
自然石護岸	11
自然的植生	32
自然の原理	228
自然干潟	224
自然復元	178
視対象	35
視対象場	35
視点場	35
自動車優先道路	83
篠田堀親水緑道	120
地盤沈下	127
四万十川	179
四万十川総合保全機構	179
社会・文化的背景	46
社会意義	52
社会学	180
社会的文化	231
射流	175

舟運機能	246
重回帰分析	40
重化学工業	107
重化学コンビナート	101
修景計画	25
修景整備案	25
重相関係数	40
周辺部	46
住民参加型川づくり	25
重要文化財	96
首都高速道路	107
種の存続	65
循環モード	208
循環流	175
浄化保健機能	3
情景性	138
浄土教芸術	9
浄土式庭園	7
情報基盤の整備	19
情報の総合化	19
消防枡	121
常流	175
植栽	28
植栽高	37
植物被覆	51
植物プランクトン	219
食物連鎖	219
所得控除	270
ショッピングモール	83
新川地下駐車場	122
人工磯浜	84
人工海浜	226
人工湖	51
人工的整備	25
人工干潟	224
人口密度	145
人工養浜	79
震災対策	19
親水至上主義	4
親水活動	136
親水希求	145
親水機能	1、63
親水行動	136
親水コロイド	2
親水水質	191
親水水路	231
親水設計	126
親水パラダイム	52

索　引

親水ビジョン	246
浸水防止水門	54
親水緑地	91
親水緑道	112
親水まちづくり	113
親水的評価	23
新田	101
新田開発	101
新内流し	14
新中川	2、208
新長島川親水公園	116
シンメトリー性	50
心理学	180
心理的充足	4
心理的評価	36
水害・土砂災害	18
水害	127
水産有用種	223
水質汚濁防止法	1
水質浄化機能	220
水上オートバイ	184
水上バス	15
水上バス乗船場	241
水上バスネットワーク	241
水上輸送	107
水辱池	176
水制工	50
水難救助活動	182
水難事故	174
水門	50
水理学	175
水路傾斜角度	175
水路ネットワーク	101
スーパー堤防事業	127
数寄屋橋	113
スペースワールド	101
隅田川	7、126、232
隅田川テラス整備事業	127
墨田区白鬚西地区	127
スラムクリアランス	244
清新性	138
精神的生活空間	17
清掃活動	118
生態学的視点	17
生態系	207、219
生態系重視	32
成長曲線	180
生物育成機能	3

生物彙集効果	66
生物生産機能	224
生物的要因	63
生物統計学	180
生物特性	63
セーヌ川	247
堰枠	56
説明変数	39
瀬野川	25
善阿弥	106
戦国時代	100
潜在的な希求	137
浅草寺	12
仙台新港	225
セントラル運河	247
せんなん里海公園	84
造園設計的な手法	4
総合管理組織	25
総合学習	120
総合指標	23
総合設計制度	130
総合的治水	21
総合的な価値判断	22
総合的な水資源対策	19
相対下流水深	176
相対落差高	176
総帆展帆	96
ゾーニング	82
ソフト的対策	189
ソフトデザイン	5
損害賠償責任	188

[タ]

滞在型	116
第三機能	2
堆積土	188
(社) 大都市圏研究開発協会	231
高潮対策	78
高潮防止施設	232
多孔質のデザイン	81
多自然型川工法	59
多自然型川づくり	17
他者	174
脱工業化	78
建て込み	41
建物高	37
多摩川21世紀の贈り物	268
多摩川	25、69

277

索　引

多摩川エコミュージアム構想	267
多摩川研究会	259
多摩川センター	258
多摩川ふれあい教室	260
ダム	50
ダム放流	174
単純桁	57
稚アユ	212
地域活性化	258
地域個性発揮型社会	19
地域の個性	19
地下浸透	22
地下水利用	127
地下鉄日本橋駅	235
地球市民会議	266
治水・利水	135
治水機能	17
治水構造物	50
治水重視	32
治水的評価	23
地のデザイン	50
地方港湾審議会	94
中央区新川地区	127
沖積平野	99
超過洪水対策	127
潮間帯域	223
潮汐作用	63
調整池	232
直立護岸	65
眺望軸	81
通過型	116
通過モード	208
通常の用法	189
通水能力	29
妻木頼黄	234
釣殿	8
蔓性植物	34
鶴見川	25
低生生物	65
低湿地	100
ディスカバリートレイル	243
低生生物	219
低地防災対策委員会	127
ディナン	248
溺死事故	182
鉄砲水	181
テムズ川	246
伝達経路	231
伝統的文化	126
天然アユ	212
転落防止柵	177
ドイツ表現主義	54
東京タワー	35
東京ディズニーランド	101
東京都総合設計許可要項	130
東京のヴェニス	234
東京臨海副都心	109
倒景	106
東都歳時記	12
常盤橋	232
徳川家康	102
特定高規格（スーパー）堤防	127
都市計画法	88
都市内河川	231
都市マスタープラン	123
都心臨海部強化事業	89
土地区画整備事業	90、123
土地利用誘導要素	112
土木遺構	94
土木史	55
豊臣秀吉	103
渡来地	65、220
トラスト	246、261
トラス橋	96

[ナ]

内国歳入法	258
長岡京	7
中川	127
渚プール	80
七北田川	225
ナビゲーションマップ	255
難波豊崎宮	102
二ヶ領せせらぎ館	258
二ヶ領宿河原堰	267
ニコライ堂	236
二酸化炭素	219
錦橋	232
二次遭難	182
西山松之助	13
日本橋川	232
日本丸メモリアルパーク	95
二枚貝	210
仁徳天皇	102
農業用コンクリートダム	60
ノリ養殖	223

[ハ]

- バードウォッチング 221
- バードサンクチャリ 65
- ハード的対策 189
- ハードデザイン 5
- パートナーシップ（協働） .... 258、261
- パートナーシップ事業 246
- ハートフォード・ユニオン 246
- ハイウェー・オアシス 247
- ハウステンボス 109
- 箱庭 4
- バックウォッシュ 175
- バッフルブロック 176
- パブリックアクセス .... 52、65
- バブル経済 133
- 浜町河岸 13
- 浜離宮 13
- 早慶レガッタ 15
- パラペット 189
- バリアフリー 86
- 阪神・淡路大震災 258
- 阪神高速道路 107
- ピエール・ポール・リケ 247
- ビオトープ .... 65、80、178、228、261
- 美学的意義 52
- 干潟 .... 63、220
- 微気象 4
- 微気象調整機能 223
- 被指摘数 141
- 非常用発電機 121
- 聖橋 236
- 非生物環境 219
- 非生物的要因 63
- 美的側面 66
- 避難警報システム 192
- 避難通路 121
- 日比谷入江 102
- ヒューマンウェア 192
- 評価基準 21
- 琵琶湖 9
- フィールドミュージアム 249
- 風景形成要素 59
- 風水地理説 97
- 富栄養化 220
- フェロモン 217
- 不課 106
- 俯瞰景 .... 35、105
- 富士山 35
- 伏見稲荷詣 12
- 藤原道長 7
- 藤原頼道 7
- 府中市郷土の森 260
- 物質循環 63
- 物理的アクセス 52
- 物理的特性 36
- 舟遊び 14
- 舟下り 174
- ブルーギル 210
- 分解者 219
- 分区 89
- 分散行動欲求 145
- 平安京 7
- 平均指摘数 140
- ベイサイドプレイス 101
- 平城京 7
- 閉塞感 138
- 平地都市 99
- 偏回帰係数 40
- 変数増減法 40
- ベントン・マッケイ 234
- ヘンリー・オン・テムズ 249
- 防火帯機能 121
- 防護柵 189
- 防災コミュニティ 118
- 防潮堤 127
- 邦楽座 113
- 飽和行動量 145
- ポート・ローランジー 247
- ポートルネッサンス構想 108
- 蛍狩り 8
- ボートセーリング 184
- ボトルネック 90
- ボルドー 247
- 盆地都市 99

[マ]

- マーブルビーチ 87
- マウンテンバイク 191
- 前浜干潟 227
- 前原海岸 69
- 間瀬ダム 60
- マッチング・ファンド 265
- マルヌ川 247
- 満足意識 .... 38、41
- 水依存用途 83

279

索　引

水環境	18
水関連用途	83
水際護岸	28
水際線	65
水際部	25、81
水空間	18
水資源	19
水循環機能	246
水辺環境整備	63
水浄化機能	21
みずとみどり研究会	259
水と緑のネットワーク	19
水辺環境評価	137
水辺空間	140
水辺空間整備事業融資制度	127
水辺空間の形成	19
水辺地	217
水辺リゾート	248
水元公園	141
みそそぎ川	10
ミチゲーション	81、225
三菱重工	89
ミディ運河	247
緑量	38
みなとみらい21地区	89
南座	12
宮古川	12
都名所図会	8
ミューズ川	248
無機物	219
無主・無縁	107
目黒川	70
免税地	106
面積比	39
木製遊歩道	250
藻場	220
紅葉狩り	8
盛土	127

[ヤ]

屋形船	174
野草管理	217
野鳥観察	222
谷津干潟	227
柳川市	69
八幡川	225
ヤブ蚊	216
山下公園	91

由比ヶ浜	73
遊泳生物	219
有機物	219
遊休地の再開発事例	89
優遇税制	269
優遇措置	269
誘致力	143
湯島聖堂	236
湯島天神	236
ユニバーサルスタジオジャパン	101
湯檜曾川	181
夢の島	102
容積率	91
用途鈍化	93
余暇活動	136
余暇施設	109
横十間川	116
横浜ベイブリッジ	94
ヨシ	65、177
吉原詣	13
予測式	41
ヨットハーバー	80
蘇った水	116
鎧橋	234
四輪駆動車	191

[ラ]

来襲波	223
ライフジャケット	184
落差高	175
裸地化	217
ラフティング	174
ラムサール条約	227
ランダム・ウォーク	180
ランドスケープ	34
ランドマーク	55
リー川	246
陸域	63
陸上輸送	107
リサイクル型社会	19
利水機能	17
利水的評価	23
リスク管理	246
リスク管理システム	254
リドー運河	248
リバーインストラクター	260
リバーガイドブック	175
リバープール21東京研究委員会	231

索　引

流軸景 36
柳枝工法 254
流水機能 1
両義性 126
両国川 13
料理舟 14
臨港パーク 91
臨海部土地造成事業 90
りんくう公園 85
臨港地区 88
りんくうタウン 85
ルイ14世 247
ルイス・マンフォード 234
累積分布関数 180
零細河川 113
歴史的遺産 233
歴史的資源 81
歴史的親水施設 7
レクリエーション機能 4

レクリエーション空間 17
レスキュウー3ジャパン 175
レッセ川 248
煉瓦 56
ロイヤルレガッタ 259
ローヌ川 247
六郷水門 54
六大事業 89
ロジステック曲線 180
路上生活者 133
路上駐車 123
ロスアンゼルス 109
ロック（水門）................................... 247
ロックステーション 248
ロングアイランド 252
ロンドン 246

［ワ］

輪中堤 55

281

親水工学試論

2002年（平成14年）6月30日		初版発行

編　集	社団法人日本建築学会
発行者	四戸孝治／今井　貴
発行所	㈱信山社サイテック
	〒113－0033　東京都文京区本郷6－2－10
	TEL　03(3818)1084／FAX　03(3818)8530
	http://www.sci-tech.co.jp
発　売	㈱大学図書／東京神田・駿河台
印刷・製本／	㈱松澤印刷・㈱渋谷文泉閣

Ⓒ2002 日本建築学会、Printed in Japan　　　ISBN 7972-2557-2 C3051